できる®
Word 2019

Office 2019
Office 365
両対応

田中 亘&できるシリーズ編集部

インプレス

できるシリーズは読者サービスが充実！

わからない操作が解決

できるサポート
本書購入のお客様なら**無料**です！

書籍で解説している内容について、電話などで質問を受け付けています。無料で利用できるので、分からないことがあっても安心です。なお、ご利用にあたっては316ページを必ずご覧ください。

詳しい情報は 316ページへ

ご利用は3ステップで完了！

ステップ1
書籍サポート番号のご確認

対象書籍の裏表紙にある6けたの「書籍サポート番号」をご確認ください。

ステップ2
ご質問に関する情報の準備

あらかじめ、問い合わせたい紙面のページ番号と手順番号などをご確認ください。

ステップ3
できるサポート電話窓口へ

● 電話番号（全国共通）
0570-000-078

※月～金　10:00～18:00
　土・日・祝休み
※通話料はお客様負担となります

以下の方法でも受付中！
▼
- インターネット
- FAX
- 封書

操作を見てすぐに理解 できるネット解説動画

レッスンで解説している操作を動画で確認できます。画面の動きがそのまま見られるので、より理解が深まります。動画を見るには紙面のQRコードをスマートフォンで読み取るか、以下のURLから表示できます。

本書籍の動画一覧ページ
https://dekiru.net/word2019

スマホで見る！ パソコンで見る！

最新の役立つ情報がわかる！ できるネット
新たな一歩を応援するメディア

「できるシリーズ」のWebメディア「できるネット」では、本書で紹介しきれなかった最新機能や便利な使い方を数多く掲載。コンテンツは日々更新です！

● 主な掲載コンテンツ
- Apple/Mac/iOS
- Windows/Office
- Facebook/Instagram/LINE
- Googleサービス
- サイト制作・運営
- スマホ・デバイス

パソコンはもちろん
スマートフォンでも読みやすい

https://dekiru.net

ご利用の前に必ずお読みください

本書は、2018年12月現在の情報をもとに「Microsoft Word 2019」の操作方法について解説しています。本書の発行後に「Microsoft Word 2019」の機能や操作方法、画面などが変更された場合、本書の掲載内容通りに操作できなくなる可能性があります。本書発行後の情報については、弊社のWebページ（https://book.impress.co.jp/）などで可能な限りお知らせいたしますが、すべての情報の即時掲載ならびに、確実な解決をお約束することはできかねます。また本書の運用により生じる、直接的、または間接的な損害について、著者ならびに弊社では一切の責任を負いかねます。あらかじめご理解、ご了承ください。

本書で紹介している内容のご質問につきましては、できるシリーズの無償電話サポート「できるサポート」にて受け付けております。ただし、本書の発行後に発生した利用手順やサービスの変更に関しては、お答えしかねる場合があります。また、本書の奥付に記載されている初版発行日から3年が経過した場合、もしくは解説する製品やサービスの提供会社がサポートを終了した場合にも、ご質問にお答えしかねる場合があります。できるサポートのサービス内容については316ページの「できるサポートのご案内」をご覧ください。なお、都合により「できるサポート」のサービス内容の変更や「できるサポート」のサービスを終了させていただく場合があります。あらかじめご了承ください。

練習用ファイルについて

本書で使用する練習用ファイルは、弊社Webサイトからダウンロードできます。
練習用ファイルと書籍を併用することで、より理解が深まります。

▼練習用ファイルのダウンロードページ
https://book.impress.co.jp/books/1118101127

● **用語の使い方**

　本文中では、「Microsoft Windows 10」のことを「Windows 10」または「Windows」と記述しています。また、「Microsoft Office 2019」のことを「Office 2019」または「Office」、「Microsoft Office Word 2019」のことを「Word 2019」または「Word」と記述しています。また、本文中で使用している用語は、基本的に実際の画面に表示される名称に則っています。

● **本書の前提**

　本書では、「Windows 10」に「Office Professional Plus 2019」がインストールされているパソコンで、インターネットに常時接続されている環境を前提に画面を再現しています。お使いの環境と画面解像度が異なることもありますが、基本的に同じ要領で進めることができます。

「できる」「できるシリーズ」は、株式会社インプレスの登録商標です。
Microsoft、Windowsは、米国Microsoft Corporationの米国およびそのほかの国における登録商標または商標です。
その他、本書に記載されている会社名、製品名、サービス名は、一般に各開発メーカーおよびサービス提供元の登録商標または商標です。
なお、本文中にはTMおよび®マークは明記していません。

Copyright © 2019 YUNTO Corporation and Impress Corporation. All rights reserved.
本書の内容はすべて、著作権法によって保護されています。著者および発行者の許可を得ず、転載、複写、複製等の利用はできません。

まえがき

Wordは、日本でも多くのユーザーが活用しているワープロソフトです。パソコンを使って、企画書や契約書に報告書などの文書を作るときに、Wordは便利な道具になります。現在では、官公庁などが配布する文書や、ビジネスでやり取りされる書類の多くが、Wordで編集されています。

そんなWordが日本に本格的に普及したのは、今から20年以上も前の1995年です。日本でWindowsが普及すると、そのWindowsで利用できるワープロソフトとして、Wordは広く使われてきました。本書で解説しているWord 2019は、Windows 10に対応したワープロソフトの最新版になります。

Word 2019では、クラウドを活用する機能が強化され、スマートフォンやタブレットからも編集できるようになり、多くの人たちと共同で文書を仕上げる作業が便利になります。働き方改革が求められる現在、Wordとクラウドを活用した機動性のある編集作業は、働く人たちの業務の効率化やワークライフバランスに貢献します。本書では、そうした最新の機能や使い方を分かりやすく解説するとともに、これからWord 2019を使い始める人のために、日本語の入力方法や装飾に罫線、作図や画像の挿入などの操作も丁寧に説明しています。

そして、本書ではWord 2019だけではなく、Office 365のWordを利用する人たちのために、巻末にリボンの違いなども解説しています。各章のレッスンでは、Word 2019の画面例を掲載していますが、基本的な操作などはOffice 365のWordにも共通しています。

本書のレッスンを通して、基本的な操作や便利な機能を学んでいけば、Wordを思い通りに使いこなせるようになるでしょう。Wordを自由自在に使えると、文書作りが楽しくなり、パソコンを利用する機会も増えます。本書を通して少しでも多くの人が、Wordの操作を覚えてパソコンによる文書作りを楽しいとか便利だと感じてもらえたら幸いです。
最後に、本書の制作に携わった多くの方々と、ご愛読いただく皆さまに深い感謝の意を表します。

田中　亘

できるシリーズの読み方

レッスン
見開き完結を基本に、やりたいことを簡潔に解説

やりたいことが見つけやすい レッスンタイトル
各レッスンには、「○○をするには」や「○○って何?」など、"やりたいこと"や"知りたいこと"がすぐに見つけられるタイトルが付いています。

機能名で引けるサブタイトル
「あの機能を使うにはどうするんだっけ?」そんなときに便利。機能名やサービス名などで調べやすくなっています。

キーワード
そのレッスンで覚えておきたい用語の一覧です。巻末の用語集の該当ページも掲載しているので、意味もすぐに調べられます。

左ページのつめでは、章タイトルでページを探せます。

手順
必要な手順を、すべての画面とすべての操作を掲載して解説

手順見出し
「○○を表示する」など、1つの手順ごとに内容の見出しを付けています。番号順に読み進めてください。

解説
操作の前提や意味、操作結果に関して解説しています。

操作説明
「○○をクリック」など、それぞれの手順での実際の操作です。番号順に操作してください。

レッスン **28** 文書を上書き保存するには
上書き保存

上書き保存を実行すると、編集中の文書が同じ名前で保存されます。万が一、Wordが動かなくなっても保存を実行しておけば文書が失われることがありません。

▶ 動画で見る
詳細は3ページへ

キーワード
上書き保存	p.301
クイックアクセスツールバー	p.302
名前を付けて保存	p.306
文書	p.308
保存	p.308

📄 レッスンで使う練習用ファイル
上書き保存.docx

⌨ ショートカットキー
Ctrl + S ……… 上書き保存

HINT!
上書き保存すると古い文書は失われる

上書き保存すると、古い文書の内容は失われてしまいます。もしも、古い文書の内容を残しておきたいときは、上書き保存を実行せずに、レッスン⑲を参考にして、別の名前を付けて文書を保存しましょう。

⚠ 間違った場合は?
手順2で[上書き保存]以外の項目を選んでしまったときは、あらためて[上書き保存]をクリックし直します。

HINT!
レッスンに関連したさまざまな機能や、一歩進んだ使いこなしのテクニックなどを解説しています。

動画で見る
レッスンで解説している操作を動画で見られます。詳しくは3ページを参照してください。

練習用ファイル
手順をすぐに試せる練習用ファイルを用意しています。章の途中からレッスンを読み進めるときに便利です。

テクニック　終了した位置が保存される
Wordは、終了したときのカーソルの位置を記録していて、Microsoftアカウントでサインインしている場合は、次にその文書を開くと、同じカーソルの位置から編集や閲覧の再開をするか確認のポップアップメッセージが表示されます。ポップアップメッセージをクリックすると、保存時にカーソルがあった位置に自動的に移動します。

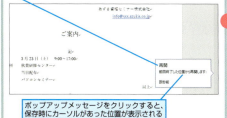

文書を開いたときに[再開]のポップアップメッセージが表示された

ポップアップメッセージをクリックすると、保存時にカーソルがあった位置が表示される

HINT!
クイックアクセスツールバーからでも実行できる

上書き保存を実行するボタンは、クイックアクセスツールバーにも用意されています。Wordの操作に慣れてきたら、[ファイル]タブから操作せず、クイックアクセスツールバーやショートカットキーを利用して保存を実行するといいでしょう。

クイックアクセスツールバーにある[上書き保存]をクリックしても上書き保存ができる

右ページのつめでは、知りたい機能でページを探せます。

テクニック
レッスンの内容を応用した、ワンランク上の使いこなしワザを解説しています。身に付ければパソコンがより便利になります。

ショートカットキー
知っておくと何かと便利。キーボードを組み合わせて押すだけで、簡単に操作できます。

③ 上書き保存された
文書を上書き保存できた

Point
編集の途中でも上書き保存で文書を残す

Wordでは、パソコンなどにトラブルが発生して、編集中の文書が失われてしまうことがないように、10分ごとに回復用データを自動的に保存しています。何らかの原因でWordが応答しなくなってしまったときは、Wordの再起動後に回復用データの自動読み込みが実行されます。しかし、直前まで編集していた文書の内容が完全に復元されるとは限りません。一番確実なのは、文書に手を加えた後に自分で上書き保存を実行することです。上書き保存は、編集の途中でも実行できるので、気が付いたときにこまめに保存しておけば、文書の内容が失われる可能性が低くなります。

Point
各レッスンの末尾で、レッスン内容や操作の要点を丁寧に解説。レッスンで解説している内容をより深く理解することで、確実に使いこなせるようになります。

間違った場合は？
手順の画面と違うときには、まずここを見てください。操作を間違った場合の対処法を解説してあるので安心です。

※ここに掲載している紙面はイメージです。実際のレッスンページとは異なります。

ここが新しくなったWord 2019

Word 2019は、Word 2016に比べてさまざまな機能が追加されました。文書を翻訳するなど、文書をより「伝わる」「読みやすい」ものにするための機能が備わりました。また、アイコンが簡単に挿入できるなど文書の見た目を整える機能も見逃せません。ここでは本書で解説している主な新機能を解説します。

文書を簡単に翻訳できる！

新しく追加された「翻訳ツール」で、作成した文書を簡単に多言語に翻訳できます。日本語から多言語への翻訳はもちろん、多言語から日本語への翻訳も可能です。

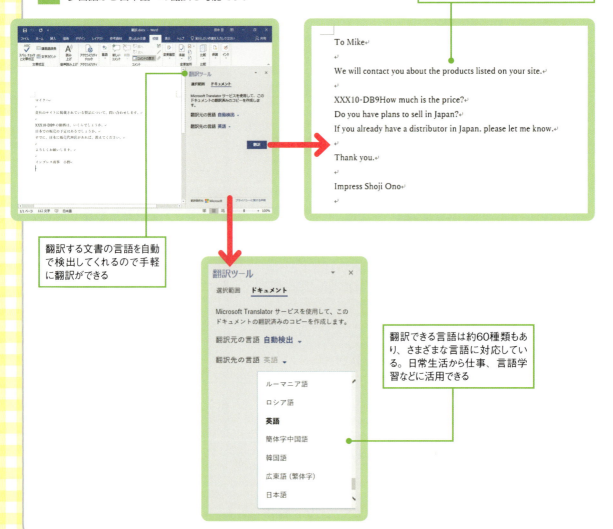

翻訳された文書は元の文書とは別に作成される。書式設定などもそのまま保った状態で翻訳されるので、翻訳後に書式を設定するといった手間を省ける

翻訳する文書の言語を自動で検出してくれるので手軽に翻訳ができる

翻訳できる言語は約60種類もあり、さまざまな言語に対応している。日常生活から仕事、言語学習などに活用できる

文書を彩るアイコンやイラストが使える！

以前のWordには「クリップアート」というイラストなどの素材集が提供されていましたが、提供が終了していました。今回のWord 2019ではクリップアートに匹敵する「アイコン」が利用できるようになりました。

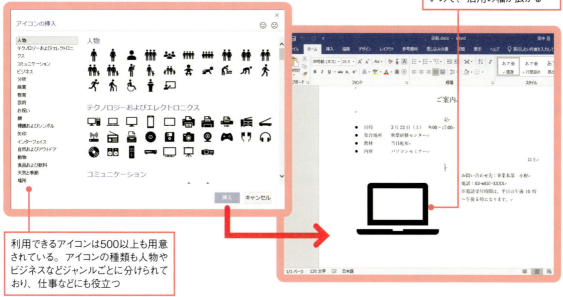

文書に挿入されたアイコンは自由に大きさが変えられる。大きくしても画像が荒くなったりしないので、活用の幅が広がる

利用できるアイコンは500以上も用意されている。アイコンの種類も人物やビジネスなどジャンルごとに分けられており、仕事などにも役立つ

挿入された3Dのイラストは自由に角度を変えられる。文書のレイアウトに合わせて、柔軟に対応できる

アイコンだけでなく、3Dグラフィックのイラストを入れることもできる。パソコンをはじめ、動物や恐竜といった一風変わったイラストも用意されている

Office 2019とOffice 365 Soloの違いを知ろう

Officeは、さまざまな形態で提供されています。ここではパソコンにはじめからインストールされているOfficeと、店頭やダウンロードで購入できるOfficeについて紹介します。月や年単位で契約をするタイプと、一度の買い切りで契約が不要なタイプがあることを覚えておきましょう。

買い切りで追加の支払いなし、使い勝手が変わらない
Office 2019

どうやって利用するの？

Ⓐ購入するかプリインストール版を利用します

ダウンロード用カードを家電量販店やオンラインストアで購入するか、Office 2019がプリインストールされたパソコンを購入することで利用できます。

機能の特徴は？

Ⓐ変わらない使い勝手で使い続けられます

新機能の追加は行われず、ずっと同じ環境で利用できます。また、ネット接続のない環境でも使えます。OSはWindows 10のみに対応しています。

利用できる期間は？

Ⓐ無期限で利用できます

Office 2019はOffice 365のような期間での契約ではなく、買い切りなので、購入したライセンスはパソコンが故障などで使えなくなるまで無期限で利用できます。

月や年単位の契約で最新機能が使える
Office 365 Solo https://products.office.com/ja-JP/

どうやって利用するの？

Ⓐ月や年単位で契約します

1ヶ月または1年間の期間で契約することで利用できます。支払いにはクレジットカードかダウンロード用カードを購入して利用します。

機能の特徴は？

Ⓐ最新機能が利用できます

新機能の追加や更新がこまめに行われており、契約期間中は常に最新版の状態で利用できます。新しいバージョンが提供されたときはすぐにアップデートできます。

対応するOSは？

Ⓐ様々な環境で利用できます

Windows 10、8.1、7の3バージョンに対応しているほか、macOSやタブレット向けのアプリも利用できます。1契約でも、利用シーンに合わせて複数の端末で使えます。

目 次

できるシリーズ読者サービスのご案内 …………………………………………………… 2

ご利用の前に ………………………………………………………………………………… 4
まえがき ……………………………………………………………………………………… 5
できるシリーズの読み方 …………………………………………………………………… 6

ここが新しくなったWord 2019 …………………………………………………………… 8
Office 2019とOffice 365 Soloの違いを知ろう ………………………………………… 10

パソコンの基本操作 ………………………………………………………………………… 18
練習用ファイルの使い方 …………………………………………………………………… 26

第1章　Word 2019を使い始める　　　　　　　　　　　27

❶ Wordの特徴を知ろう　　＜ワープロソフト＞ ………………………………………… 28
❷ Wordを使うには　　＜起動、終了＞ …………………………………………………… 30
　テクニック　タッチパネルを搭載した機器の場合は …………………………………… 33
❸ Word 2019の画面を確認しよう　　＜各部の名称、役割＞ ………………………… 34

　　この章のまとめ …………… 36

第2章　文字を入力して文書を作成する　　37

- ④ 文書を作ってみよう　＜文書作成の基本＞ ……………………………… 38
- ⑤ キーボードの操作を覚えよう　＜キーの配置、押し方＞ ……………… 40
  - [テクニック] キーと指の配置を覚えておこう ………………………………… 40
- ⑥ 入力方式を選ぶには　＜入力方式、入力モード＞ ……………………… 42
- ⑦ ひらがなを入力するにはⅠ　＜ローマ字入力＞ ………………………… 44
  - [テクニック] ローマ字入力で利用するキーを覚えよう ……………………… 46
- ⑧ ひらがなを入力するにはⅡ　＜かな入力＞ ……………………………… 48
  - [テクニック] かな入力で利用するキーを覚えよう …………………………… 50
- ⑨ 漢字を入力するには　＜漢字変換＞ ……………………………………… 52
- ⑩ カタカナを入力するには　＜カタカナへの変換＞ ……………………… 54
- ⑪ 「しゃ」を入力するには　＜拗音の入力＞ ……………………………… 56
- ⑫ 次の行に移動するには　＜改行＞ ………………………………………… 58
  - [テクニック] ダブルクリックで目的の行にカーソルを移動できる ………… 58
  - [テクニック] 改ページを活用しよう …………………………………………… 59
- ⑬ 「ん」を入力するには　＜撥音の入力＞ ………………………………… 60
- ⑭ 結語の「以上」を自動的に入力するには　＜オートコレクト＞ ……… 62
  - [テクニック] オートコレクトの設定内容を確認する ………………………… 65
  - [テクニック] 単語登録で変換の手間を省こう ………………………………… 65
- ⑮ 日付を入力するには　＜半角数字の入力＞ ……………………………… 66
- ⑯ アルファベットを入力するには　＜半角英字の入力＞ ………………… 68
- ⑰ 記号を入力するには　＜記号の入力＞ …………………………………… 70
- ⑱ 文書を保存するには　＜名前を付けて保存＞ …………………………… 74
  - [テクニック] 保存方法の違いをマスターしよう ……………………………… 74

　この章のまとめ …………… 76
　練習問題 ………………… 77　　解答 ……………………… 78

第3章　見栄えのする文書を作成する　　79

- ⑲ 文書の体裁を整えて印刷しよう　＜文書の装飾と印刷＞……………………………80
- ⑳ 保存した文書を開くには　＜ドキュメント＞……………………………82
  - テクニック　タスクバーからファイルを検索できる……………………………82
- ㉑ 文字を左右中央や行末に配置するには　＜文字の配置＞……………………………84
- ㉒ 文字を大きくするには　＜フォントサイズ＞……………………………86
  - テクニック　ミニツールバーで素早く操作できる……………………………86
- ㉓ 文字のデザインを変えるには　＜下線、太字＞……………………………88
- ㉔ 文字の種類を変えるには　＜フォント＞……………………………90
  - テクニック　[フォント] ダイアログボックスで詳細に設定する……………………………90
  - テクニック　BIZ UDフォントとは……………………………91
- ㉕ 箇条書き項目の文頭をそろえるには　＜箇条書き、タブ＞……………………………92
- ㉖ 段落を字下げするには　＜ルーラー、インデント＞……………………………94
- ㉗ 文書にアイコンを挿入するには　＜アイコン＞……………………………96
  - テクニック　フリーハンドで自由に図形を描画できる……………………………99
  - テクニック　3Dモデルを挿入して、より見栄えのする文書を作成できる……………………………101
- ㉘ 文書を上書き保存するには　＜上書き保存＞……………………………102
  - テクニック　終了した位置が保存される……………………………103
- ㉙ 文書を印刷するには　＜印刷＞……………………………104

　この章のまとめ…………106
　練習問題……………107　　解答……………………108

第4章　入力した文章を修正する　　109

- ㉚ 以前に作成した文書を利用しよう　＜文書の再利用＞……………………110
- ㉛ 文書の一部を書き直すには　＜範囲選択、上書き＞……………………112
- ㉜ 特定の語句をまとめて修正するには　＜置換＞……………………114
- ㉝ 同じ文字を挿入するには　＜コピー、貼り付け＞……………………118
- ㉞ 文字を別の場所に移動するには　＜切り取り、貼り付け＞……………………120

　　この章のまとめ…………122
　　練習問題…………123　　解答…………124

第5章　表を使った文書を作成する　　125

- ㉟ 罫線で表を作ろう　＜枠や表の作成＞……………………126
- ㊱ ドラッグして表を作るには　＜罫線を引く＞……………………128
- ㊲ 表の中に文字を入力するには　＜セルへの入力＞……………………132
- ㊳ 列数と行数を指定して表を作るには　＜表の挿入＞……………………134
  - テクニック 文字数に合わせて伸縮する表を作る……………………134
- ㊴ 列の幅を変えるには　＜列の変更＞……………………136
  - テクニック ほかの列の幅は変えずに表の幅を調整する……………………137
- ㊵ 行を挿入するには　＜上に行を挿入＞……………………138
- ㊶ 不要な罫線を削除するには　＜線種とページ罫線と網かけの設定＞……………………140
- ㊷ 罫線の太さや種類を変えるには　＜ペンの太さ、ペンのスタイル＞……………………144
  - テクニック 表のデザインをまとめて変更できる！……………………146
- ㊸ 表の中で計算するには　＜計算式＞……………………148
- ㊹ 合計値を計算するには　＜関数の利用＞……………………150

　　この章のまとめ…………152
　　練習問題…………153　　解答…………154

第6章　年賀状を素早く作成する　　155

- ㊵ はがきに印刷する文書を作ろう　　＜はがき印刷＞ ……………………………… 156
- ㊶ はがきサイズの文書を作るには　　＜サイズ、余白＞ ……………………………… 158
- ㊷ カラフルなデザインの文字を挿入するには　　＜ワードアート＞ ………………… 160
  - テクニック　内容や雰囲気に応じて文字を装飾しよう ……………………………… 162
- ㊸ 縦書きの文字を自由に配置するには　　＜縦書きテキストボックス＞ …………… 164
- ㊹ 写真を挿入するには　　＜画像、前面＞ …………………………………………… 168
  - テクニック　写真と文字の配置方法を覚えておこう ………………………………… 171
- ㊺ 写真の一部を切り取るには　　＜トリミング＞ …………………………………… 172
  - テクニック　写真の背景だけを削除できる …………………………………………… 175
- ㊻ はがきのあて名を作成するには　　＜はがき宛名面印刷ウィザード＞ …………… 176
  - テクニック　Excelのブックに作成した住所録を読み込める ……………………… 181

　　この章のまとめ………… 182
　　練習問題 ……………… 183　　　解答 ……………… 184

第7章　文書のレイアウトを整える　　185

- ㊼ 読みやすい文書を作ろう　　＜段組みの利用＞ …………………………………… 186
- ㊽ 文書を2段組みにするには　　＜段組み＞ ………………………………………… 188
- ㊾ 設定済みの書式をコピーして使うには　　＜書式のコピー／貼り付け＞ ………… 190
- ㊿ 文字と文字の間に「……」を入れるには　　＜タブとリーダー＞ ……………… 194
- 56 ページの余白に文字や図形を入れるには　　＜ヘッダー、フッター＞ ………… 198
  - テクニック　ヘッダーやフッターにファイル名を挿入する ………………………… 200
- 57 ページ全体を罫線で囲むには　　＜ページ罫線＞ ………………………………… 202
- 58 文字を縦書きに変更するには　　＜縦書き＞ ……………………………………… 204

　　この章のまとめ………… 208
　　練習問題 ……………… 209　　　解答 ……………… 210

第8章　もっとWordを使いこなす　211

59 文書を翻訳するには　＜翻訳＞……212
60 ひな形を利用するには　＜テンプレート＞……214
61 テンプレートのデザインを変更するには　＜［デザイン］タブ＞……216
62 行間を調整するには　＜行と段落の間隔＞……220
63 ページ番号を自動的に入力するには　＜ページ番号＞……222
64 文書を校正するには　＜新しいコメント、変更履歴の記録＞……224
65 校正された個所を反映するには　＜承諾＞……228
66 文書の安全性を高めるには　＜文書の保護＞……230

この章のまとめ……234
練習問題……235　解答……236

第9章　ほかのソフトウェアとデータをやりとりする　237

67 Excelのグラフを貼り付けるには　＜［クリップボード］作業ウィンドウ＞……238
68 地図を文書に貼り付けるには　＜スクリーンショット＞……244
テクニック　[Windows]キー＋[Shift]キー＋[S]キーで画面を切り取れる……244
69 新しいバージョンで文書を保存するには　＜ファイルの種類＞……248
テクニック　古い形式で保存することもできる……249
70 文書をPDF形式で保存するには　＜エクスポート＞……250

この章のまとめ……252
練習問題……253　解答……254

第10章　Wordをクラウドで使いこなす　255

71 文書をクラウドで活用しよう ＜クラウドの仕組み＞……256
72 文書をOneDriveに保存するには ＜OneDriveへの保存＞……258
73 OneDriveに保存した文書を開くには ＜OneDriveから開く＞……260
74 ブラウザーを使って文書を開くには ＜Word Online＞……262
75 スマートフォンを使って文書を開くには ＜モバイルアプリ＞……264
テクニック 外出先でも文書を編集できる……266
76 文書を共有するには ＜共有＞……268
テクニック Webブラウザーを使って文書を共有する……269
テクニック OneDriveのフォルダーを活用すると便利……271
77 共有された文書を開くには ＜共有された文書＞……272
78 共有された文書を編集するには ＜Word Onlineで編集＞……274
テクニック 共有された文書をパソコンに保存する……276
テクニック Skypeでチャットしながら編集できる……278

この章のまとめ……280
練習問題……281　解答……282

付録1　クイックアクセスツールバーを便利に使う……283
付録2　Officeのモバイルアプリをインストールするには……284
付録3　Office 365リボン対応表……289
付録4　プリンターを使えるようにするには……292
付録5　ショートカットキー一覧……297
付録6　ローマ字変換表……298

用語集……300
索引……310

できるサポートのご案内……316
本書を読み終えた方へ……317
読者アンケートのお願い……318

パソコンの基本操作

パソコンを使うには、操作を指示するための「マウス」や文字を入力するための「キーボード」の扱い方、それにWindowsの画面内容と基本操作について知っておく必要があります。実際にレッスンを読み進める前に、それぞれの名称と操作方法を理解しておきましょう。

マウス・タッチパッド・スティックの動かし方

◆マウスポインター
操作する対象を指し示すもの。指の動きやマウスの動きに合わせて画面上を移動する

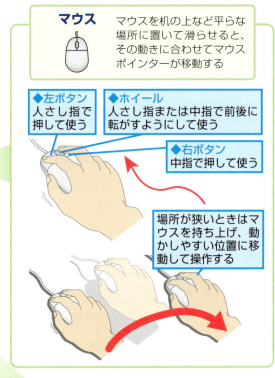

マウス マウスを机の上など平らな場所に置いて滑らせると、その動きに合わせてマウスポインターが移動する

◆左ボタン
人さし指で押して使う

◆ホイール
人さし指または中指で前後に転がすようにして使う

◆右ボタン
中指で押して使う

場所が狭いときはマウスを持ち上げ、動かしやすい位置に移動して操作する

タッチパッド タッチパッドを指でこすると、指の動きに合わせてマウスポインターが移動する

◆左ボタン
左手親指で押して使う

◆右ボタン
右手親指で押して使う

スティック スティックを前後左右斜めに傾けると、その方向にマウスポインターが移動する

◆左ボタン
左手親指で押して使う

◆右ボタン
右手親指で押して使う

マウス・タッチパッド・スティックの使い方

◆マウスポインターを合わせる
マウスやタッチパッド、スティックを動かして、マウスポインターを目的の位置に合わせること

マウス	タッチパッド	スティック

1 アイコンにマウスポインターを合わせる → アイコンの説明が表示された

◆ダブルクリック
マウスポインターを目的の位置に合わせて、左ボタンを2回連続で押して、指を離すこと

マウス	タッチパッド	スティック

1 アイコンをダブルクリック → アイコンの内容が表示された

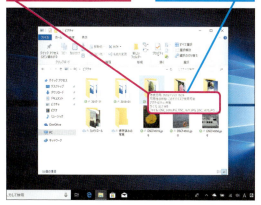
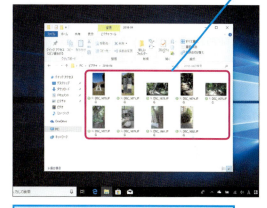

◆クリック
マウスポインターを目的の位置に合わせて、左ボタンを1回押して指を離すこと

マウス	タッチパッド	スティック

1 アイコンをクリック → アイコンが選択された

◆右クリック
マウスポインターを目的の位置に合わせて、右ボタンを1回押して指を離すこと

マウス	タッチパッド	スティック

1 アイコンを右クリック → ショートカットメニューが表示された

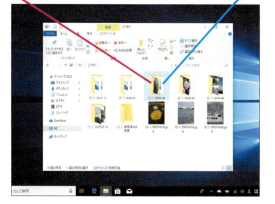

できる | 19

◆ドラッグ
左ボタンを押したままマウスポインターを動かし、目的の位置で指を離すこと

マウス

タッチパッド

スティック

●ドラッグしてウィンドウの大きさを変える方法

1 ウィンドウの端にマウスポインターを合わせる

マウスポインターの形が変わった

2 ここまでドラッグ

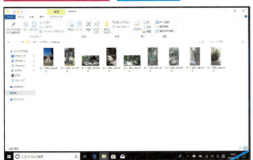

ボタンから指を離した位置まで、ウィンドウの大きさが広がった

●ドラッグしてファイルを移動する方法

1 アイコンにマウスポインターを合わせる

2 ここまでドラッグ

ドラッグ中はアイコンが薄い色で表示される

ボタンから指を離すと、ウィンドウにアイコンが移動する

Windows 10の主なタッチ操作

●タップ

指でトンと1回たたく

●ダブルタップ

指でトントンと2回たたく

●長押し

項目などを1秒以上タッチし続ける

●スライド

タッチしたまま指を上下左右に動かす

●ストレッチ

2本の指を合わせた状態から広げる

●ピンチ

2本の指を拡げた状態から合わせる

●スワイプ

指で下から上に画面をはじく

画面の続きが表示された

Windows 10のデスクトップで使うタッチ操作

●アクションセンターの表示方法

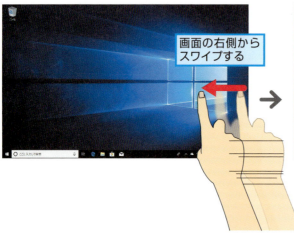
画面の右側からスワイプする

アクションセンターが表示された

●タスクビューの表示方法

画面の左側からスワイプする

タスクビューに切り替わった

デスクトップの主な画面の名前

◆デスクトップ
Windowsの作業画面全体

◆ウィンドウ
デスクトップ上に表示される四角い作業領域

◆スクロールバー
上下にドラッグすれば、隠れている部分を表示できる

◆タスクバー
はじめから登録されているソフトウェアや起動中のソフトウェアなどがボタンで表示される

◆通知領域
パソコンの状態を表わすアイコンやメッセージが表示される

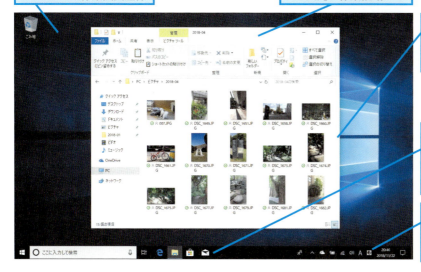

スタートメニューの主な名称

インストールされているアプリのアイコンが表示される

◆スクロールバー
スタートメニューでマウスを動かすと表示される

◆タイル
Windowsアプリなどが四角い画像で表示される

◆検索ボックス
パソコンにあるファイルや設定項目、インターネット上の情報を検索できる

ウィンドウの表示方法

ウィンドウ右上のボタンを使ってウィンドウを操作する

◆[最小化] ◆[最大化] ◆[閉じる]

ウィンドウが開かれているときは、タスクバーのボタンに下線が表示される

複数のウィンドウを表示すると、タスクバーのボタンが重なって表示される

●ウィンドウを最大化する

1 [最大化]をクリック

ウィンドウが最大化した

ウィンドウが最大化すると、[最大化]は[元に戻す(縮小)]に変わる

●ウィンドウを最小化する

1 [最小化]をクリック

ウィンドウが最小化した

タスクバーのボタンをクリックすれば、ウィンドウのサムネイルが表示される

●ウィンドウを閉じる

1 [閉じる]をクリック

ウィンドウが閉じた

ウィンドウを閉じると、タスクバーのボタンの表示が元に戻る

キーボードの主なキーの名前

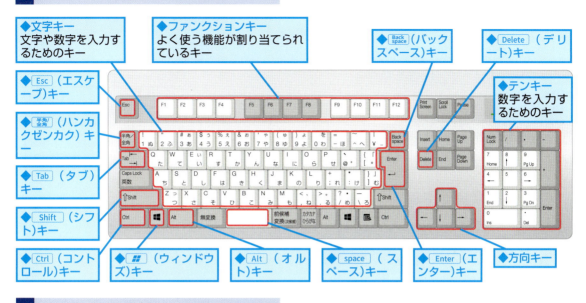

文字入力での主なキーの使い方

※Windowsに搭載されているMicrosoft IMEの場合

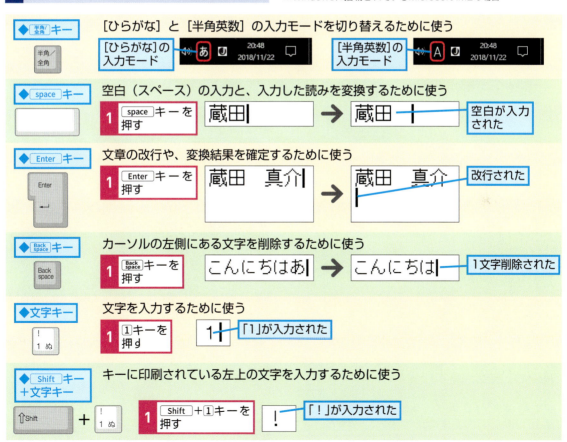

練習用ファイルの使い方

本書では、レッスンの操作をすぐに試せる無料の練習用ファイルを用意しています。Word 2019の初期設定では、ダウンロードした練習用ファイルを開くと、保護ビューで表示される仕様になっています。本書の練習用ファイルは安全ですが、練習用ファイルを開くときは以下の手順で操作してください。

▼ 練習用ファイルのダウンロードページ
http://book.impress.co.jp/books/1118101127

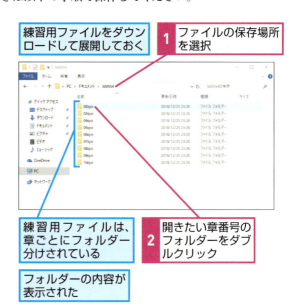

HINT!

何で警告が表示されるの？

Word 2019では、インターネットを経由してダウンロードしたファイルを開くと、保護ビューで表示されます。ウイルスやスパイウェアなど、セキュリティ上問題があるファイルをすぐに開いてしまわないようにするためです。ファイルの入手時に配布元をよく確認して、安全と判断できた場合は、[編集を有効にする]ボタンをクリックしてください。[編集を有効にする]ボタンをクリックすると、次回以降同じファイルを開いたときに保護ビューが表示されません。

第1章 Word 2019を使い始める

初めてWordを使う人のために、その特徴や起動と終了の基本操作、そして画面の使い方について解説します。まずはこの章でWordを使う前に押さえておくべき操作と知識を理解しておきましょう。

●この章の内容
❶ Wordの特徴を知ろう……………………………………28
❷ Wordを使うには …………………………………………30
❸ Word 2019の画面を確認しよう……………………………34

レッスン 1

Wordの特徴を知ろう

ワープロソフト

Wordを利用すれば、目的に合わせてさまざまな文書を作成できます。仕事や個人で利用する文書など、作成する文書に応じた数多くの機能が用意されています。

見栄えのする文書の作成

Wordを使うと、文字にきれいな装飾を施したり、図形などを挿入したりすることで、見栄えのする文書を作成できます。

キーワード

Microsoft Office	p.300
インストール	p.301
罫線	p.303
テンプレート	p.306
プリンター	p.308
ワードアート	p.309

パソコンにWordがインストールされていれば、目的に合わせてさまざまなレイアウトの文書を作成できる

プリンターがあれば、さまざまなサイズの用紙に作成した文書を印刷できる

ビジネスに利用する書類や個人で利用する印刷物など、目的に合わせた文書を作成できる

表や罫線を利用した体裁のいい文書の作成

文字や数字が見やすくなるように、罫線を引いたり、表を挿入したりして、文書の体裁を整えられます。

さまざまな方法で表の挿入や編集・書式の設定ができる

はがきへの印刷も簡単

さまざまなサイズの用紙に自由に文字や図形をレイアウトできるので、オリジナル性に富んだはがきやグリーティングカードを作成できます。ほかのソフトウェアを使わなくてもWordだけであて名や原稿用紙などの印刷もできます。

HINT!
長文の作成や校正ができる

Wordには、文章全体の構成を整理するときに便利なアウトライン機能や、用語の統一を容易にする校正機能など、レポートや論文などの長文を作成するための機能がそろっています。

HINT!
デザイン性の高い文書を作成できる

あらかじめデザインが設定されているテンプレートや、装飾性の高い文字を入力できるワードアートに、きれいな図形を描けるSmartArtなどを活用すると、デザイン性の高い文書を手早く簡単に作成できます。

デザイン性の高い文書作成に役立つ機能が数多く用意されている

レッスン 2

Wordを使うには

起動、終了

> Wordを起動すると、スタート画面が表示されます。新しい文書を作成するには、スタート画面で［白紙の文書］をクリックして編集画面を表示しましょう。

Wordの起動

① すべてのアプリを表示する

1 ［スタート］をクリック

② Wordを起動する

[W]のグループを表示して、Wordを起動する

1 ここを下にドラッグしてスクロール

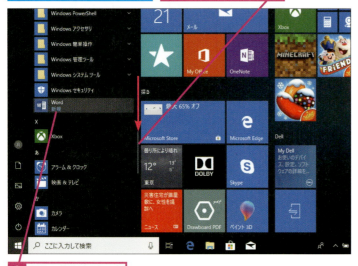

2 ［Word］をクリック

キーワード

Microsoftアカウント	p.300
スタート画面	p.304
テンプレート	p.306

ショートカットキー

⊞ ／ Ctrl + Esc
……………… スタート画面の表示
Alt + F4 ‥ ソフトウェアの終了

HINT!

キーワードを入力してWordを起動するには

Windows 10でWordを［スタート］メニューから見つけるのが面倒なときは、検索ボックスを使いましょう。以下の手順で簡単にWordを探せます。キーワードを入力して、ホームページやパソコンの中のファイルなども探せるのが便利です。

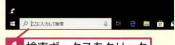

1 検索ボックスをクリック

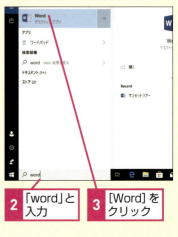

2 「word」と入力　3 ［Word］をクリック

③ Wordの起動画面が表示された

Wordの起動画面が表示された

④ Wordが起動した

Wordが起動し、Wordのスタート画面が表示された

スタート画面に表示される背景画像は、環境によって異なる

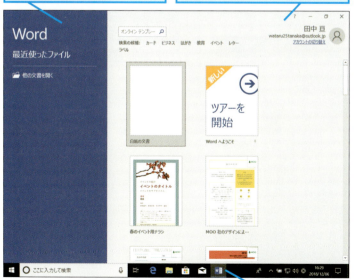

タスクバーにWordのボタンが表示された

HINT!
Windows 10のサインインと連動する

Windows 10にMicrosoftアカウントでサインインできるようにしておくと、Wordも同じアカウントで自動的にサインインできます。そして、OneDriveやメールなどのクラウドサービスをすぐに利用できます。

HINT!
Wordのスタート画面には何が表示されるの？

Wordのスタート画面には、テンプレートと呼ばれる文書のひな型が表示されます。この中から、作りたい文書のテンプレートを選ぶことができます。本書では、レッスン㊿でテンプレートの利用方法を解説しているので参考にしてください。またインターネットに接続していると、マイクロソフトのWebページにあるテンプレートをダウンロードできます。

HINT!
初期設定の画面が表示されたときは

Wordを初めて起動すると、初期設定に関する画面が表示される場合があります。その場合は［同意してWordを開始する］ボタンをクリックしましょう。Office製品の更新ファイルが公開されたとき、パソコンにインストールされるようになります。

① ［同意してWordを開始する］をクリック

次のページに続く

文書ファイルの作成

❺ [白紙の文書] を選択する

Wordを起動しておく

1 [白紙の文書] をクリック

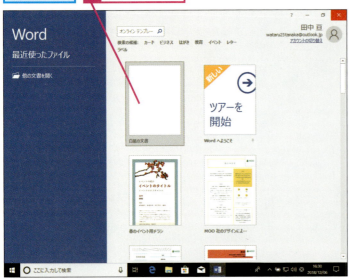

❻ 白紙の文書が表示された

Wordの編集画面に白紙の文書が表示された

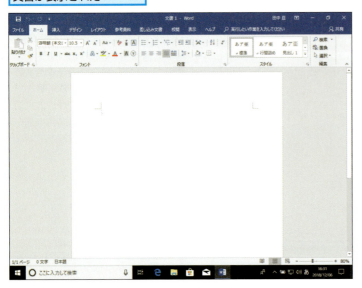

HINT!
Wordをデスクトップから起動できるようにするには

以下の手順でWordのボタンをタスクバーに登録すれば、すぐにWordを起動できます。また、タスクバーからWordのボタンを削除するには、タスクバーのボタンを右クリックして、[タスクバーからピン留めを外す]を選びます。

アプリの一覧を表示しておく

1 [Word] を右クリック
2 [その他] をクリック

3 [タスクバーにピン留めする]をクリック

タスクバーにWordのボタンが表示された

ボタンをクリックすればWordを起動できる

 間違った場合は？

間違って [白紙の文書] 以外を選択してしまった場合は、手順7を参考にいったんWordを終了し、手順1から操作をやり直しましょう。

テクニック タッチパネルを搭載した機器の場合は

タブレットや一部のノートパソコンなど、タッチパネルが利用できる機器であれば、画面を直接タッチしてWordを起動したり、メニューを選択できます。また、タッチ操作のできるタブレットなどでWordを利用すると、メニューなどがタッチしやすいサイズで表示されます。

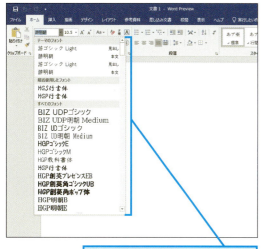

マウスで操作すると、フォントの一覧の間隔が狭い

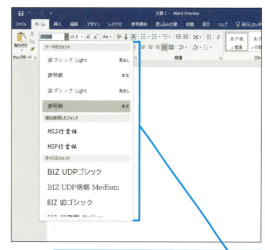

タッチパネルで操作すると、フォントの一覧の間隔が広がる

Wordの終了

Wordを終了する

1 [閉じる]をクリック

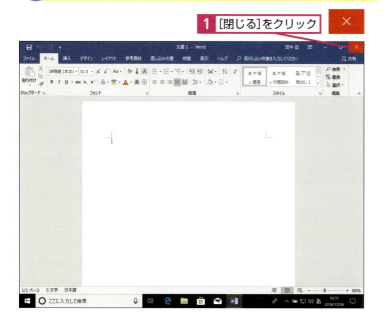

Point

使うときに起動して、使い終わったら閉じる

Wordを使うには、「起動」という操作が必要です。Wordを起動すると、テンプレートや過去に使った文書を開くためのスタート画面が表示されます。スタート画面で作成する文書や編集する文書を選んでから編集画面を表示します。そして、必要な編集作業を終えたら、[閉じる]ボタン（×）をクリックして、Wordを終了します。Wordを終了するときに、編集中の文書があると、「"文書1"に対する変更を保存しますか？」というメッセージが表示されます。このレッスンでは、起動と終了だけの操作をしているので、もしメッセージが表示されたときは、[保存しない]ボタンをクリックして、そのままWordを終了してください。

レッスン 3

Word 2019の画面を確認しよう
各部の名称、役割

Wordは文書を作るために必要な情報をすべて画面に表示します。はじめからすべての情報を覚える必要はないので、まずは、基本的な内容を理解しておきましょう。

Word 2019の画面構成

Wordの画面は、保存や書式設定などの機能を選ぶための操作画面と文字の入力や画像の挿入を行う編集画面に分かれています。リボンと呼ばれる操作画面には、利用できる機能を表すボタンが数多く並んでいますが、はじめからすべてのボタンや機能を覚える必要はありません。本書のレッスンを通して、使う頻度の高い機能から、順番に覚えていけば大丈夫です。

▶キーワード	
Microsoftアカウント	p.300
共有	p.302
クイックアクセスツールバー	p.302
書式	p.303
スクロール	p.304
操作アシスト	p.304
保存	p.308
リボン	p.309

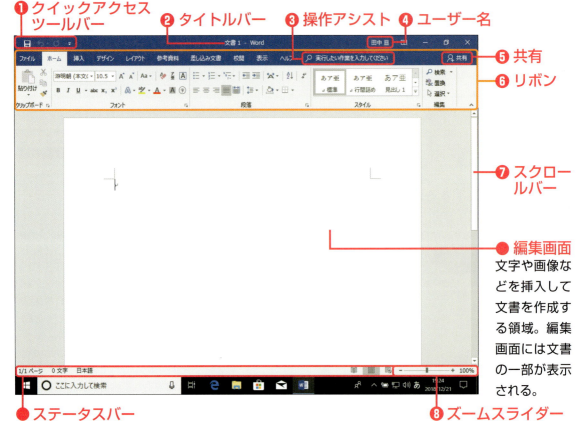

❶ クイックアクセスツールバー
❷ タイトルバー
❸ 操作アシスト
❹ ユーザー名
❺ 共有
❻ リボン
❼ スクロールバー
● 編集画面
文字や画像などを挿入して文書を作成する領域。編集画面には文書の一部が表示される。
❽ ズームスライダー
● ステータスバー
ページ数や入力した文字数など、文書の作業状態が表示される領域。作業内容によって表示項目が追加される。

> 注意 お使いのパソコンの画面の解像度が違うときは、リボンの表示やウィンドウの大きさが異なります

❶クイックアクセスツールバー
Wordでよく使う機能を小さくまとめて表示できるツールバー。使いたいボタンを自由に追加できる。

❷タイトルバー
ファイル名が表示される領域。保存前のWordファイルには「文書1」や「文書2」のような名前が表示される。

作業中のファイル名が表示される

❸操作アシスト
入力したキーワードに関連する検索やヘルプが表示される機能。使いたい機能のボタンがどこにあるか分からないとき利用する。例えば「罫線」と入力すると、[罫線の削除]や[ページ罫線]などの項目が表示される。

❹ユーザー名
Officeにサインインしているアカウントの情報が表示される。Microsoftアカウントでサインインしていると、マイクロソフトが提供しているオンラインサービスを利用できる。

❺共有
Wordの文書をクラウドに保存して、ほかの人と共有するための機能。共有の機能を利用すると、OneDriveにWordの文書を保存して、ほかのパソコンやスマートフォンなどから文書の閲覧や編集ができるようになる。

❻リボン
作業の種類によって、「タブ」でボタンが分類されている。[ファイル]や[ホーム]タブなど、タブを切り替えて必要な機能のボタンをクリックすることで、目的の作業を行う。

タブを切り替えて、目的の作業を行う

❼スクロールバー
画面をスクロールするために使う。画面表示を拡大しているとステータスバーの下にも表示される。スクロールバーを上下左右にドラッグすれば、表示位置を移動できる。

❽ズームスライダー
画面の表示サイズを変更できるスライダー。左にドラッグすると縮小、右にドラッグすると拡大できる。[拡大]ボタン(＋)や[縮小]ボタン(－)をクリックすると、10%ごとに表示の拡大と縮小ができる。

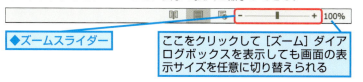

◆ズームスライダー

ここをクリックして[ズーム]ダイアログボックスを表示しても画面の表示サイズを任意に切り替えられる

HINT!
画面の大きさによってリボンの表示が変わる
画面の解像度によっては、リボンに表示されているボタンの並び方や絵柄、大きさが変わることがあります。そのときは、ボタンにマウスポインターを合わせたときに表示されるボタン名などを参考にして読み進めてください。

HINT!
リボンを非表示にするには
ノートパソコンなどで、ディスプレイのサイズが小さい場合は、リボンを一時的に非表示にできます。いずれかのタブをダブルクリックするか、画面右上の[リボンを折りたたむ]ボタン(⌃)をクリックすると、リボンが非表示になります。

HINT!
編集画面には文書の一部が表示されている
編集画面に表示されていない部分を見るには、スクロールバーで表示する位置を変更します。

画面に表示されている部分

実際の文書のサイズ

この章のまとめ

●パソコンとWordがあれば自由に文書が作れる

ワープロソフトでの文書作りは、キーボードから文字を入力して編集し、プリンターで用紙に印刷するまでの流れになります。Wordでは、編集画面で文字を入力し、リボンなどにある機能を使って、編集や装飾などの操作を行います。これらの基本となる操作や流れ、起動、終了、入力の基本を理解しておけば、初めてパソコンに触れる人でも、戸惑うことなく、的確に自分が必要としている文書を作れるようになります。

Wordの基本を覚える

Wordの特徴と起動方法、基本画面を覚えて、文書を作成する準備をする

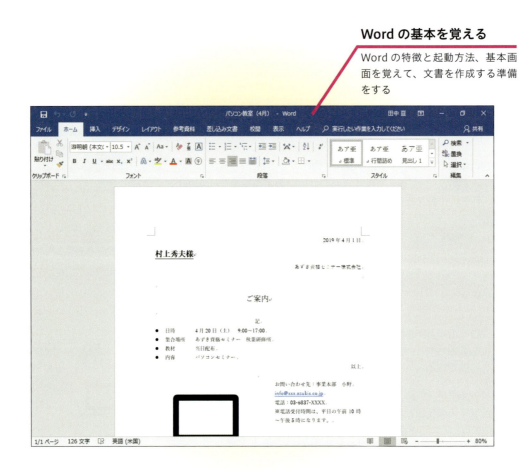

第2章 文字を入力して文書を作成する

この章では、例文を通して、Wordで文書を作るための基礎となる日本語入力について解説しています。入力した文字を漢字に変換する方法や、カタカナや記号の入力など、文書の作成には欠かせない操作を紹介しています。

●この章の内容
- ❹ 文書を作ってみよう……………………………… 38
- ❺ キーボードの操作を覚えよう……………………… 40
- ❻ 入力方式を選ぶには………………………………… 42
- ❼ ひらがなを入力するにはⅠ………………………… 44
- ❽ ひらがなを入力するにはⅡ………………………… 48
- ❾ 漢字を入力するには………………………………… 52
- ❿ カタカナを入力するには…………………………… 54
- ⓫ 「しゃ」を入力するには…………………………… 56
- ⓬ 次の行に移動するには……………………………… 58
- ⓭ 「ん」を入力するには……………………………… 60
- ⓮ 結語の「以上」を自動的に入力するには………… 62
- ⓯ 日付を入力するには………………………………… 66
- ⓰ アルファベットを入力するには…………………… 68
- ⓱ 記号を入力するには………………………………… 70
- ⓲ 文書を保存するには………………………………… 74

レッスン 4 文書を作ってみよう

文書作成の基本

文書を作るためには、キーボードから文字を入力して変換します。作りたい文章の内容に合わせて、いろいろな種類の文字を組み合わせていきます。

文書作成の流れ

Wordによる文書作成の基本的な流れは、キーボードから文字を入力して文章を作り、「保存」という機能を使って、パソコンの中にファイルとして残します。保存した文書は、文書ファイルとも呼ばれます。作成した文書は、プリンターを使って紙に印刷でき、保存した文書は、後から何度でも開いて再利用できます。

▶キーワード

アイコン	p.300
日本語入力システム	p.306
ファイル	p.307
フォルダー	p.307
プリンター	p.308
文書	p.308
保存	p.308

第2章 文字を入力して文書を作成する

❶文書を作成する

キーボードから文字を入力する

❷作成した文書を保存する

作成した文書を保存する

❸文書を活用する

保存した文書を開いて再利用する

作成した文書を印刷する

文字入力の流れ

キーボードからひらがなや漢字を入力するためには、「日本語入力システム」を使います。キーの押し方と日本語入力システムを使った文字の入力方法は、次のレッスンから詳しく解説していきます。

❶キーボードから文字を入力する

❷漢字の変換候補を選択する

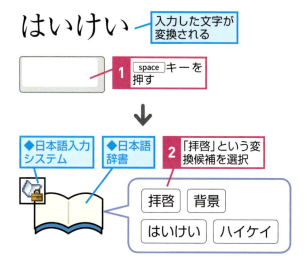

❸選択した変換候補を確定する

HINT!

保存した文書はアイコンで表示される

保存した文書は、[ドキュメント] フォルダーなどに、Wordのアイコンで表示されるようになります。この文書をメールに添付したり、USBメモリーなどにコピーしたりすれば、ほかの人が利用するWordでも同じ文書を利用できます。文書の保存については、レッスン⓭で詳しく解説します。

HINT!

日本語入力システムはIMEと呼ばれている

パソコンで利用する日本語入力システムは、「IME」と呼ばれています。これは、英語のInput Method Editorの略称で「文字を入れる機能」という意味です。IMEは、マイクロソフト以外の会社も開発しています。Windowsに対応するIMEをインストールすれば、日本語入力の精度を強化できます。

Windows 10ではタスクバーにIMEのアイコンが表示される

レッスン 5 キーボードの操作を覚えよう

キーの配置、押し方

Wordで文書を作るためには、キーボードから文字を入力します。初めてパソコンのキーボードを使うときは、主なキーの役割と、キーの押し方を理解しておきましょう。

入力に使うキー

キーボードには、いろいろなキーがありますが、その用途は大きく2つに分かれています。1つは、文字を入力するためのキーです。文字キーには、アルファベットや数字、かなを入力するためのキーが並んでいます。そしてもう1つは、文字キーの左右や下にある、文字の編集や日本語入力システムなどで利用するための機能キーです。

キーワード	
Num Lock	p.300
カーソル	p.301
テンキー	p.305
日本語入力システム	p.306
入力モード	p.306
文書	p.308

◆[半角/全角]キー
入力モードの[ひらがな]と[半角英数]を切り替える

◆文字キー
文章などの文字を入力するために使うキーの集まり

◆[Backspace]（バックスペース）キー
カーソルの左にある文字を削除する

◆[Num Lock]（ナムロック）キー
テンキーのオンとオフを切り替える

◆テンキー
数字を入力するときに使う

◆[Shift]（シフト）キー
大文字や記号などを入力するときにほかのキーと組み合わせて使う

◆スペースキー
空白（スペース）の入力と、「読み」を変換するために使う

◆[Enter]（エンター）キー
改行の入力と、「変換」した文字の確定に使う

◆[Delete]（デリート）キー
カーソルの右にある文字を削除する

テクニック キーと指の配置を覚えておこう

キーボードにあるキーをどの指で押すのかは、使う人の自由です。左右の人さし指だけで押しても、必要な文字は入力できます。しかし、キーボードで文字を大量に入力したいと考えているのなら、左右の指ごとに決められている指の配置を覚えておくと便利です。右のイラストのように、左右それぞれの指ごとに、押すキーが決まっています。決まった指でキーを押すようにすれば、結果的に文字の入力が速くなります。なお、ほとんどのキーボードには左右の人さし指の位置であるFキーとJキーに突起が設けられています。目で確認せずに位置が分かるので、覚えておくと便利です。

左右それぞれの指ごとに押すキーが決まっている

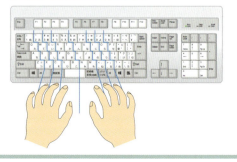

キーの押し方

キーを押すときは、ポンと叩くように押します。長く押し続けると同じ文字が連続して入力されてしまうので、押したらすぐに離します。Shift (シフト)やCtrl (コントロール)と書かれたキーは、必ずほかのキーと組み合わせて使います。そのため、これらのキーを押したら、指を離さないようにしたまま、組み合わせて使うキーを押します。本書では、こうしたキーの操作を「Alt + カタカナひらがなキーを押す」「Ctrl + Sキーを押す」のように表記しています。

● 正しい文字キーの押し方

1 「ポン」と軽く押してすぐに離す

→ 文字が1文字入力できた

● 間違った文字キーの押し方

1 キーを押し続ける

→ 文字が連続して入力されてしまった

● 複数のキーを組み合わせた押し方

1 Shiftキー やCtrlキーを押し続けながらもう1つのキーを押す

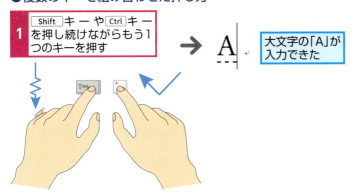

→ 大文字の「A」が入力できた

HINT!
タッチキーボードが利用できる機器もある

タッチ操作に対応するタブレットやディスプレイを利用していると、画面に表示されるタッチキーボードを使って文字を入力できます。

HINT!
画面に表示される文字の大きさを拡大するには

Windows 10で画面に表示される文字やアイコンが小さいときは、デスクトップで右クリックし[ディスプレイ設定]を選択します。[テキスト、アプリ、その他の項目のサイズを変更する]から、[150%]や[200%]などを選びます。変更後は、サインアウト(ログオフ)の必要があるので、ファイルを編集中のときは名前を付けて保存しておきましょう。

Point
基本的なキー操作は多くのパソコンで共通

キーボードに用意されているキーの種類は、パソコンの機種によって細かい違いがあります。しかし、文書を作成するために必要となる基本的なキーは、すべての機種で共通です。したがって、文書を作成するにあたっては、WindowsとWordが利用できるパソコンであれば、基本的なキー操作はすべて共通です。本書では、標準的なキーボードを基準にして、キーの種類と操作方法を解説しています。

レッスン 6

入力方式を選ぶには

入力方式、入力モード

Wordで日本語を入力するときに、「ローマ字入力」と「かな入力」という2つの方式を選べます。2つの入力方式は、キーボードやマウスの操作で切り替えられます。

ローマ字入力とかな入力の確かめ方

Wordを起動した直後は、自動的に入力モードが［ひらがな］になっています。このときの入力方式が、［ローマ字入力］か［かな入力］かは、Aなどのキーを押せば確かめられます。

●ローマ字入力

日本語の読みをA（あ）、I（い）、U（う）のようにローマ字で表現して入力する方法。

1 Aキーを押す　「あ」と入力される

●かな入力

日本語の読みをあ、い、うのように、キーに刻印されたひらがなの通りに押して入力する方法。

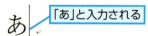

1 あキーを押す　「あ」と入力される

2 Aキーを押す　［かな入力］でAキーを押すと、「ち」と入力される

入力方式の切り替え方法

［ローマ字入力］と［かな入力］を切り替えるには、Alt + カタカナひらがな キーを押します。HINT!の方法で入力方式を確認するか、Aなどのキーを押して試しに文字を入力して確認しましょう。

1 Alt + カタカナひらがな キーを押す

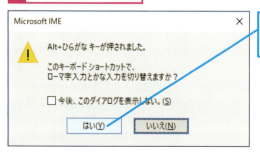

［はい］をクリックすると入力方式が切り替わる

キーワード

かな入力	p.302
日本語入力システム	p.306
入力モード	p.306
ローマ字入力	p.309

ショートカットキー

Alt + カタカナひらがな
………［かな入力］への切り替え
半角/全角 ……入力モードの切り替え

HINT!

マウスの操作でも入力方式の確認や切り替えができる

入力方式が、［ローマ字入力］か［かな入力］かは、以下の手順で確かめられます。このメニューを使うと、マウスの操作でも［ローマ字入力］と［かな入力］を切り替えられます。

1 言語バーのボタンを右クリック

2 ［ローマ字入力/かな入力］にマウスポインターを合わせる

3 入力方式をクリックして選択

入力モードの種類と切り替え方法

Microsoft IMEには、5つの入力モードがあります。入力モードは、マウスの操作で切り替えられます。よく使う［ひらがな］と［半角英数］は、半角/全角キーや英数キーでも簡単に切り替えられます。

● ［ひらがな］の入力モード

あ ◆ひらがな　　あ ◆漢字

あいうえお　　春夏秋冬

● ［全角カタカナ］の入力モード

カ ◆全角カタカナ

アイウエオ

● ［全角英数］の入力モード

A ◆アルファベット（全角）

ＡＢＣａｂｃ

● ［半角カタカナ］の入力モード

ｶ ◆半角カタカナ

ｱｲｳｴｵ

● ［半角英数］の入力モード

A ◆数字（半角）　　A ◆アルファベット（半角）

12345　　ABCabc

● 入力モードの切り替え方法

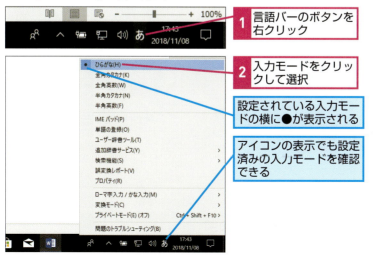

1 言語バーのボタンを右クリック
2 入力モードをクリックして選択

設定されている入力モードの横に●が表示される

アイコンの表示でも設定済みの入力モードを確認できる

HINT!

変換モードって何？

変換モードは、キーボードから入力した文字を漢字などに変換するかどうかを選ぶ機能です。通常は［一般］に設定されていますが、［無変換］を選ぶと、押したキーの文字がそのまま画面に入力されます。

1 言語バーのボタンを右クリック
2 ［変換モード］にマウスポインターを合わせる

変換モードが表示される

［無変換］をクリックすると、文字が変換されなくなる

Point

自分に合った入力方式を選ぶ

日本語を入力するときに、［ローマ字入力］か［かな入力］を使うかは、自由に決めて構いません。一般的には、［ローマ字入力］の方が、覚えるキーの数が少ないので、日本語の入力が容易になると考えられています。一方で、AIUEOなどの英文字を頭の中で置き換えるのが面倒だと感じるなら、キーに表示されている文字をそのまま入力できる［かな入力］が便利です。

レッスン 7 ひらがなを入力するには I

ローマ字入力

このレッスンでは、「ローマ字入力」を使って、ひらがなを入力します。入力モードと入力方式を確認して、例文を入力していきましょう。

1 入力位置を確認する

レッスン❷を参考に、Wordを起動しておく

「かな入力」で文字を入力したい場合は、レッスン❽を参考にする

1 カーソルの位置を確認

入力した文字は、カーソルが点滅しているところに表示される

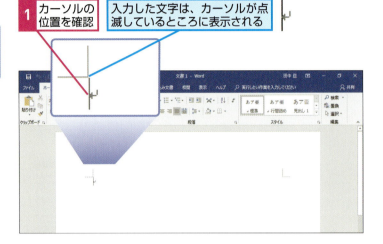

キーワード

カーソル	p.301
入力モード	p.306
半角	p.306
ローマ字入力	p.309

HINT!

入力モードによって入力される文字が異なる

キーを押したときに入力される文字は、入力モードが[ひらがな]か[半角英数]かによって異なります。入力モードが[ひらがな]の場合、キーに表記されているアルファベットの読みに対応する日本語が入力されます。[半角英数]の場合は、キーに表記されている英数字や記号が入力されます。

● 入力モードが [ひらがな] の場合

1 Ａキーを押す

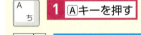

「あ」が入力された

● 入力モードが [半角英数] の場合

1 Ａキーを押す

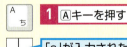

「a」が入力された

2 入力モードを確認する

ここでは、文書の頭にひらがなで「あずき」と入力する

1 言語バーのボタンを右クリック

2 入力モードが[ひらがな]になっていることを確認

3 [ローマ字入力/かな入力]にマウスポインターを合わせる

4 入力モードが[ローマ字入力]になっていることを確認

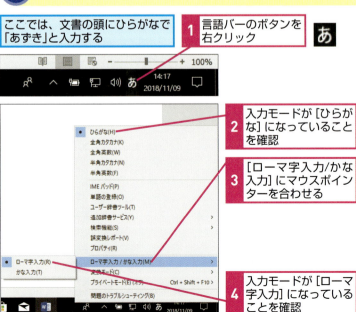

第2章 文字を入力して文書を作成する

44

③ 「あ」と入力する

ローマ字入力で「あ」と入力するときは
Ａキーを押す

1 Ａキーを押す

画面上に「あ」と表示された

入力中の文字は、下に点線が表示される

④ 「ず」と入力する

ローマ字入力で「ず」と入力するときは
Ｚキーを押した後にＵキーを押す

1 Ｚキーを押す

画面上に「z」と表示された

2 Ｕキーを押す

画面上に「ず」と表示された

HINT! 入力の途中で文字を削除するには

入力する文字を間違えてしまったときは、Back spaceキーを押して不要な文字を削除します。Back spaceキーは、押した数だけカーソルの左側（手前）に表示されている文字を削除します。削除する文字の数だけBack spaceキーを押しましょう。

間違った文字を入力したので文字を削除する

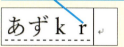

1 Back spaceキーを押す

カーソルの左側に入力されていた文字が削除された

HINT! 入力途中の文字をまとめて削除するには

入力中の文字は、下に点線が表示されます。点線が表示されている状態でEscキーを押すと、入力途中の文字をまとめて削除できます。

間違って入力してしまった文字をすべて削除する

1 Escキーを押す

入力途中の文字がすべて削除された

次のページに続く

⑤「き」と入力する

ローマ字入力で「き」と入力するときは[K]キーを押した後に[I]キーを押す

1 [K]キーを押す

画面上に「k」と表示された

あずk

2 [I]キーを押す

画面上に「き」と表示された

あずき

HINT!
ローマ字変換表を見ておこう

ローマ字入力では、「a」「i」「u」「e」「o」の母音と、「k」「s」「t」「n」「h」「m」「y」「r」「w」などの子音を組み合わせてひらがなを入力します。付録6の「ローマ字変換表」を参考に、入力するひらがなが、どのキーの組み合わせになるかを覚えておきましょう。

HINT!
ローマ字入力には いくつかの種類がある

ローマ字入力では、ひらがなを入力するアルファベットの組み合わせに、いくつかの種類があります。例えば、「ち」は「t」「i」でも「c」「h」「i」でも入力できます。ローマ字入力でのキーの組み合わせについては、付録6の「ローマ字変換表」を参考にしてください。

⚠️ **間違った場合は？**

入力するキーを間違えたときは、[Back space]キーを押して間違えた文字を消し、正しい文字を入力します。

テクニック　ローマ字入力で利用するキーを覚えよう

ローマ字入力では、キーの左側に刻印されている英数字や記号を使います。「A」～「Z」までの英字は、キーの左上にアルファベットが表示されています。数字と記号は、キーの上下2段で表示されています。上に表示されている文字を入力するときは、[Shift]キーを押しながら、該当するキーを押します。

なお、キーを押したときに入力される文字は、入力モードが［ひらがな］か［半角英数］かによって異なります。ローマ字入力では、入力モードが［ひらがな］の場合には、アルファベットの読みに対応したローマ字が画面に表示されます。入力モードが［半角英数］の場合は、キーの左側に表示されている英数字や記号が入力されます。右のイラストを参考にして、入力される文字の違いを確認してください。

●ひらがなの入力方法

このキーを押すと「あ」と入力される

かな入力のときに、このキーを押すと「ち」と入力される

●数字や記号の入力方法

[Shift]キーを押しながらこのキーを押すと「#」と入力される

かな入力のときに、このキーを押すと「あ」と入力される

このキーを押すと「3」と入力される

⑥ 入力を確定する

文字の下に点線が表示されているときは、まだ入力が確定していない

入力を確定するときは Enter キーを押す

1 Enter キーを押す

⑦ ひらがなを入力できた

ひらがなで「あずき」と入力できた

入力が確定すると、文字の下の点線が消える

続いてレッスン❾へ進む

HINT!

予測入力を活用しよう

Windows 10に搭載されているMS-IMEでは、ひらがなを入力すると予測候補が表示されます。これは、MS-IMEに搭載されている予測入力という機能です。表示された予測候補で↓キーかTabキーを押して入力する単語を選んでも構いません。予測入力の機能で入力した単語は、辞書に記録され、次に同じ文字を入力したときに予測候補に自動で表示されます。

1 「しんじ」と入力

予測候補が表示された

2 ↓キーを押す

「新宿」が選択された

Enter キーを押すか、次の文字を入力すると、「新宿」の変換が確定する

Point

母音と子音を組み合わせて入力する

ひらがなの入力は、読みに対応したキーを押します。ローマ字入力では、「あいうえお」の母音に対応した「a」「i」「u」「e」「o」に子音に対応する英字を組み合わせて、ひらがなを入力します。
例えば「か」行であれば、「ka」「ki」「ku」「ke」「ko」のように、「k」と母音を組み合わせて入力します。ローマ字入力はかな入力に比べ、使うキーの数が少ない入力方法です。

レッスン 8

ひらがなを入力するにはⅡ
かな入力

「かな入力」では、入力したいひらがなが書かれているキーをそのまま押して、ひらがなを入力できます。このレッスンでは、かな入力の基本について説明します。

▶キーワード
かな入力	p.302
濁音	p.304
半濁音	p.307

ショートカットキー
[Alt] + [カタカナ/ひらがな]
……………[かな入力]への切り替え

HINT!
入力モードによって入力される文字が異なる

キーを押したときに入力される文字は、入力モードが［ひらがな］か［半角英数］かによって異なります。入力モードが［ひらがな］の場合、キーに表記されているひらがなが入力されます。入力モードが［半角英数］の場合は、キーに表記されている英数字や記号が入力されます。

●入力モードが［ひらがな］の場合

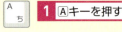
1 Aキーを押す

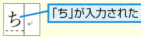
「ち」が入力された

●入力モードが［半角英数］の場合

1 Aキーを押す

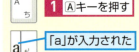
「a」が入力された

1 入力位置を確認する

レッスン❷を参考に、Wordを起動しておく

「ローマ字入力」で文字を入力したい場合は、レッスン❼を参考にする

1 カーソルの位置を確認

入力した文字は、カーソルが点滅しているところに表示される

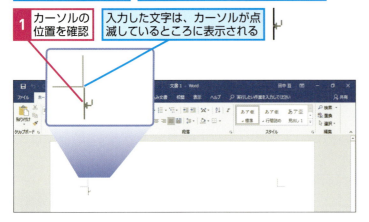

2 入力方式をかな入力に切り替える

ここでは、文書の頭にひらがなで「あずき」と入力する

1 言語バーのボタンを右クリック

入力方式をかな入力に切り替える

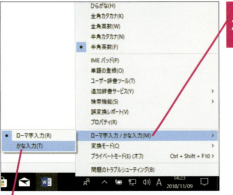

2 ［ローマ字入力/かな入力］にマウスポインターを合わせる

3 ［かな入力］をクリック　入力方式が切り替わる

③ 「あ」と入力する

かな入力で「あ」と入力するときは
あキーを押す

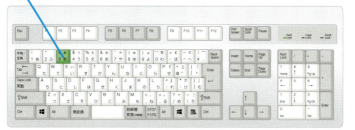

1 あキーを押す

画面上に「あ」と表示された

入力中の文字は、下に点線が表示される

④ 「ず」と入力する

かな入力で「ず」と入力するときはすキーを押した後に゛キーを押す

1 すキーを押す

画面上に「す」と表示された

1 ゛キーを押す

画面上に「ず」と表示された

HINT!

入力の途中で文字を削除するには

間違った文字を入力した場合は、Back spaceキーを押して不要な文字を削除します。Back spaceキーを押すと、押した数だけカーソルの左側（手前）に表示されている文字が削除されます。削除する文字の数だけBack spaceキーを押しましょう。

間違った文字を入力したので文字を削除する

1 Back spaceキーを押す

カーソルの左側に入力されていた文字が削除された

HINT!

入力途中の文字をまとめて削除するには

入力中の文字は、下に点線が表示されます。文字の下に点線が表示されている状態でEscキーを押すと、入力途中の文字をまとめて削除できます。

間違って入力してしまった文字をすべて削除する

1 Escキーを押す

入力途中の文字がすべて削除された

次のページに続く

⑤ 「き」と入力する

かな入力で「き」と入力するときは
きキーを押す

1 きキーを押す

画面上に「き」と表示された

あずき

HINT!
誤変換に関するメッセージが表示されることがある

Microsoft IMEを利用して文字を入力していると、IMEの変換エラーの報告に協力してください、というメッセージが表示されることがあります。これは、入力内容や最初の変換結果に、選ばれた候補や使用しているIMEに関する情報などをマイクロソフトに送信するかどうかを判断するメッセージです。マイクロソフトでは、IMEの変換精度を向上させるために、これらの情報を収集しています。送信するデータには、個人情報などは含まれないので、変換エラーの報告に協力しても、個人が特定される心配はありません。

⚠ **間違った場合は？**

入力する文字を間違えたときは、Backspaceキーを押して間違えた文字を消し、正しい文字を入力します。

👆 テクニック　かな入力で利用するキーを覚えよう

かな入力では、キーの右側にひらがなが刻印されているキーを使います。「あ」～「ん」のひらがなは、キーの右下に表示されています。「ぁ」「ぃ」「ぅ」「ぇ」「ぉ」などの小さなひらがな文字は、キーの右上に表示されています。「ぁ」などのキー右上に表示されている文字を入力するときは、Shiftキーを押しながら、そのキーを押します。

なお、キーを押したときに入力される文字は、入力モードが［ひらがな］か［半角英数］かによって異なります。かな入力では、入力モードが［ひらがな］の場合、ひらがなに対応した文字が画面に表示されます。入力モードが［半角英数］の場合は、キーの左側に表示されている英数字や記号が入力されます。

●ひらがなの入力方法

A / ち キー：
- ローマ字入力のときに、このキーを押すと、「あ」と入力される
- かな入力でこのキーを押すと、「ち」と入力される

●数字や記号の入力方法

半角英数やローマ字入力のときに利用する

/ あ キー：
- かな入力でShiftキーを押しながらこのキーを押すと、「ぁ」と入力される

3 / あ キー：
- かな入力でこのキーを押すと、「あ」と入力される

❻ 入力を確定する

文字の下に点線が表示されているときは、まだ入力が確定していない

入力を確定するときは Enter キーを押す

1 Enter キーを押す

❼ ひらがなを入力できた

ひらがなで「あずき」と入力できた

入力が確定すると、文字の下の点線が消える

あずき

HINT!
「゛」や「゜」のある文字を入力するには

「だ」「ぢ」「づ」や「ぱ」「ぴ」のように、濁音や半濁音の文字を入力するときは、「た」や「は」の文字を入力した後で、゛キーや゜キーを押します。文字の下に点線が表示され、入力が確定してない状態で゛キーや゜キーを押すのがポイントです。

●濁音の入力

1 たキーを押す

た

2 ゛キーを押す

だ 文字に濁点が付いた

●半濁音の入力

1 はキーを押す

は

2 ゜キーを押す

ぱ 文字に半濁点が付いた

Point
かな入力を使うときは切り替えが必要

かな入力はかなが明記された目的のキーをそのまま押せばいいので、ローマ字のように母音と子音を組み合わせた「読み」を考える必要がありません。ローマ字入力が苦手な人は、かな入力を試してみましょう。ただし、パソコンやWordの初期設定では、標準の入力方式がローマ字入力になっています。そのため、言語バーのボタンや Alt + カタカナひらがな キーでかな入力にする必要があります。

8 かな入力

できる 51

レッスン 9

漢字を入力するには

漢字変換

ローマ字入力やかな入力でひらがなを入力できるようになったら、今度は読みを入力して漢字に変換してみましょう。漢字の変換には space キーを使います。

▶キーワード
確定	p.301
かな入力	p.302
ローマ字入力	p.309

📄 **レッスンで使う練習用ファイル**
漢字変換.docx

① 入力位置を確認する

「あずき」に続けて漢字で「資格」と入力する

「あずき」の後にカーソルが表示されていることを確認

HINT!
予測候補の一覧から選んでもいい

47ページのHINT!でも解説していますが、Windows 10のMicrosoft IMEでは、ひらがなを3文字以上入力すると、予測候補が表示されます。予測入力で表示された候補をそのまま使いたいときは、↓キーか Tab キーを押して選びます。

3文字以上文字を入力すると、自動で予測候補が表示される

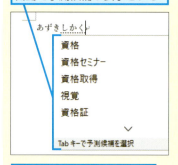

↓キーか Tab キーを押して単語を選択できる

② 「しかく」と入力する

ひらがなで「しかく」と入力してから漢字に変換する

1 Sキーを押す　**2** Iキーを押す

あずきし

3 Kキーを押す　**4** Aキーを押す

あずきしか

5 Kキーを押す　**6** Uキーを押す

あずきしかく

●かな入力の場合

   1 しキーを押す　 **2** かキーを押す　 **3** くキーを押す

あずきしかく

③ 漢字に変換する

「資格」という漢字に変換する

ひらがなを漢字に変換するときは
キーを使う

1 キーを押す

あずき資格

「資格」という漢字に変換された

文字に下線が表示されているときは、まだ入力が確定していない

④ 入力を確定する

変換された漢字を確定する

 1 Enterキーを押す

⑤ 漢字を入力できた

漢字で「資格」と入力できた

入力が確定すると、文字の下線が消える

HINT!

入力したい漢字が一度で表示されないこともある

spaceキーを押しても、目的の漢字に変換されなかったときは、もう一度spaceキーを押します。すると、同じ読みで違う単語の一覧が表示されます。

目的の漢字に変換されないので、もう一度spaceキーを押す

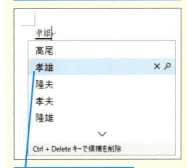

同じ読みの別の漢字が表示された

⚠ 間違った場合は？

spaceキー以外のキーを押してしまったら、間違えて入力した文字をBack spaceキーを押して削除して、あらためてspaceキーで変換し直します。

Point

読みを入力してから変換する

漢字の入力は、ひらがなで読みを入力し、「変換」で漢字にします。変換にはspaceキーを使い、変換候補から漢字を選びます。変換した漢字は、Enterキーで入力を確定して編集画面に入力します。基本操作は、「読みの入力→漢字への変換→確定」です。複数の単語や文節も一度にまとめて変換できますが、キーボードの操作に慣れないうちは、単語や文節などの短い単位で変換するようにしましょう。

9 漢字変換

レッスン 10 カタカナを入力するには

カタカナへの変換

> カタカナは、漢字と同じように「読み」を入力して space キーで変換します。カタカナに変換する単語の読みを入力して、カタカナへの変換方法を理解しましょう。

1 入力位置を確認する

「あずき資格」に続けてカタカナで「セミナー」と入力する

 1 「あずき資格」の後にカーソルが表示されていることを確認

キーワード

かな入力	p.302
スペース	p.304
長音	p.305
テンキー	p.305

📄 レッスンで使う練習用ファイル
カタカナへの変換.docx

HINT!
長音とハイフンのキー配置を覚えておこう

カタカナでは、伸ばす文字である長音（ー）がよく使われます。長音を入力するキーは、ローマ字とかな入力では異なります。キーボードのイラストを見て、それぞれのキー配置を覚えておいてください。また、長音とは別に、ハイフン（-）という全角のマイナス記号があります。テンキーにある－キーを使うと、長音ではなくハイフンが入力されてしまうので、注意しましょう。

ローマ字入力で「長音」（ー）を入力するときに使うキー

かな入力で「長音」（ー）を入力するときに使うキー

2 「せみなー」と入力する

まずひらがなで「せみなー」と入力してからカタカナに変換する

1 S キーを押す

 2 E キーを押す 3 M キーを押す 4 I キーを押す

あずき資格せみ

 5 N キーを押す　6 A キーを押す

あずき資格せみな

「ー」を入力するときは、－キーを押す　7 －キーを押す

あずき資格せみなー

●かな入力の場合

  1 せ キーを押す　2 み キーを押す　3 な キーを押す　 「ー」を入力するときは－キーを押す　4 －キーを押す

あずき資格セミナー

❸ カタカナに変換する

「セミナー」に変換する

漢字と同様に、キーを使って変換する　　　**1** space キーを押す

あずき資格セミナー

「セミナー」と変換された　　文字に下線が表示されているときは、まだ入力が確定していない

❹ 入力を確定する

変換されたカタカナを確定する

 1 Enter キーを押す

❺ カタカナを入力できた

カタカナで「セミナー」と入力できた　　入力が確定すると、文字の下線が消える

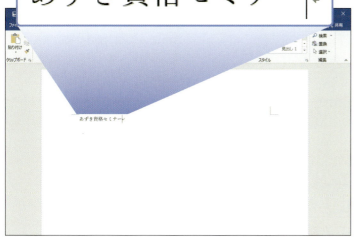

HINT!
カタカナに変換できなかったときは

space キーを押しても一度でカタカナに変換できない読みは、F7 キーを押してカタカナに変換します。一度 F7 キーで変換したカタカナは、次回からは space キーでも変換できるようになります。なお、F10 キーなど、特別な機能がある F1 ～ F10 のキーのことを、「ファンクションキー」といいます。

1 ひらがなで入力

ちりこんかん

2 F7 キーを押す

チリコンカン

カタカナに変換された

 間違った場合は？

space キーを押し過ぎて、カタカナ以外の単語が表示されてしまったときは、space キーをさらに押して、目的のカタカナを表示してから、確定しましょう。

Point
カタカナも漢字のように変換できる

Wordの日本語入力では、一般的なカタカナも space キーで変換できます。space キーでカタカナに変換できない場合は、キーボード上部にある F7 キーを押すといいでしょう。また、読みを何も入力せずに space キーを押すと、全角1文字分の空白が入力されます。スペースは、空白の文字なので、画面には何も表示されず、印刷もされません。文字と文字の間隔を空けたいときなどに利用しましょう。

レッスン 11

「しゃ」を入力するには

拗音の入力

小さな「ゃゅょ」や「ぁぃぅぇぉ」などの拗音は、ローマ字とかな入力では、入力方法が異なります。自分の入力方式に合わせた使い方を理解しましょう。

1 入力位置を確認する

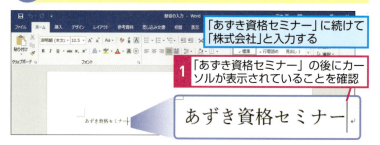

「あずき資格セミナー」に続けて「株式会社」と入力する

1 「あずき資格セミナー」の後にカーソルが表示されていることを確認

キーワード

かな入力	p.302
促音	p.304
拗音	p.309
ローマ字入力	p.309

📄 **レッスンで使う練習用ファイル**
拗音の入力.docx

2 「かぶしきがいしゃ」と入力する

1 以下の順にキーを押す

K A B U S I K I G A I
の　ち　こ　な　と　に　の　に　き　ち　に

あずき資格セミナーかぶしきがい

「しゃ」は「sha」と入力する

2 Sキーを押す　　**3** Hキーを押す

あずき資格セミナーかぶしきがいsh

4 Aキーを押す

あずき資格セミナーかぶしきがいしゃ

HINT!

ローマ字入力で小さい「っ」を入力するには

「とった」や「かっぱ」などの促音の「っ」を入力するときには、「totta」や「kappa」のように子音を続けて入力します。また、「xtu」や「ltu」などでも小さな「っ」だけを入力できます。

HINT!

以前のWordと文字の形が違うのはなぜ？

Word 2019が標準で使用するフォントは、以前のWordとは違います。Windows 10に標準で搭載されている「游明朝」と「游ゴシック」というフォントが使われています。

●かな入力の場合

1 以下の順にキーを押す

T " ゛ D G T ゛ E I
か 2 ふ @ ゛ し き か @ ゛ い し

あずき資格セミナーかぶしきがいし

  小さい「ゃ」を入力するときは Shift キーを使う　　**2** 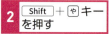 を押す

あずき資格セミナーかぶしきがいしゃ

③ 漢字に変換する

1 space キーを押す

あずき資格セミナー株式会社

「株式会社」と変換された

④ 入力を確定する

変換された漢字を確定する

1 Enter キーを押す

⑤ 「株式会社」と入力できた

小さい「ゃ」を含む漢字を正しく入力できた

入力が確定すると、文字の下線が消える

あずき資格セミナー株式会社

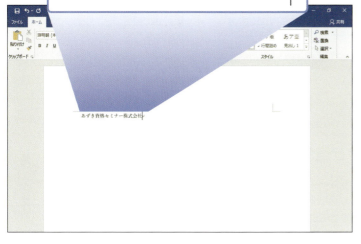

HINT!

ローマ字入力で拗音だけを入力するには

ローマ字入力で、拗音だけを入力したいときは、Lキーや X キーを使います。これらのキーを押してから、拗音に対応したローマ字を入力すると、画面には小さな文字が表示されます。拗音の詳しい入力方法については、付録6の「ローマ字変換表」を参考にしてください。

手順2を参考に「かぶしきがいし」と入力しておく

1 X キーを押す　**2** Y キーを押す

あずき資格セミナーかぶしきがいし x y

3 A キーを押す

あずき資格セミナーかぶしきがいしゃ

拗音の「ゃ」を入力できた

⚠ **間違った場合は？**

ローマ字入力で「ゃ」の入力を間違えたときは、間違えた文字を Back space キーを押して削除してから、X Y A キーまたは L Y A キーを押します。

Point

キーの組み合わせとキーの表示内容に注目する

ローマ字で拗音を入力するときは、「h」や「y」を使います。例えば、「さ」(sa)は、間に「h」を入れると「しゃ」(sha)になります。「た」(ta)は「y」で「ちゃ」(tya)に、「ち」(ti)は「h」で「てぃ」(thi)になります。拗音のローマ字読みが分からなくなったときは、取りあえず「y」や「h」を入れてみるといいでしょう。また、かな入力では文字キーの表示に注意してください。拗音が入力できるキーには、必ず Shift キーを押した状態で入力できる文字が明記されています。

11 拗音の入力

レッスン 12 次の行に移動するには
改行

Enterキーを使えば、変換した漢字を確定できるだけでなく、「改行」の入力もできます。ここでは、Enterキーを2回押してカーソルを2行下に移動させます。

① 改行位置を確認する

「あずき資格セミナー株式会社」の2行下から、次の文字を入力する

1 「あずき資格セミナー株式会社」の後にカーソルが表示されていることを確認

キーワード	
改行	p.301
行間	p.302
段落	p.305

レッスンで使う練習用ファイル
改行.docx

HINT!
改行の段落記号を削除するには

編集画面に表示される改行の段落記号（）は、行にある文字をすべて削除するか、段落記号が選択された状態でBack spaceキーかDeleteキーを押すと削除されます。以下のように文字が入力されていない状態でBack spaceキーかDeleteキーを押すと段落記号が削除され、行が1行減ります。

1 Back spaceキーを押す

あずき資格セミナー株式会社

改行の段落記号が削除される

② 改行する

次の行にカーソルを移動する

1 Enterキーを押す

改行の段落記号が挿入された

あずき資格セミナー株式会社

次の行にカーソルが移動した

テクニック ダブルクリックで目的の行にカーソルを移動できる

改行で行を送らずに、目的の位置にマウスでカーソルを移動し、ダブルクリックすると自動的に改行の段落記号が挿入され、その位置から文字が入力できるようになります。複数の改行をまとめて入力したいときや、離れた位置に文字を入力するときなどに利用すると便利です。

1 目的の位置をダブルクリック

あずき資格セミナー株式会社

改行の段落記号が自動的に挿入された

カーソルが移動した

あずき資格セミナー株式会社

テクニック　改ページを活用しよう

複数ページにわたる文書を作成するとき、文章が1ページに収まらず、数行だけ2ページ目に入力されていると文章が読みにくくなってしまいます。また、文章によっては、ページいっぱいに文字を入力せず、見出しのある行から段落を次のページに送った方が読みやすくなることもあります。

このようなときは、改ページを活用しましょう。改ページは、文書の任意の位置でページを改めて次に送る機能です。改ページを挿入すると、カーソルが自動的に次のページの先頭に移動して、文字を入力できるようになります。

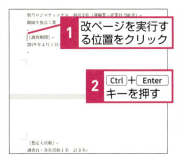
1 改ページを実行する位置をクリック
2 Ctrl + Enter キーを押す

改ページを実行した段落が次のページに移動した

3 さらに改行する

ここではもう1行下にカーソルを移動させるために、さらに改行する

1 Enter キーを押す

4 カーソルが移動した

カーソルが2行下に移動した

HINT!
改行の段落記号は印刷されない

Enter キーを押して表示される改行の段落記号は、編集画面だけに表示される特別な記号です。そのため印刷を実行しても紙には出力されません。なお、65ページのテクニックで紹介している[Wordのオプション]ダイアログボックスで[表示]をクリックし、[段落記号]の項目のチェックマークをはずすと編集画面に段落記号が表示されなくなります。段落記号を非表示にしてしまうと、どこで改行されているか分かりにくくなってしまうので、通常は設定を変更しない方がいいでしょう。

 間違った場合は？

間違った位置で改行してしまったときは、Backspace キーを押して改行を取り消しましょう。

Point
文章の区切りや内容の転換で改行を実行する

Wordの編集画面では、入力した文字が画面の右端まで来ると、自動的に次の行に折り返されるようになっています。そのため、長い文章を入力していけば、文章は自動的に右の端で折り返されて、次の行の左端から文字が表示されます。もし、任意の場所で次の行にカーソルを移動したいときは、Enter キーを使って改行を入力します。改行すると、編集画面に改行の段落記号が表示されます。空白などで文字を送らなくても、任意の行に空白の行を挿入して、文章を読みやすくしたり、前の話題と別の内容を示す「区切り」を設けたりすることができます。

レッスン
13 「ん」を入力するには

撥音の入力

ローマ字入力で「ん」を入力するには、Nキーを使います。Nキーは「な行」の入力にも使うので、確実に「ん」を入力するにはNNとNを2回押します。

① 入力位置を確認する

ここから「ご案内」と入力する

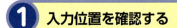
ここにカーソルが表示されていることを確認

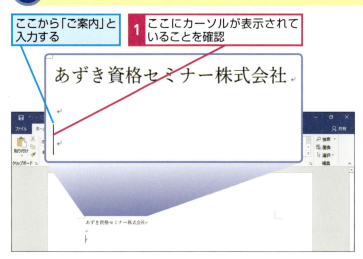
あずき資格セミナー株式会社

キーワード	
改行	p.301
確定	p.301
かな入力	p.302
入力モード	p.306
撥音	p.306
ローマ字入力	p.309

📄 レッスンで使う練習用ファイル
撥音の入力.docx

HINT!
Nキーを1回だけ押しても「ん」と入力されることがある

Nキーは「な行」の子音なので、続けて母音を入力すると、「ん」ではなく「な行」の文字になります。Nキーの後に母音ではなく子音を入力すると、「n」が自動的に「ん」として入力されます。

② 「ごあんない」と入力する

G O A N
き ら ち み
1 左の順にキーを押す

ごあn
「ごあn」と入力された

Nキーを2回押すと「ん」と入力できる

2 Nキーを押す

ごあん

⚠ **間違った場合は？**
ローマ字入力で、Nキーを押した後に母音を入力して「な行」の文字になってしまったときは、Back spaceキーを押して削除し、入力し直しましょう。

●かな入力の場合

B ゛ # あ Y U E い
こ @ ゛ 3 あ ん な い

1 左の順にキーを押す

ごあんない

③ 漢字に変換する

1 以下の順にキーを押す

ごあんない

「ご案内」に変換する

2 [space]キーを押す　「ご案内」と変換された

ご案内

④ 入力を確定する

変換された漢字を確定する

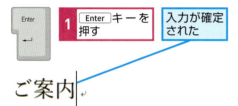

1 [Enter]キーを押す　入力が確定された

ご案内

⑤ 改行する

2行分改行して、次の入力位置にカーソルを移動しておく

1 [Enter]キーを2回押す

カーソルが2行下に移動した

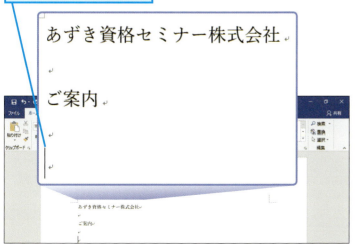

HINT!
句読点を入力するには

ローマ字とかな入力では、「、」や「。」を入力するキーの操作が異なります。ローマ字入力で「、」を入力するには、入力モードが［ひらがな］の状態で[,]キーを押します。「。」を入力するときは[.]キーを押しましょう。
かな入力で[,]キーや[.]キーを押すと「ね」と「る」が入力されてしまうので、[Shift]キーを押しながら[,]キーや[.]キーを押します。

●[,]キーの刻印と入力の違い

ローマ字入力でこのキーを押すと、「、」と入力される

かな入力でこのキーを押すと、「ね」と入力される

●[.]キーの刻印と入力の違い

ローマ字入力でこのキーを押すと、「。」と入力される

かな入力でこのキーを押すと、「る」と入力される

Point
ローマ字入力では「nn」と入力する

キーボードに表示されている文字をそのまま入力するかな入力と比べて、ローマ字入力ではアルファベットを日本語に置き換えて入力する必要があります。そのため、「ん」などの特殊な読みでは、ローマ字入力に固有のキー操作を覚えておく必要があります。「n」による「ん」の入力では、「n」の後に母音（aiueo）以外のアルファベットが入力されると、そのまま「ん」になりますが、母音が来ると「な行」の文字になってしまいます。そのため、慣れないうちは「nn」と「n」を2回入力する方が、確実に「ん」と入力できます。

13 撥音の入力

レッスン 14

結語の「以上」を自動的に入力するには

オートコレクト

Wordでは、あらかじめ設定されている「頭語」が入力されると、「オートコレクト」という機能により、対応する「結語」の挿入と配置が自動的に行われます。

1 入力位置を確認する

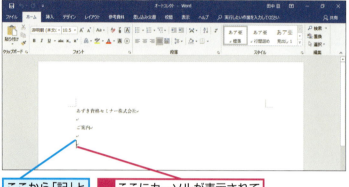

ここから「記」と入力する

1 ここにカーソルが表示されていることを確認

2 「き」と入力する

「記」と入力したいので、ひらがなで「き」と入力して変換する

1 「き」と入力

3 漢字に変換する

1 space キーを押す　「木」と変換された

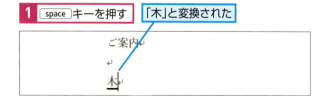

注意 変換候補の表示内容や並び順はお使いのパソコンによって異なります

▶ 動画で見る
詳細は3ページへ

キーワード

オートコレクト	p.301
結語	p.303
再変換	p.303

📄 レッスンで使う練習用ファイル
オートコレクト.docx

HINT!

変換候補の意味を確認できる

変換候補によっては、手順4のように変換候補に辞書のアイコン（）が表示されるときがあります。辞書のアイコンにマウスポインターを合わせると、標準辞書が表示され、同じ読みの変換候補の意味や使い方をすぐに確認できます。

ここにマウスポインターを合わせる

変換候補の意味や使い方が表示される

⚠ 間違った場合は？

変換候補を選び間違えたときは、確定直後であれば Ctrl + Back space キーを押すと手順2の文字入力後の状態に戻るので、正しい変換候補を選び直しましょう。次ページのHINT!を参考に再変換しても構いません。

4 ほかの変換候補を表示する

「木」ではなく「記」と入力したいので、ほかの変換候補を表示する

ほかの変換候補を表示するには、もう一度 space キーを押す

1 もう一度 space キーを押す

変換候補の一覧が表示された

5 変換候補を選択する

1 space キーを6回押す

「記」が選択された

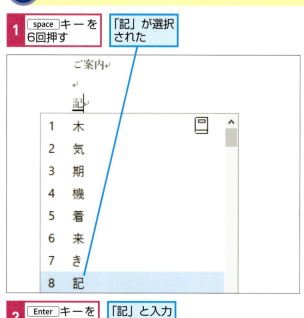

2 Enter キーを押す

「記」と入力された

HINT!
確定した漢字を再変換するには

一度確定した漢字も、キーボードにある 変換 キーを使えば、再変換できます。再変換したい漢字の先頭にカーソルを合わせて、変換 キーを押します。すると、再変換の候補が表示されます。

1 再変換する漢字の前をクリックしてカーソルを表示

変換を確定した漢字をドラッグして選択してもいい

2 変換 キーを押す

再変換候補が表示された

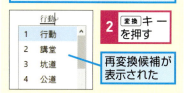

HINT!
すべての変換候補を表示するには

変換候補の中から目的の漢字をすぐに見つけられないときには、[表示を切り替えます]をクリックすると、すべての変換候補を一度に表示できるので、探しやすくなります。

1 [表示を切り替えます]をクリック

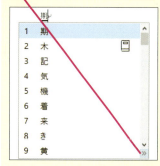

入力した文字に該当する変換候補がすべて表示される

次のページに続く

⑥ 「記」に対応した結語を入力する

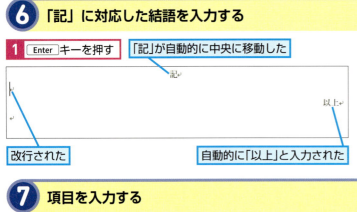

⑦ 項目を入力する

⑧ 次の項目を入力する

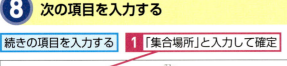

HINT!

「以上」が自動的に入力されたのはなぜ？

Wordには、文字の入力や修正を自動的に行うオートコレクトという機能があります。オートコレクトの機能によって、項目を列記するために「記」と入力すると、結語として「以上」が自動的に入力されます。以下の表のような単語を入力して改行すると、頭語として認識し、自動的に対応する結語が入力されます。オートコレクトについては、次ページのテクニックでも紹介しますが、設定項目をクリックしてチェックマークをはずすと、設定をオフにできます。

●主な頭語と結語

頭語	結語
前略	草々
拝啓	敬具
謹啓	謹白

●オートコレクトの設定項目

[「記」などに対応する '以上' を挿入する]をクリックしてチェックマークをはずすと、結語が入力されなくなる

Point

入力の補助機能を活用する

一般的な文書では、「頭語」と「結語」は一対のセットとして使われます。Wordには、利用頻度の高い単語に対して、「オートコレクト」という文字の入力を補助する機能が搭載されています。オートコレクトを活用すると、入力の手間を軽減できるだけではなく、文字を配置する作業も省力化できるので、より手早く文書を作れるようになります。

テクニック オートコレクトの設定内容を確認する

標準の設定では、あらかじめオートコレクトが利用できるようになっています。オートコレクトが正しく動作しているかを確認するには、以下の手順で操作しましょう。

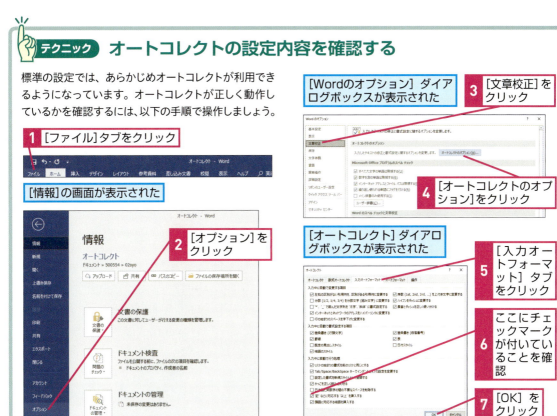

テクニック 単語登録で変換の手間を省こう

通常の変換操作では漢字にならない特殊な用語や、長い会社名、頻繁に利用する固有名詞などに「読みがな」を付けて単語として登録しておくと、日本語入力がより便利になります。新しい単語として登録するときに、品詞を適切に指定しておくと、文法などの解析が的確に行われるので、変換精度が向上します。

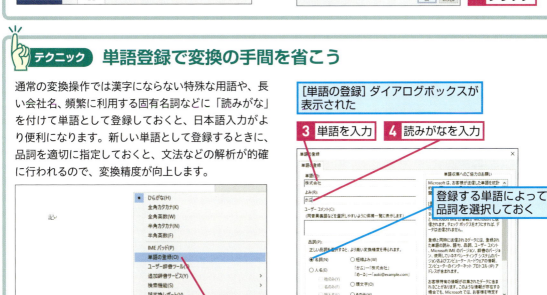

レッスン 15

日付を入力するには

半角数字の入力

日付の入力で数字と漢字を別々に変換する必要はありません。ただし、日付の数字を全角と半角のどちらの文字にするか、目的の変換候補をきちんと選択しましょう。

① 入力位置を指定する

「日時」の後に、日付を入力する　**1** ここをクリック

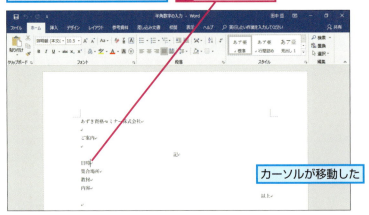

カーソルが移動した

② 空白を入力する

`space`キーを使って空白を入力する　**1** `space`キーを押す

日時　
集合場所

空白が入力された

③ 月を入力する

ここでは、「3月23日」と入力する　まず月を入力する

1 「さんがつ」と入力

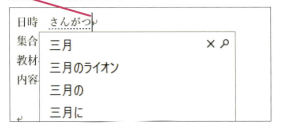

キーワード

全角	p.304
半角	p.306

レッスンで使う練習用ファイル
半角数字の入力.docx

HINT!
横書きでは半角数字を利用する

Wordで入力できる数字には半角と全角があります。横書きでは半角数字を使いましょう。

◆半角数字　　◆全角数字

HINT!
入力モードを切り替えれば数字を確実に入力できる

[半角/全角]キーなどで入力モードを[半角英数]に切り替えて数字を入力すると、半角で確実に入力できます。

[半角/全角]キーで入力モードを切り替える

[A]と表示されていれば[半角英数]で入力できる

⚠ 間違った場合は？

間違った数字を入力してしまったときは、[Back space]キーを押して削除してから、正しく入力し直しましょう。

④ 変換する

1 space キーを押す ／ 「三月」と変換された

```
日時　三月
集合場所
```

⑤ ほかの変換候補を表示する

ここでは「3月」と入力するので、ほかの変換候補を表示する

1 space キーを5回押す

```
日時　3月
1　三月
2　3月　［環境依存］
3　三がつ
4　3月
5　3がつ
6　3月
7　3がつ
```

変換候補の一覧が表示され、「3」が半角の変換候補が選択された

入力を確定する

2 Enter キーを押す

```
日時　3月
集合場所
```

入力が確定した

⑥ 日を入力する

次に日を入力する

1 「にじゅうさんにち」と入力

```
日時　3月にじゅうさんにち
集合場所　　23日　　×　🔍
```

変換する

2 space キーを押す

```
日時　3月23日
集合場所
```

「23日」と変換された ／ 「23」が全角で変換されたときは、手順5を参考に半角に変換する

入力を確定する

3 Enter キーを押す

```
日時　3月23日
集合場所
```

HINT!

数字キーと F8 キーを使うと素早く入力できる

F8 キーは、入力した文字を半角に変換します。このレッスンのように、半角の数字を入力したいときには、数字のキーを押した後、すぐに F8 キーを使って変換すると便利です。

HINT!

元号を入力すると入力時の日付が表示される

「平成」と入力して確定すると、入力時の日付が表示されます。ここで Enter キーを押すと、入力時の日付が自動的に入力されます。入力時の日付を入力しないときは、そのまま入力を続けましょう。

1 「平成」と入力 ／ 入力時の日付が表示された

```
平成30年11月12日（Enter を押すと挿入します）
平成
```

2 Enter キーを押す

```
平成 30 年 11 月 12 日
```

入力時の日付が自動的に入力された

Point

数字はなるべく半角文字を使う

Wordで入力できる数字には、全角と半角という2種類の文字があります。全角文字は漢字やひらがなと同じ大きさの数字で、半角文字はその半分のサイズになります。横書きでの日付や電話番号などの数字は、一般的に半角の数字を使います。もしも、全角の数字を入力するときは、数字を入力して space キーを押し、全角文字や漢数字などの変換候補を選択しましょう。

15 半角数字の入力

レッスン 16 アルファベットを入力するには

半角英字の入力

Wordで英文字を入力したいときは、入力モードを［半角英数］に切り替えます。すると、キーボードから「A」「B」「C」などの英文字を入力できます。

キーワード	
入力モード	p.306
半角	p.306
ファンクションキー	p.307

レッスンで使う練習用ファイル
半角英字の入力.docx

① 入力位置を指定する

会社名の下にメールアドレスを入力する

1 ここをクリックしてカーソルを表示

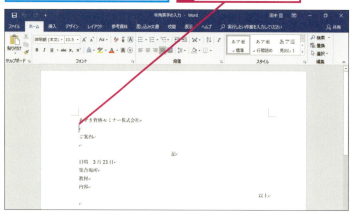

HINT! 大文字を入力するには

大文字を入力したいときは、キーを押しながら英字のキーを押します。Shift＋Caps lockキーで、大文字の入力を固定できます。

HINT! 文頭の英単語は頭文字が大文字になる

入力した英単語の頭文字は、オートコレクトにより自動的に大文字に変換されます。［オートコレクト］ダイアログボックスの［オートコレクト］タブにある［文の先頭文字を大文字にする］で変更できます。

1 「impress」と入力

2 Enterキーを押す

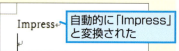

自動的に「Impress」と変換された

② 入力モードを切り替える

入力モードを［半角英数］に切り替える

1 半角/全角キーを押す

入力モードの表示が［A］に変わった

入力モードが［半角英数］に切り替わった

③ アルファベットを入力する

1 I N F O キーを続けて押す

あずき資格セミナー株式会社
info

「info」と入力された

⚠ 間違った場合は？

アルファベット以外の文字が入力されたら、F10キーで半角英数字に変換するか、削除してから入力し直しましょう。

④ 「@」を入力する

メールアドレスの「@」を入力する

 1 @キーを押す

```
あずき資格セミナー株式会社
info@
```

「@」と入力された

⑤ 残りの文字を入力する

「@」に続けて残りの文字を入力する　　**1** 「xxx」と入力

```
あずき資格セミナー株式会社
info@xxx
```

メールアドレスの中の「.」を入力する　　**2** 。キーを押す

```
あずき資格セミナー株式会社
info@xxx.
```

「.」と入力された

3 同様にして「azukis.co.jp」と入力

```
あずき資格セミナー株式会社
info@xxx.azukis.co.jp
```

⑥ 改行する

残りの文字を入力できた　**1** Enterキーを押す

```
あずき資格セミナー株式会社
info@xxx.azukis.co.jp
```

入力した文字がメールアドレスと認識された

メールアドレスと認識されると、オートコレクトの機能で文字の色が変わり、下線が引かれる

半角/全角キーを押して入力モードを[ひらがな]に戻しておく

HINT!
F10キーで英文字に変換できる

入力モードを[半角英数]に切り替えずに、キーボード上部にあるF10キーを押すと、入力した文字を半角英数字に変換できます。

HINT!
メールアドレスは「ハイパーリンク」と認識される

Wordでは、メールアドレスやホームページのURLのように、クリックしてインターネット関連の機能を実行できる文字を「ハイパーリンク」として自動的に認識します。ハイパーリンクとして認識された文字は、手順6の画面のように青色で表示され、下線が引かれます。

HINT!
ハイパーリンクの設定を解除するには

Wordでは文字列をメールアドレスと認識すると、手順6のようにハイパーリンクの設定を行います。自動的に設定されてしまったハイパーリンクを解除したいときは、ハイパーリンクの文字列を右クリックして、ショートカットメニューから[ハイパーリンクの削除]を選びます。

Point
入力モードを使い分けよう

キーボードからは、日本語と英語の2種類の文字を入力できます。ローマ字入力の場合には、英単語と見なされる文字が入力されると、入力モードが[ひらがな]のままでも、英文を入力できます。かな入力の場合には、かなで入力した後からでも、ファンクションキーで英文に変換できますが、あらかじめ入力モードを[半角英数]に切り替えておいた方が入力が簡単です。

レッスン 17 記号を入力するには

記号の入力

「:」などの記号は、[半角英数]の入力モードで入力します。また、読みの変換でも記号を入力できます。記号を使って時間や曜日を入力してみましょう。

1 入力位置を指定する

日付に続けて、「(土) 9:00～17:00」と曜日と時刻を入力する

1 ここをクリックしてカーソルを表示

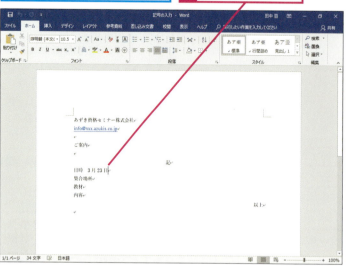

キーワード

記号	p.302
全角	p.304
入力モード	p.306
半角	p.306

レッスンで使う練習用ファイル
記号の入力.docx

HINT!

「記号」と入力して変換しても記号を入力できる

「きごう」と読みを入力して変換すると、記号の変換候補を表示できます。表示される記号の数が多いので、キーボードのキーやキー、マウスなどを使って表示を上下に移動させると便利です。

1 「きごう」と入力

2 spaceキーを押す

変換候補に記号が表示された

2 「(」を入力する

「(土)」と入力するので、まず「(」を入力する

「(」を入力するときはShiftキーを使う

1 Shift + 8 キーを押す

日時　3月23日 (
集合場所
教材

「(」と入力された

入力を確定する **2** Enter キーを押す

日時　3月23日 (
集合場所
教材

入力が確定された

⚠ 間違った場合は？

「(」を半角で入力してしまったときは、Back spaceキーで削除してから入力モードを切り替えて、もう一度入力し直しましょう。

③ 「土)」を入力する

1 「ど」と入力して「土」に変換　**2** Enterキーを押して入力を確定

```
日時　3月23日（土
集合場所
教材
```

「)」も「(」と同様に Shift キーを使って入力する

　**3** Shift ＋ 9 キーを押す

```
日時　3月23日（土）
集合場所
教材
```

「)」と入力された

入力を確定する　**4** Enter キーを押す

```
日時　3月23日（土）
集合場所
教材
```

入力が確定された

④ 空白を入力する

空白を入力する　**1** space キーを押す

```
日時　3月23日（土）　
集合場所
教材
```

空白が入力された

HINT!
読みから記号に変換できる

「■」や「●」などの記号には、読みが登録されています。そのため、通常の漢字変換と同じ手順で、読みを入力して変換すると、変換候補の記号が一覧で表示されます。

ここでは「★」を入力する

1 「ほし」と入力　**2** space キーを押す

3 もう一度 space キーを押して変換候補を表示

「★」が選択された　**4** Enter キーを押す

●読みで入力できる主な記号一覧

記号	読み
○●◎	まる
■□◆◇	しかく
△▲▽▼	さんかく
☆★	ほし
※	こめ
々〃仝	おなじ
〆	しめ
×	かける
÷	わる
〒	ゆうびん
℡	でんわ
°℃	ど
≠≦≧	ふとうごう

17 記号の入力

次のページに続く

❺ 時間を入力する

空白に続けて半角で「9:00」と入力する

| 1 | 半角/全角 キーを押す | 入力モードが切り替わった |

| 2 | 9 : 0 0 キーを続けて押す | 「;」（セミコロン）ではなく、「:」（コロン）を入力する |

半角で「9:00」と入力できた

[入力モード]を元に戻す　| 3 | 半角/全角 キーを押す |

❻ 「〜」を入力する

時間と時間の間に「〜」を入力する　｜ひらがなの「から」を変換して入力する

| 1 | 「から」と入力 |
| 2 | space キーを押す |

「から」と表示された　｜ほかの変換候補を表示する

| 3 | space キーを押す | 変換候補の一覧が表示された |
| 4 | 続けて space キーを3回押す |

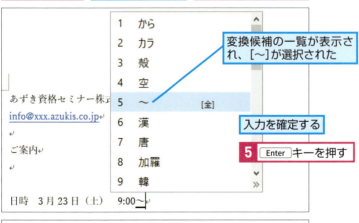

変換候補の一覧が表示され、[〜]が選択された

入力を確定する

| 5 | Enter キーを押す |

入力が確定された

HINT!

総画数や部首から目的の漢字を探すには

IMEパッドを使えば、手書きや画数、部首などから入力したい漢字を探し出せます。目的の文字を画数から探すには、[IMEパッド]ダイアログボックスで[総画数]ボタン（画）をクリックしましょう。へんやつくりから探すには[部首]ボタン（部）が便利です。また、[手書き]ボタン（✎）をクリックすると、マウスで書いた文字から目的の文字を探せます。

| 1 | 言語バーのボタンを右クリック |

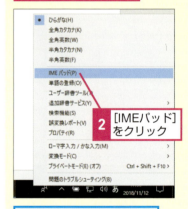

| 2 | [IMEパッド]をクリック |

手書きや総画数、部首などから漢字を検索できる

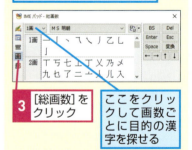

| 3 | [総画数]をクリック | ここをクリックして画数ごとに目的の漢字を探せる |

HINT!

〜キーを押しても「〜」を入力できる

手順6では「から」と入力して変換し、「〜」を入力していますが、Shift キーを押しながらキーボード右上の〜キーを押しても「〜」を入力できます。

❼ 時間を入力する

| 「〜」に続けて半角で「17:00」と入力する | **1** [半角/全角]キーを押す | 入力モードが[半角英数]に切り替わった |

2 [1][7][:][0][0]キーを続けて押す

日時　3月23日（土）　　9:00〜17:00
集合場所

半角で「17:00」と入力できた

| 入力モードを元に戻す | **3** [半角/全角]キーを押す |

入力モードが[ひらがな]に切り替わった

❽ ほかの項目を入力する

1 続けて、ほかの項目にも以下の文章を入力

集合場所□秋葉研修センター
教材□当日配布
内容□パソコンセミナー

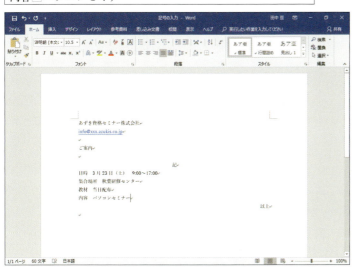

HINT!

一覧を表示して記号を入力するには

変換を利用して記号を入力するのとは別に、[挿入]タブの[記号と特殊文字]ボタンをクリックして記号を挿入する方法もあります。以下のように操作すれば、一覧から記号を選択できます。

1 [挿入]タブをクリック

2 [記号と特殊文字]をクリック

| **3** [記号と特殊文字]をクリック | 一覧から記号を入力できる |

Point

記号を組み合わせて読みやすくする

曜日や時間などの情報は、文章としてそのまま入力するよりも、記号を組み合わせて入力した方が読みやすくなります。また、曜日や時間以外にも記号を使った文章は、文面にメリハリが付けやすいので、要点や特徴などを明確にしたいときに使うと便利です。「()」（かっこ）や「:」（コロン）、「〜」（チルダ）などのキーボードから直接入力できる記号のほかにも、「★」「♪」「〒」「≠」など、さまざまな種類の記号が用意されています。こうした記号は、読みで変換して入力できるので試してください。

17　記号の入力

レッスン 18 文書を保存するには

名前を付けて保存

必要な文章を入力したら、名前を付けて保存します。保存は、文書をパソコンなどに保管する機能です。保存しておかないと、せっかく作った文書が失われてしまいます。

1 [名前を付けて保存]ダイアログボックスを表示する

作業が終了したので、ここまで作成した文書をファイルに保存する

1 [ファイル]タブをクリック

2 [名前を付けて保存]をクリック
3 [このPC]をクリック

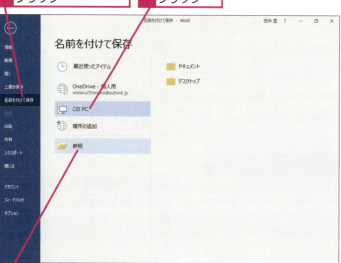

4 [参照]をクリック

キーワード

アイコン	p.300
上書き保存	p.301
名前を付けて保存	p.306
フォルダー	p.307
文書	p.308
保存	p.308

📄 レッスンで使う練習用ファイル
名前を付けて保存.docx

ショートカットキー

Ctrl + S ……………… 上書き保存

HINT!

「このPC」って何？

「このPC」とは、Wordを利用しているパソコンを意味しています。「このPC」を選ぶと、パソコンの中にあるドライブに文書を保存します。ちなみに、上にあるOneDriveは、第10章で解説するクラウドに文書を保存したいときに選びます。

 間違った場合は？

手順2で、[デスクトップ]や[ピクチャ]を選んでしまったときは、[ドキュメント]を選び直します。

👆 テクニック 保存方法の違いをマスターしよう

文書を保存する方法には、[名前を付けて保存]と[上書き保存]の2種類があります。[名前を付けて保存]は、作成している文書に任意の名前を付けて、新しい文書として保存します。既存の文書を編集した後で[名前を付けて保存]を実行すれば、元の文書は残したままで、もう1つ別の文書を新たに保存できます。

もう一方の[上書き保存]は、編集中の文書を更新して同じ名前のまま保存します。[上書き保存]を実行すると、名前はそのままで文書の内容が新しい内容に入れ替わります。文書を更新したいときには[上書き保存]を、元の文書を残したままで新しい文書を作りたいときには[名前を付けて保存]を使い分けると便利です。

❷ 文書を保存する

[名前を付けて保存] ダイアログボックスが表示された

1 [ドキュメント] をクリック

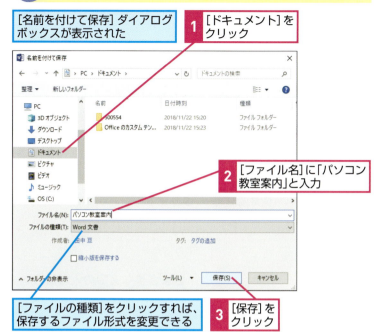

2 [ファイル名]に「パソコン教室案内」と入力

[ファイルの種類]をクリックすれば、保存するファイル形式を変更できる

3 [保存] をクリック

❸ 文書が保存された

作成した文書が、ファイルとして保存された

手順2で入力したファイル名が表示される

レッスン❷を参考にWordを終了しておく

HINT!
[ドキュメント] フォルダーって何？

Windowsには、保存するファイルの種類に合わせて、[ドキュメント] や [ピクチャ] [ビデオ] [ミュージック] などのフォルダーがあらかじめ用意されています。Wordの文書をパソコン内に保存するとき、[名前を付けて保存] ダイアログボックスで [ドキュメント] をクリックしておけば、後から文書を探すときにも、[ドキュメント] フォルダーを検索すればいいので便利です。

HINT!
ファイル名に使えない文字がある

ファイル名に使える文字は、日本語や英数字です。ただし、以下の半角英数記号は文書名に使えません。

記号	読み
/	スラッシュ
＞＜	不等記号
?	クエスチョン
:	コロン
"	ダブルクォーテーション
¥	円マーク
*	アスタリスク

Point
分かりやすい名前で保存しよう

作った文書に名前を付けて保存すると、フォルダーの中にWord文書のアイコンが新しく作られます。保存を実行すればWordを終了しても、パソコンの電源を切っても、データが失われることはありません。再び文書を開けば、保存した内容が表示されます。「文書の数が増えて、目的の文書がどれか分からなくなった」ということがないように分かりやすい名前を付けておきましょう。

この章のまとめ

●文書作りの基本は入力から

文書作りの基本は、キーボードから文字を入力することです。入力できる文字には、ひらがなをはじめとして、漢字やカタカナ、英字や数字に記号など、さまざまな種類があります。これらの文字は、入力モードを切り替えてから、対応する文字キーを押して、編集画面に入力します。

また、漢字の入力では、読みをはじめに入力し、[space]キーで変換候補を選んで[Enter]キーで確定します。一度変換した漢字も、キーボードにある[変換]キーを押して再変換できます。こうして作成した文書は、名前を付けて保存しておくことにより、何度でも繰り返し使えるようになります。

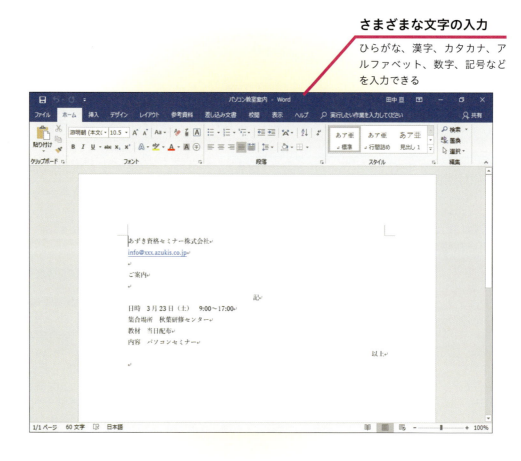

さまざまな文字の入力
ひらがな、漢字、カタカナ、アルファベット、数字、記号などを入力できる

練習問題

1

Wordを起動して、以下の文章を入力してみましょう。

```
日時　2月10日（日）10時から
場所　渋谷LMNホール
```

●ヒント：英字を入力するには入力モードを切り替えます。

> ここでは入力モードを[半角英数]に切り替えて、「2」や「10」を入力する

```
日時　2月10日（日）10時から
場所　渋谷LMNホール
```

> 大文字のアルファベットを入力するときは、入力モードを[半角英数]に切り替えて Shift キーを利用する

2

練習問題1で作成した文書に「イベント情報」という名前を付けて保存してください。

●ヒント：Wordで文書を保存するには、[名前を付けて保存]ダイアログボックスで保存先を参照します。ここでは[ドキュメント]フォルダーに文書を保存するので、[名前を付けて保存]ダイアログボックスで[ドキュメント]をクリックします。

> 作成した文書に名前を付けて保存する

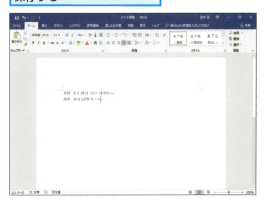

答えは次のページ

解　答

1

1 「にちじ」と入力し、spaceキーを押して「日時」に変換
2 Enterキーを押して確定

日時

3 spaceキーを押して空白を挿入
4 半角/全角キーを押す
5 「2」と入力　半角数字が入力された

日時　2

6 半角/全角キーを押す
7 「がつ」と入力し、spaceキーを押して「月」に変換
8 Enterキーを押して確定

日時　2月10日（日）10時から

9 操作4〜6を参考に入力モードを切り替えながら「10日（日）10時から」と入力
10 Enterキーを押して改行を挿入

「(」はShiftキーを押しながら8キーを押して入力する
「)」はShiftキーを押しながら9キーを押して入力する

入力モードを確認して、文章を入力します。半角数字や英語を入力するときは、入力モードを［半角英数］に切り替えます。

11 「場所」と入力
12 spaceキーを押して空白を挿入

日時　2月10日（日）10時から
場所　渋谷

13 「渋谷」と入力
14 半角/全角キーを押す

日時　2月10日（日）10時から
場所　渋谷LMN

15 「LMN」と入力　大文字のアルファベットはShiftキーを押しながら各キーを押す

16 半角/全角キーを押す

日時　2月10日（日）10時から
場所　渋谷LMNホール

17 「ほーる」と入力し、spaceキーを押して「ホール」に変換
18 Enterキーを押して確定

2

［名前を付けて保存］ダイアログボックスを表示する

1 ［ファイル］タブをクリック
2 ［名前を付けて保存］をクリック

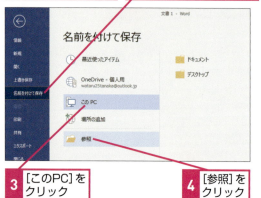

3 ［このPC］をクリック
4 ［参照］をクリック

新しく作成した文書を保存するときは、［ファイル］タブをクリックしてから［名前を付けて保存］を選択します。保存場所には［ドキュメント］フォルダーを指定します。

5 ［ドキュメント］をクリック
6 ［イベント情報］と入力

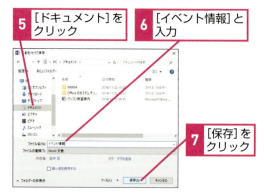

7 ［保存］をクリック

第3章 見栄えのする文書を作成する

この章では、第2章で作成した文書を使って、Wordの装飾機能を学んでいきます。Wordの装飾機能を使って、文字の大きさや配置を変えることで、より読みやすく、メリハリのある文書が作れます。

●この章の内容
- ⓘ 文書の体裁を整えて印刷しよう ……………………… 80
- ⓘ 保存した文書を開くには ……………………………… 82
- ㉑ 文字を左右中央や行末に配置するには ……………… 84
- ㉒ 文字を大きくするには ………………………………… 86
- ㉓ 文字のデザインを変えるには ………………………… 88
- ㉔ 文字の種類を変えるには ……………………………… 90
- ㉕ 箇条書き項目の文頭をそろえるには ………………… 92
- ㉖ 段落を字下げするには ………………………………… 94
- ㉗ 文書にアイコンを挿入するには ……………………… 96
- ㉘ 文書を上書き保存するには ………………………… 102
- ㉙ 文書を印刷するには ………………………………… 104

レッスン 19 文書の体裁を整えて印刷しよう

文書の装飾と印刷

文書には、題名や相手の名前など、優先的に見てもらいたい項目があります。そうした文字に装飾を付けると、文書全体にメリハリが付き、読みやすくなります。

書式や配置の変更

Wordに用意されている文字の装飾を使うと、文字を大きくしたり、下線を付けたり、配置を変えたりできます。装飾や配置を変えることで、文書の中で伝えたい内容が目立つようになります。また、題名を大きくする、あて名に下線を付ける、自社名を右側に寄せるなど、一般的なビジネス文書の体裁も、Wordの機能ですべて設定できます。さらに、作図でイラストなどを描けば、読む人の興味や理解を促進できます。

▶ キーワード

印刷	p.301
クイックアクセスツールバー	p.302
書式	p.303
図形	p.304
表示モード	p.307
文字列の折り返し	p.308
元に戻す	p.309

第3章 見栄えのする文書を作成する

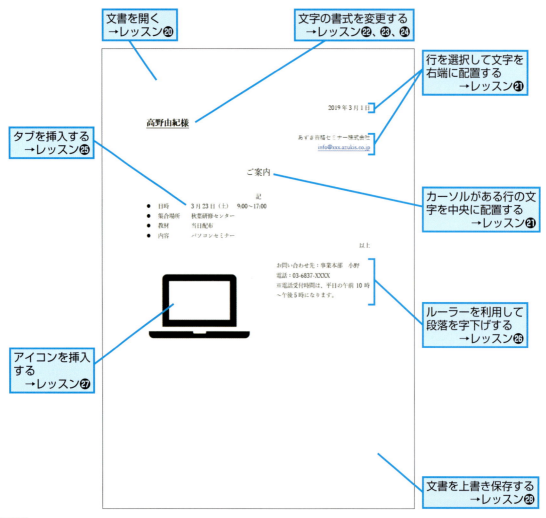

文書の印刷

編集機能で体裁を整えたら、プリンターを使って紙に印刷しましょう。紙に印刷すれば、パソコンがなくても作った文書をほかの人に見てもらえます。

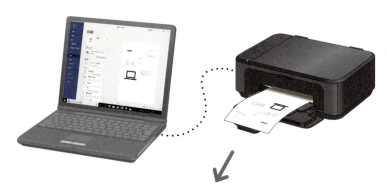

体裁を整えた文書を印刷する

文書を印刷する
→レッスン㉙

HINT!
表示モードを確かめておこう

本章のレッスンでは、Wordの［印刷レイアウト］という表示モードで作業を行います。レッスンを開始する前に、表示モードを確かめておきましょう。

1 ［印刷レイアウト］にマウスポインターを合わせる

表示モードがポップヒントで表示された

HINT!
操作結果を取り消して元に戻すには

クイックアクセスツールバーにある［元に戻す］ボタン（ ↶ ）をクリックすると、直前の操作をやり直せます。手順を間違って、意図しない装飾をしてしまったり、必要な文字などを削除してしまったりしたときには、［元に戻す］ボタン（ ↶ ）をクリックしましょう。ただし、文書の保存直後は取り消せる操作がないので、操作のやり直しができません。

1つ前の操作に戻したい

1 ［元に戻す］をクリック

戻し過ぎてしまったときは、［やり直し］をクリックする

19 文書の装飾と印刷

レッスン 20 保存した文書を開くには

ドキュメント

第2章で保存した文書をWordで開きましょう。文書を開く方法はいくつかありますが、このレッスンでは［エクスプローラー］を利用する方法を解説します。

1 ファイルの保存場所を開く

エクスプローラーを起動して、フォルダーウィンドウを表示する

1 ［エクスプローラー］をクリック

2 ［PC］をクリック

3 ［ドキュメント］をダブルクリック

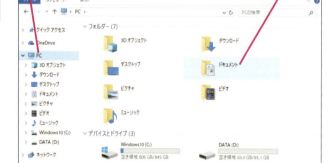

キーワード

検索	p.303
最近使ったアイテム	p.303
履歴	p.309

レッスンで使う練習用ファイル
ドキュメント.docx

ショートカットキー

`⊞` / `Ctrl`+`Esc`
……………［スタート］メニューの表示
`⊞`+`E` …エクスプローラーの起動
`F3` …………エクスプローラーでのファイルの検索

⚠ 間違った場合は？

手順1で、［ドキュメント］以外をダブルクリックしてしまったときは、フォルダーウィンドウ左上にある［戻る］ボタン（←）をクリックして、［ドキュメント］をクリックし直しましょう。

👆 テクニック　タスクバーからファイルを検索できる

Windows 10のタスクバーにある検索ボックスを使ってWordを起動する方法については、レッスン❷のHINT!で解説していますが、同様の操作でエクスプローラーを開かなくてもファイルを探し出せます。以下の手順のように、探したい文書名の一部を入力するだけで、該当するファイルの一覧が表示されるので、マウスでクリックしてファイルを開きましょう。なお、検索ボックスからWindows 10の設定項目などを開くこともできます。

1 検索ボックスをクリック

2 「パソコン教室案内」と入力

3 開きたいファイルをクリック

❷ ファイルを開く

ここでは第2章で保存した文書を開く

[ドキュメント]が表示された

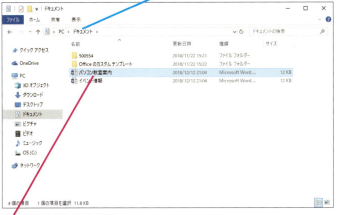

1 ファイルをダブルクリック

❸ 目的の文書が開いた

Wordが起動し、文書が開いた

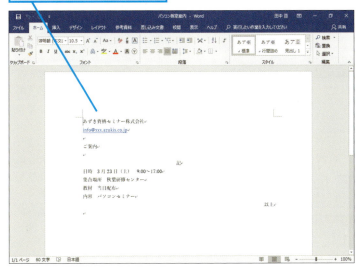

HINT!
Wordを起動してから文書を開くには

Wordの起動後に文書を開くには、Wordのスタート画面から操作します。[他の文書を開く]をクリックして表示された画面で[このPC]、続いて[参照]をクリックして[ファイルを開く]ダイアログボックスで文書を選択します。

HINT!
最近使った文書は履歴に残る

Wordの起動後に[ファイル]タブから[開く]-[最近使ったアイテム]をクリックすれば、編集した文書の履歴が一覧で表示されます。

1 [ファイル]タブをクリック

2 [開く]をクリック

3 [最近使ったアイテム]をクリック

ここに最近使った文書が表示される

Point
保存した文書は何度でも開いて編集できる

フォルダーに保存した文書は、Wordで開いて何度でも編集できます。編集した文書を保存するときに、新しい名前を付けて保存すれば、元の文書を残したまま、新しい文書を保存できます。「保存」と「開く」を上手に活用すれば、少ない手間で新しい文書を作れるようになります。

レッスン 21 文字を左右中央や行末に配置するには

文字の配置

ビジネス文書では、日付や社名などを右端に表記します。文字を右端や中央に配置するときは、空白を入力するのではなく、配置を変更する機能を使いましょう。

① 行を指定する

ここでは練習用ファイルの[文字の配置.docx]を開いて操作を進める

日付を右端に配置する

配置を変更する行にカーソルを移動する

1 ここをクリックしてカーソルを表示

キーワード

カーソル	p.301
行	p.302
マウスポインター	p.308
余白	p.309
両端揃え	p.309

📄 **レッスンで使う練習用ファイル**
文字の配置.docx

ショートカットキー

Ctrl + E ……中央揃え
Ctrl + J ……両端揃え
Ctrl + R ……右揃え

HINT!

文字の配置は標準で[両端揃え]に設定されている

Wordの標準の設定では文字が[両端揃え]の設定になっています。この設定では、文字が左側に配置されます。数文字では[左揃え]と[両端揃え]の違いが分かりにくいですが、[両端揃え]で改行せずに1ページの文字数以上の文字を入力しようとすると、余白以外の幅ぴったりに文字が配置されます。行の配置設定を元に戻すときは、配置を変更する行にカーソルを移動し、[ホーム]タブにある[両端揃え]ボタン(≡)をクリックしましょう。

② 配置を変更する

カーソルがある行の文字を右端に配置する

1 [ホーム]タブをクリック

2 [右揃え]をクリック

③ 複数の行を指定する

日付が右端に配置された

会社名とメールアドレスの文字を右端に配置する

配置を変更する行をまとめて選択する

1 ここにマウスポインターを合わせる

マウスポインターの形が変わった

2 ここまでドラッグ

選択した行が反転した

⚠ 間違った場合は？

違うボタンをクリックして思い通りに文字が配置されなかったときは、再度正しいボタンをクリックして配置をやり直しましょう。

❹ 複数行の配置を変更する

選択した行の文字を右端に配置する

1 [右揃え]をクリック

❺ 行を指定する

会社名とメールアドレスの文字がまとめて右に配置された

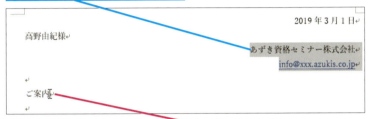

続けて、「ご案内」の文字を中央に配置する

1 ここをクリックしてカーソルを表示

❻ 配置を変更する

カーソルがある行の文字を中央に配置する

1 [ホーム]タブをクリック

2 [中央揃え]をクリック

❼ 文字の配置が変更された

「ご案内」の文字が中央に配置された

HINT!

文字の配置を決めてから入力するには

文字を中央や右に配置したいときは、配置したい位置でマウスをダブルクリックします。編集画面で文章の中央や右端にマウスポインターを移動すると、マウスポインターの形が変わります。この状態でダブルクリックすると、カーソルが移動すると同時に、配置も変更されます。

ここでは日付の行の右端にカーソルを移動する

1 日付の行をクリック
2 日付の行の右端にマウスポインターを移動

マウスポインターの形が変わった

3 ここをダブルクリック

日付の行の右端に文字を入力できる

Point

ボタン1つで文字の配置を変更できる

[ホーム]タブにある文字をそろえる機能を使うと、空白などを挿入せずに、文字を中央や右端に配置できます。文字ぞろえの設定では、左右の端は文書に設定されている余白を基準にしています。余白は、編集画面の上下左右にある空白部分です。余白の大きさは、自由に変更できますが、余白が変更されても、文字ぞろえを設定した行は、自動的に左右の幅を計算して、正しい位置に文字を配置します。そのため、行ごとに設定する文字の配置は、空白などを挿入して調節せずに、文字ぞろえの機能を使うようにしましょう。

21 文字の配置

レッスン 22 文字を大きくするには

フォントサイズ

文書の中で強調して見せたい文字は、フォントサイズを大きくすると目立ちます。あて名や題名のフォントサイズを変更して、文字を大きくしてみましょう。

① 文字を選択する

あて名のフォントサイズを変更する

サイズを変更する文字をドラッグで選択する

1 ここにマウスポインターを合わせる
2 ここまでドラッグ
文字が選択される

キーワード

フォント	p.307
フォントサイズ	p.307
ポイント	p.308
リアルタイムプレビュー	p.309

レッスンで使う練習用ファイル
フォントサイズ.docx

ショートカットキー

[Ctrl]+[]]
……文字を1ポイント大きくする
[Ctrl]+[[]
……文字を1ポイント小さくする
[Ctrl]+[Shift]+[F]／[P]
……[フォント]ダイアログボックスの表示

テクニック　ミニツールバーで素早く操作できる

文字を選択したときや右クリックしたときに、ミニツールバーが表示されます。ミニツールバーには、次に操作できる機能がまとめられているので、タブをいちいち［ホーム］タブに切り替えずに、素早く書式を変更できます。ミニツールバーでは、このレッスンで解説するフォントサイズのほか、フォントの種類や文字の装飾などを設定できます。ミニツールバーは、マウスの移動やほかの操作をすると消えてしまいます。ミニツールバーを再度表示するには、文字を選択し直すか、目的の文字がある行にカーソルが表示されている状態で右クリックしましょう。

文字の選択や右クリックで、ミニツールバーが表示される

フォントや装飾に関する操作ができる

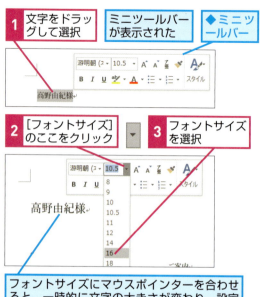

1 文字をドラッグして選択
ミニツールバーが表示された
◆ミニツールバー

2 ［フォントサイズ］のここをクリック
3 フォントサイズを選択

フォントサイズにマウスポインターを合わせると、一時的に文字の大きさが変わり、設定後の状態を確認できる

❷ 文字を大きくする

選択した文字を大きくする

1 [ホーム]タブをクリック
2 [フォントサイズ]のここをクリック
[フォントサイズ]の一覧が表示された

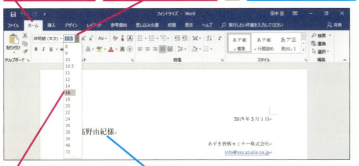

3 [16]をクリック
フォントサイズにマウスポインターを合わせると、一時的に文字の大きさが変わり、設定後の状態を確認できる

❸ 文字の選択を解除する

文字が大きくなった
文字の選択を解除する
1 ここをクリック

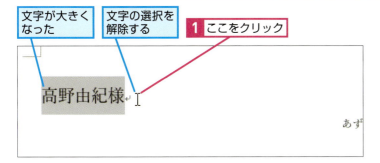

❹ ほかの文字を大きくする

文字の選択が解除された

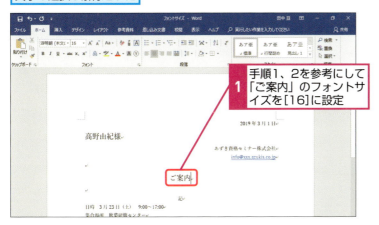

1 手順1、2を参考にして「ご案内」のフォントサイズを[16]に設定

HINT!
一覧にマウスポインターを合わせるだけでイメージが分かる

手順2でフォントサイズにマウスポインターを合わせると、「リアルタイムプレビュー」という機能によって、編集画面にある文字が選んだフォントサイズと同じ大きさで一時的に表示されます。フォントサイズのイメージが分からないときは、画面を見ながらフォントサイズを設定するといいでしょう。

⚠ 間違った場合は？

手順2で間違ったフォントサイズを選んでしまったときは、同様の手順で正しい数字を選び直しましょう。

HINT!
ボタンのクリックで文字の拡大や縮小ができる

[ホーム]タブにある[フォントサイズの拡大]ボタン（A˄）や[フォントサイズの縮小]ボタン（A˅）をクリックすると、段階ごとにフォントサイズを変更できます。少しずつサイズを調整したいときに便利です。

Point
文字の大きさは「ポイント」で指定する

Wordでは、文字の大きさを「ポイント」という数値で指定します。編集画面に入力される文字は、標準で10.5ポイントという大きさです。文字を大きくしたいときは、ポイント数を大きくしましょう。10.5ポイントを基準とすると、16ポイントは約1.5倍、24ポイントは約4倍の大きさになります。Wordで指定できるポイント数は、「1」から「1638」までです。強調する文字の大きさに合わせて、最適なポイント数を指定しましょう。ただし、ポイントの数値が大き過ぎると、文字が用紙に印刷しきれなくなることもあります。

レッスン 23 文字のデザインを変えるには

下線、太字

文字を目立たせるには、フォントサイズの変更のほか、下線を付けたり太字にしたりするといいでしょう。ここでは、下線と太字の装飾であて名を目立たせます。

① 文字を選択する

あて名に下線を引く / **下線を引く文字を行単位で選択する**

1 ここにマウスポインターを合わせる / マウスポインターの形が変わった

2 そのままクリック

キーワード
下線	p.301
太字	p.308
マウスポインター	p.308

📄 **レッスンで使う練習用ファイル**
下線、太字.docx

⌨ **ショートカットキー**
Ctrl + B ……太字
Ctrl + I ……斜体
Ctrl + U ……下線

② 下線を引く

1行が選択され、文字が反転して色が変わった / **選択した文字に下線を引く**

1 [ホーム] タブをクリック
2 [下線] をクリック

HINT!
1行をまとめて選択できる

手順1のように左余白の行頭にマウスポインターを移動すると、マウスポインターの形が に変わります。この状態でクリックすると、1行をまとめて選択できます。

HINT!
複数の装飾を実行できる

[ホーム] タブにある文字を装飾する機能は、下線や太字のほかにも、[斜体] ボタン（ _I_ ）や [文字の網かけ] ボタン（ A ）など、数多く用意されています。ボタンをクリックすれば、1つの文字に複数の装飾をまとめて指定できます。なお、再度ボタンをクリックすると、装飾が解除されて、ボタンの色が戻ります。

◆斜体　　◆文字の網かけ

③ 文字に下線が引かれた

- 文字に下線が引かれた
- 続けてあて名を太字にするので選択は解除しない

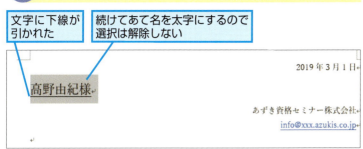

④ 太字にする

1. 文字が選択されていることを確認

2. [太字]をクリック

⑤ 文字が太くなった

- 選択した文字が太くなった
- ここをクリックして文字の選択を解除しておく

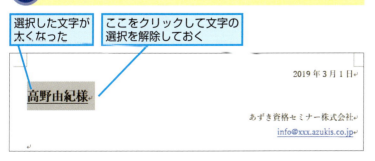

HINT!
文字の色を変更するには

文字の色は、[ホーム]タブの[フォントの色]ボタンで設定します。[フォントの色]ボタンをクリックすると、Wordの起動中に最後に設定した色が文字に適用されます。▼をクリックすると、色の一覧が表示され、そこから好きな色を選択できます。▼をクリックすると[テーマの色]と[標準の色]が表示されますが、テーマに合わせて文字の色を変更したくないときは[標準の色]、テーマの変更に合わせて文字の色も変更したいときは[テーマの色]にある色を選択しましょう。テーマとは、文書全体の装飾を変更できる機能です。詳しくは、217ページのHINT!を参照してください。

- この状態で[フォントの色]をクリックすると、文字が赤くなる

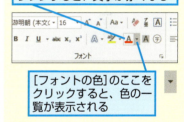

- [フォントの色]のここをクリックすると、色の一覧が表示される

⚠ 間違った場合は？

間違えて違うボタンをクリックしてしまったときは、目的のボタンをもう一度クリックし直しましょう。

Point
文字や行を選択して装飾の設定や解除を行う

文字の装飾は、はじめに文字や対象の行を選択して、設定する装飾の機能を[ホーム]タブから選びます。選択を解除するまでは複数の装飾をまとめて設定できます。文字を装飾したいと思ったときは、まずは対象となる文字か行を選択しましょう。

レッスン 24 文字の種類を変えるには

フォント

文字の装飾の1つに、フォントの種類を変更して書体を変える方法があります。書体を変えて文字を強調したり、反対に目立たせなくすることもできます。

1 文字を選択する

会社名の文字の種類を変えて、目立たせる

フォントを変える文字をドラッグで選択する

1 ここにマウスポインターを合わせる

2 ここまでドラッグ

キーワード

全角	p.304
ダイアログボックス	p.304
半角	p.306
フォント	p.307
マウスポインター	p.308

レッスンで使う練習用ファイル
フォント.docx

ショートカットキー

Ctrl + Shift + F ／ P
……［フォント］ダイアログボックスの表示

HINT!
英文と和文のフォントがある

フォントには、英文専用のものと和文用のものがあります。英文専用のフォントは半角英数字にのみ有効で、日本語には設定できません。和文用のフォントは、全角にも半角にも有効です。

テクニック ［フォント］ダイアログボックスで詳細に設定する

レッスン㉒〜㉔では、フォントの設定を行っていますが、フォントに関する設定項目はほかにもいろいろあります。以下の手順で操作すると、［フォント］ダイアログボックスが表示されます。二重取り消し線や傍点など、リボンから設定できない項目もあるので試してみてください。

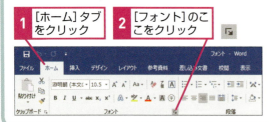

1 ［ホーム］タブをクリック

2 ［フォント］のここをクリック

［フォント］ダイアログボックスが表示された

フォントに関するさまざまな設定ができる

第3章 見栄えのする文書を作成する

② 文字の種類を変更する

選択した文字の種類を変更する

1 [ホーム]タブをクリック
2 [フォント]のここをクリック
[フォント]の一覧が表示された

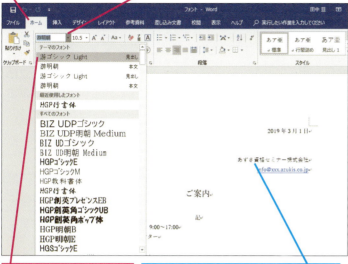

3 [游ゴシックLight]をクリック

フォントにマウスポインターを合わせると、一時的に文字の種類が変わり、設定後の状態を確認できる

③ 文字の種類が変更された

会社名の文字が游ゴシックLightになった

ここをクリックして選択を解除しておく

テクニック BIZ UDフォントとは

2018年11月以降の「Windows 10 October 2018 Update」で更新されたWindows 10では、手順2の画面でBIZ UDフォントが表示されます。BIZ UDフォントは、ビジネス文書の見やすさ、読みやすさ、間違えにくさに配慮したデザインの書体です。提供される書体はゴシックと明朝の組み合わせで6書体です。

HINT!
設定されているフォントを確認するには

設定したフォントの種類を確認するには、文字をドラッグして選択するか文字をクリックしましょう。[ホーム]タブの[フォント]に設定されているフォント名が表示されます。

1 フォントを確認する文字をクリック

カーソル位置のフォント名が表示される

間違った場合は？

手順2で間違ったフォントを選んでしまったときは、もう一度手順1から操作をやり直して正しいフォントを選びましょう。

Point
「フォント」を変えると文書の印象が変わる

本や雑誌などの印刷物では、文字のデザインを変えて、紙面にメリハリを出しています。この文字のデザインのことを「書体」といい、Wordでは「フォント」と呼びます。Wordでは、[ホーム]タブの[フォント]の一覧から、文字の書体を変更できます。通常の文章では、「游明朝」を使います。タイトルや小さな文字には、文字が角張っている「游ゴシックLight」を使います。そのほかにも、和文用のフォントが何種類か用意されています。フォントで文字の印象を変えて、文書にメリハリを付けましょう。

レッスン 25

箇条書き項目の文頭をそろえるには

箇条書き、タブ

段落の中で文字数が異なる項目の左端をそろえるには、タブを利用するといいでしょう。Tabキーを押すだけで簡単に空白を挿入でき、項目が見やすくなります。

1 行を箇条書きに変更する

箇条書きに変更する行をドラッグで選択する

1 ここにマウスポインターを合わせる
　マウスポインターの形が変わった

2 ここまでドラッグ

行を選択できた
3 [ホーム]タブをクリック
4 [箇条書き]をクリック

2 箇条書きに変更できた

選択した行に箇条書きの書式が設定された
文字間の空白をタブに置き換える

キーワード

ダイアログボックス	p.304
タブ	p.305
段落	p.305
ポイント	p.308

レッスンで使う練習用ファイル
箇条書き、タブ.docx

HINT!

タブの位置がそろわないときは

タブを挿入する左の文字が4文字以下の場合は、以下の例のようにタブの位置がそろわないことがあります。その場合はTabキーをもう1回押して配置をそろえましょう。なお、このレッスンのように段落に箇条書きを設定している場合は、「教材」という文字が4文字以下に見なされません。

1 ここをクリック

2 Tabキーを押す

3 もう一度Tabキーを押す

表示位置がそろった

 間違った場合は？

タブを多く挿入し過ぎてしまったときは、Back spaceキーを押して不要なタブを削除します。

❸ 余計な空白を削除する

空白を削除して、代わりに
タブを挿入する

1 ここをクリック
2 Delete キーを押す
Delete キーを押すと、カーソルの右側にある文字が削除される

```
                            記
● 日時  3月23日（土）    9:00～17:00
● 集合場所　秋葉研修センター
● 教材　当日配布
```

❹ タブを挿入する

空白が削除された　　カーソルの位置にタブを挿入する

```
                            記
● 日時          3月23日（土）    9:00～17:00
● 集合場所　秋葉研修センター
● 教材　当日配布
```

1 Tab キーを押す

❺ 2つ目の項目にタブを挿入する

1つ目の項目にタブが挿入された
2つ目の項目にも1つ目と同様にタブを挿入する

```
                            記
● 日時          3月23日（土）    9:00～17:00
● 集合場所　秋葉研修センター
● 教材　当日配布
```

2つ目の項目の空白を削除する
1 ここをクリック
2 Delete キーを押す

空白が削除された
3 Tab キーを押す

```
                            記
● 日時          3月23日（土）    9:00～17:00
● 集合場所 秋葉研修センター
● 教材　当日配布
```

❻ 2つ目の項目にタブが挿入された

2つ目の項目にタブが挿入された
上の項目と表示位置がそろった

```
                            記
● 日時          3月23日（土）    9:00～17:00
● 集合場所      秋葉研修センター
● 教材　当日配布
● 内容　パソコンセミナー
```

手順4～5を参考に、3つ目と4つ目の項目にタブを挿入しておく

HINT!
Tab キーはどこにあるの？

タブを挿入するのに使う Tab キーは、キーボードの以下の位置にあります。覚えておきましょう。

◆ Tab キー

HINT!
タブの間隔は決まっているの？

標準の設定では、1つのタブは4文字分の空白文字と同じ長さです。タブの間隔は、レッスン㉟で解説する［タブとリーダー］ダイアログボックスにある［既定値］の値によって決められています。

Point
タブを使えば確実に文字の左端がそろう

タブは、Tab キーで挿入できる特殊な空白です。space キーで入力する空白とは違い、文書の端から一定の幅となる空白を確実に挿入できます。タブで挿入される空白は、通常なら標準の文字サイズ（10.5ポイント）の4文字分になりますが、カーソルの左にある文字数によって間隔が変わります。
space キーで空白を入力して位置をそろえると、文字の大きさを変更したときに、左端がきれいにそろわなくなります。それに対して、タブを入力して位置をそろえた場合には、確実に文字の左端がそろうようになるので、見ためが整ってきれいです。

レッスン 26

段落を字下げするには

ルーラー、インデント

文字を行単位で右側に寄せるときには、「左インデント」を使うと便利です。左インデントは、右ぞろえやタブとは違い、行や段落を任意の位置に設定できます。

① ルーラーを表示する

- 文字の位置を確かめるための目盛りを表示する
- スクロールバーを下にドラッグしておく
- **1** [表示]タブをクリック
- **2** [ルーラー]をクリックしてチェックマークを付ける
- この段落を字下げして、右端に移動する

キーワード
インデント	p.301
段落	p.305
ルーラー	p.309

📄 **レッスンで使う練習用ファイル**
ルーラー、インデント.docx

HINT!
ルーラーを表示しておくと便利

「ルーラー」とは、文字の位置を確かめるための目盛りです。ルーラーを表示すると、左右のインデントの位置を確認できるほか、字下げの設定や文字数の目安を確認できます。

◆ルーラー

HINT!
段落は改行の段落記号で区切られている

行の先頭から改行によって区切られるまでの文字の集まりを段落と呼びます。

> Wordの段落は、改行の段落記号で区切られている

せていけば、きっと守れるのです。
ちの生活に欠かすことのできない、ところでした。わたしたみを受けて生活してきました。しかし、近年の森の破壊はルフ場の乱開発、無計画な道路工事、営利目的の森林伐採

◆改行の段落記号

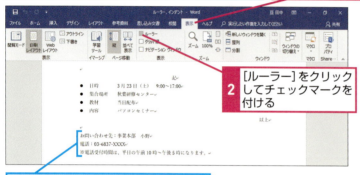

② 字下げをする行を選択する

- ルーラーが表示された
- **1** ここにマウスポインターを合わせる
- マウスポインターの形が変わった
- **2** ここまでドラッグ
- 複数の行が選択された

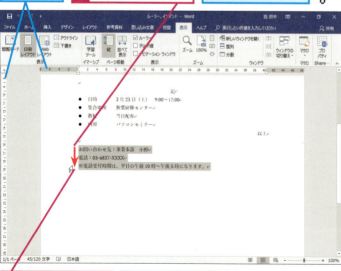

第3章 見栄えのする文書を作成する

③ 字下げの位置を設定する

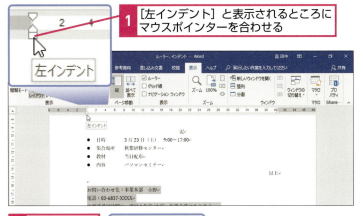

1 ［左インデント］と表示されるところにマウスポインターを合わせる

2 ［24］の左側までドラッグ

字下げの位置が点線で表示される

④ 段落が字下げされた

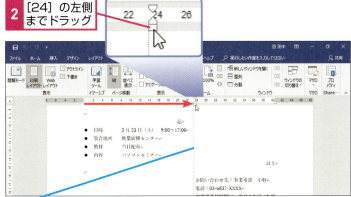

選択した段落が字下げされ、右端に移動した

ここをクリックして選択を解除しておく

リボン内の［ルーラー］をクリックしてチェックマークをはずし、ルーラーを非表示にしておく

HINT!
インデントの位置で文字がきれいに折り返される

先頭に空白を入れても文字の左端を移動できますが、インデントを使えば2行目以降も同じ位置に字下げされるようになります。改行だけではなく、文字が右端まで入力されて折り返された場合にも、インデントの位置で文字が字下げされます。

左インデントから余白までの範囲に収まらない文字は、次の行に折り返される

間違った場合は？

手順3で［ぶら下げインデント］（△）をドラッグしてしまったときは、クイックアクセスツールバーの［元に戻す］ボタン（ ↶ ）をクリックして、操作をやり直します。

Point
左インデントは文字の左端を変える

編集画面に文字を入力したときに、その左端と右端の折り返し位置は、左右のインデントによって決められています。通常の編集画面では、用紙の左右余白と左右のインデントは、同じ位置に設定されています。従って、左インデントの位置を右に移動すると、文字の左端の位置が変わり、結果として文字が右に寄せられます。インデントによる字下げは、行や段落に対して行われます。そのため、レッスン㉑で紹介した［右揃え］ボタン（ ≡ ）を使った右ぞろえとは違い、折り返された次の行の開始位置がきちんと整列した状態になるので、複数の行にわたる字下げが可能になります。

レッスン 27

文書にアイコンを挿入するには

アイコン

あらかじめ用意されているアイコンを使うだけで、文書のアクセントとなるイラストを挿入できます。アイコンの中からパソコンを選んで挿入してみましょう。

1 アイコンの挿入位置を指定する

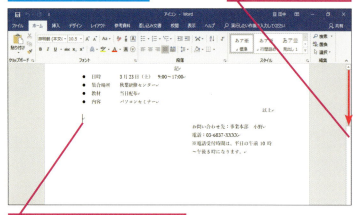

ここでは、問い合わせ先の左にアイコンを挿入する

1 ここを下にドラッグしてスクロール

2 アイコンの挿入位置をクリックしてカーソルを表示

2 [アイコンの挿入] ダイアログボックスを表示する

1 [挿入] タブをクリック
2 [アイコン] をクリック

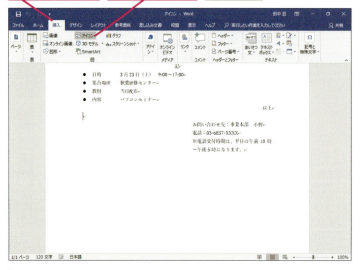

 **動画で見る**
詳細は3ページへ

キーワード

アイコン	p.300
図形	p.304
スタイル	p.304
テーマ	p.305

レッスンで使う練習用ファイル
アイコン.docx

HINT!

簡単な図形を描画するには

図形の描画を使うと、四角形や円形などの形を組み合わせて、オリジナルのイラストを描けます。

手順2を参考に、[挿入] タブを表示しておく

1 [図形] をクリック

2 [正方形/長方形] をクリック

3 描画の開始位置にマウスポインターを合わせる / マウスポインターの形が変わった

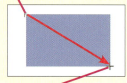

4 ここまでドラッグ / 図形が描画された

③ アイコンのカテゴリーを選択する

[アイコンの挿入]ダイアログボックスが表示された

1 [テクノロジーおよびエレクトロニクス]をクリック

④ 挿入するアイコンを選択する

ここでは、ノートパソコンのアイコンを挿入する

1 挿入するアイコンをクリックしてチェックマークを付ける

2 [挿入]をクリック

HINT!
「アイコン」って何？

情報を視覚的に伝えるイラストの集まりがアイコンです。アイコンは、拡大しても画像が荒くなりません。手順4の画面で続けてクリックすると、まとめてアイコンを選択して挿入できます。

HINT!
図形の大きさを後から変更するには

一度描いた図形は、ハンドル（○）をマウスでドラッグすると、大きさを変えられます。また、図形の中にカーソルを重ねてマウスポインターがの形になったら、ドラッグで移動できます。

1 ここにマウスポインターを合わせる

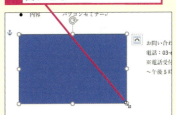

ドラッグすれば図形の拡大や縮小ができる

⚠ 間違った場合は？

アイコンを間違えて選択した場合は、再度クリックするとチェックマークがはずれて選択し直しましょう。

次のページに続く

⑤ アイコンが挿入された

ノートパソコンのアイコンが挿入された

アイコンを拡大する

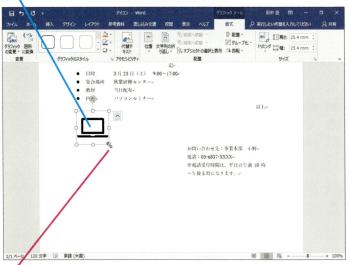

1 右下のハンドル（○）にマウスポインターを合わせる

マウスポインターの形が変わった

⑥ アイコンの大きさを変更する

1 ここまでドラッグ

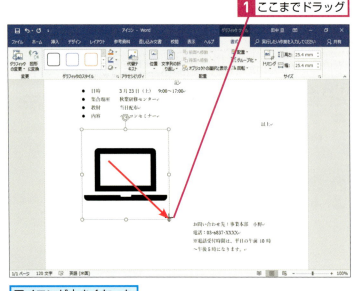

アイコンが大きくなった

HINT!
アイコンや図形は回転できる

図形の回転ハンドル（）をマウスでドラッグすると、自由に回転できます。回転するときに Shift キーを押したままにすると、15度ずつ回転できます。

HINT!
アイコンの色を変えるには

挿入したアイコンは、右クリックして［塗りつぶし］を選んで色を変更できます。

1 アイコンを右クリック

2 ［塗りつぶし］をクリック

3 変更する色をクリック

HINT!
図形を組み合わせれば簡単なイラストを描画できる

図形には四角や円、三角など、あらかじめ基本的な形がいくつか用意されています。これらの図形を組み合わせていけば、簡単なイラストを描けるようになります。また、基本図形のほかにも、吹き出しやブロック矢印などを使って、文書の注目度や装飾性を高められます。

［正方形/長方形］と［四角形：角を丸くする］でパソコンのモニターを作画する

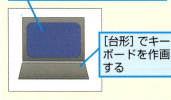

［台形］でキーボードを作画する

テクニック フリーハンドで自由に図形を描画できる

図形にあるフリーハンドを使うと、マウスの操作で自由な図形を描画できます。フリーハンドによる描画では、書き始めの線までペンのアイコンを移動すると、自動的に線で囲まれた領域が塗りつぶされます。始点と終点を重ねずに、途中でマウスのボタンを離すと、自由な線として描かれます。

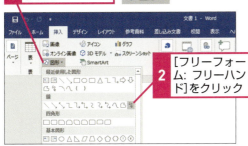
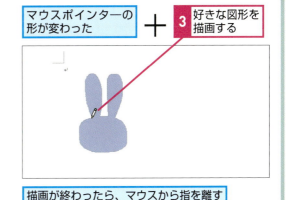

7 文字列の折り返しを変更する

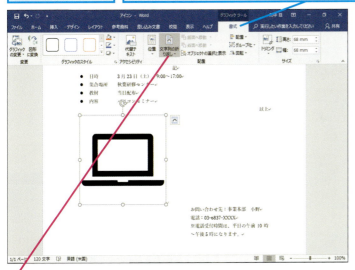

HINT!
図形をきれいに並べるには

複数の図形を整然と並べたいときは、[オブジェクトの配置]の機能を使うと便利です。また、複数の図形があるとき、図形をドラッグで移動すると緑色のガイドが表示されます。ガイドに合わせてドラッグし、配置をそろえてもいいでしょう。

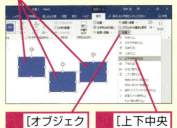
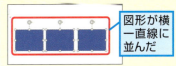

次のページに続く

⑧ [四角形]を選択する

ここでは、アイコンの周囲に文字列が入るように設定する

1 [四角形]をクリック

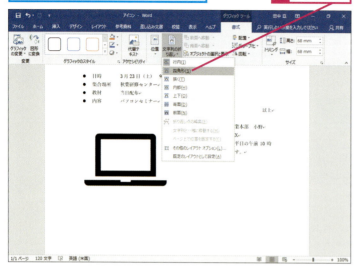

⑨ 文字の折り返しが変更された

アイコンの右側に問い合わせが表示された

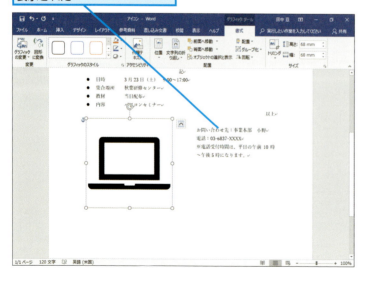

HINT!
図形の重なりを変更するには

後から描いた図形は、前に描いた図形の上に重なるように挿入されます。図形の重なり方を変更したいときは、前面や背面への移動を使って、希望する順序に整えましょう。前面を選ぶと、図形は上に重なります。

ここではオレンジの図形を青の図形の背面に移動する

1 オレンジの図形をクリック

2 [背面へ移動]をクリック

オレンジの図形が背面に移動した

Point
アイコンを使って伝えたい情報を強調する

文書の中にイラストなどが描かれていると、読み手の興味や注目度は高くなります。Wordでは、アイコンとして人物や動物に乗り物など、500以上のイラストやマークが用意されています。文書のテーマに合ったアイコンを組み合わせると、伝えたい情報を強調したり、読み取ってもらいたい内容を的確に伝えられます。

テクニック　3Dモデルを挿入して、より見栄えのする文書を作成できる

3Dモデルは3次元グラフィックで描かれたイラストです。3Dモデルには、あらかじめファイルとして用意されている3D図形と、オンラインで取得するリミックス3Dがあります。挿入した3Dモデルは、サイズを変えるだけではなく、角度や回転によって立体的な表現を工夫できます。またパンとズームを使って、図形の全体ではなく一部分だけを表示できます。

1 ［3D モデル］を選択する

96ページの手順1を参考に、3Dモデルを挿入する位置にカーソルを移動しておく

1 ［挿入］タブをクリック
2 ［3Dモデル］をクリック

2 3D モデルを挿入する

1 ［エレクトロニクスとガジェット］をクリック

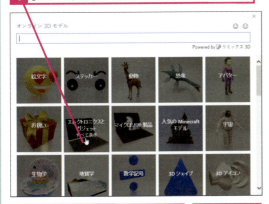

2 挿入する3Dモデルをクリックしてチェックマークを付ける
3 ［挿入］をクリック

3 3D モデルの角度を変更する

1 ここにマウスポインターを合わせる

マウスポインターの形が変わった

2 そのまま上下左右にドラッグ

3Dモデルの角度が変わった

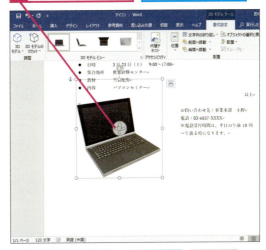

［3Dモデルツール］の［書式設定］タブにある［3Dモデルのリセット］をクリックすると、挿入直後の状態にリセットされる

レッスン 28 文書を上書き保存するには

上書き保存

上書き保存を実行すると、編集中の文書が同じ名前で保存されます。万が一、Wordが動かなくなっても保存を実行しておけば文書が失われることがありません。

① 文書の内容を確認する

上書き保存していい文書かどうかを確認する

1 ここを下にドラッグして上書き保存していい文書かどうかを確認

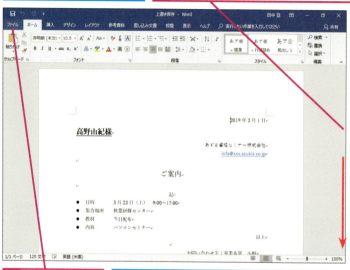

2 [ファイル]タブをクリック

変更した個所を上書きしたくない場合は、レッスン⑱を参考に文書に別の名前を付けて保存しておく

キーワード

上書き保存	p.301
クイックアクセスツールバー	p.302
名前を付けて保存	p.306
文書	p.308
保存	p.308

📄 レッスンで使う練習用ファイル
上書き保存.docx

⌨ **ショートカットキー**

Ctrl + S ………… 上書き保存

HINT!

上書き保存すると古い文書は失われる

上書き保存すると、古い文書の内容は失われてしまいます。もしも、古い文書の内容を残しておきたいときは、上書き保存を実行せずに、レッスン⑱を参考にして、別の名前を付けて文書を保存しましょう。

② 文書を上書き保存する

[情報]の画面が表示された

1 [上書き保存]をクリック

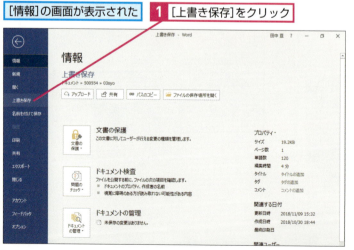

 間違った場合は？

手順2で[上書き保存]以外の項目を選んでしまったときは、あらためて[上書き保存]をクリックし直します。

テクニック　終了した位置が保存される

Wordは、終了したときのカーソルの位置を記録していて、Microsoftアカウントでサインインしている場合は、次にその文書を開くと、同じカーソルの位置から編集や閲覧の再開をするか確認のポップアップメッセージが表示されます。ポップアップメッセージをクリックすると、保存時にカーソルがあった位置に自動的に移動します。

文書を開いたときに[再開]のポップアップメッセージが表示された

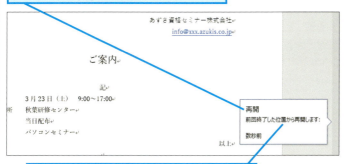

ポップアップメッセージをクリックすると、保存時にカーソルがあった位置が表示される

HINT!
クイックアクセスツールバーからでも実行できる

上書き保存を実行するボタンは、クイックアクセスツールバーにも用意されています。Wordの操作に慣れてきたら、[ファイル]タブから操作せず、クイックアクセスツールバーやショートカットキーを利用して保存を実行するといいでしょう。

クイックアクセスツールバーにある[上書き保存]をクリックしても上書き保存ができる

③ 上書き保存された

文書を上書き保存できた

Point
編集の途中でも上書き保存で文書を残す

Wordでは、パソコンなどにトラブルが発生して、編集中の文書が失われてしまうことがないように、10分ごとに回復用データを自動的に保存しています。何らかの原因でWordが応答しなくなってしまったときは、Wordの再起動後に回復用データの自動読み込みが実行されます。しかし、直前まで編集していた文書の内容が完全に復元されるとは限りません。一番確実なのは、文書に手を加えた後に自分で上書き保存を実行することです。上書き保存は、編集の途中でも実行できるので、気が付いたときにこまめに保存しておけば、文書の内容が失われる可能性が低くなります。

レッスン 29 文書を印刷するには

印刷

作成した文書は、パソコンに接続したプリンターを使えば、紙に印刷できます。[印刷]の画面で印刷結果や設定項目をよく確認してから印刷を実行しましょう。

1 [印刷]の画面を表示する

文書を印刷する前に、印刷結果をパソコンの画面上で確認する

1 [ファイル]タブをクリック

[情報]の画面が表示された

2 [印刷]をクリック

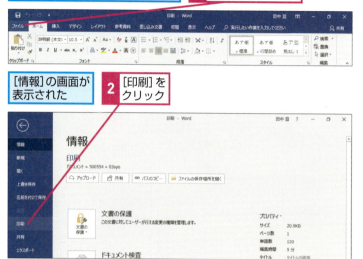

2 [印刷]の画面が表示された

[印刷]の画面に文書の印刷結果が表示された

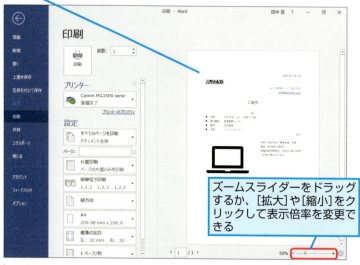

ズームスライダーをドラッグするか、[拡大]や[縮小]をクリックして表示倍率を変更できる

キーワード

印刷	p.301
プリンター	p.308

📄 レッスンで使う練習用ファイル
印刷.docx

⌨ **ショートカットキー**

Ctrl + P …… [印刷]画面の表示

 HINT!

複数部を印刷したいときは

手順2の画面で[印刷]ボタンの右にある[部数]に必要な部数を入力します。

 HINT!

1枚の用紙に複数のページを割り付けて印刷するには

手順3で[1ページ/枚]の項目をクリックすると、用紙に何ページ分の文書を印刷するかを設定できます。1枚の用紙に複数のページを印刷できるほか、用紙サイズに合わせたレイアウトを設定できます。

ここをクリックして表示される一覧で、複数ページの割り付け設定ができる

 間違った場合は?

手順1で[印刷]以外を選んでしまったときは、もう一度正しくクリックし直しましょう。

③ 印刷の設定を確認する

1 印刷部数を確認
2 パソコンに接続したプリンターが表示されていることを確認
3 ［すべてのページを印刷］が選択されていることを確認

4 ［縦方向］が選択されていることを確認
5 ［A4］が選択されていることを確認

④ 印刷を開始する

印刷の設定が完了したので、文書を印刷する

1 ［印刷］をクリック

文書が印刷され、編集画面が表示される

HINT! 印刷範囲を指定するには

複数ページの文書で、特定のページを印刷するには、手順3で［すべてのページを印刷］をクリックします。一覧から［ユーザー指定の範囲］をクリックすると、「2ページから4ページを印刷」もしくは「2ページと4ページを印刷」といった設定ができます。

1 ［すべてのページを印刷］をクリック
2 ［ユーザー指定の範囲］をクリック

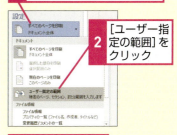

3 印刷範囲を入力

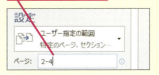

「2-4」と入力すると、2～4ページを印刷できる

「2,4」と入力すると、2ページ目と4ページ目のみを印刷できる

Point ［印刷］の画面で印刷結果や設定項目を確認する

Wordで文書を印刷するときは、パソコンに接続しているプリンターを使って印刷を行います。印刷を開始する前に、印刷部数やページの範囲などを確認しておきましょう。また、何ページにもわたる文書も、［部単位で印刷］の項目で設定すれば、ページの順序がそろった状態で複数部の印刷ができます。パソコンにプリンターが接続されていなかったり、プリンターの電源が入っていなかったりすると、印刷できないので注意しましょう。

この章のまとめ

●見やすく「伝わる」文書を作ろう

文字に適切な装飾を施すことで、より見やすくメリハリのある文書になります。Wordで使える主な装飾は、フォントサイズの変更や、下線に太字、そしてフォントの変更です。また、文字の左端を整列する方法として、タブや左インデントを使うと便利です。さらに、複数の図形を活用すると、視覚的に情報を表現できる文書も作れます。この章で紹介した機能を活用すれば文書が読みやすくなり、見る人に情報が伝わりやすくなります。文書が完成したら［印刷］の画面で印刷結果や印刷設定をよく確認して、印刷を実行しましょう。

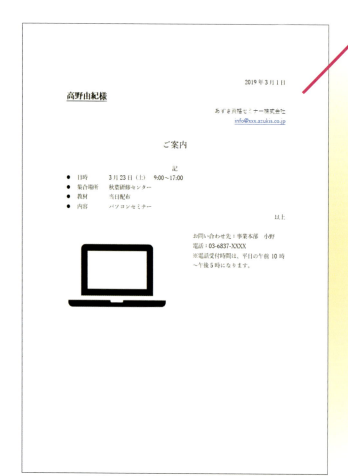

装飾とイラストの活用
Wordに用意されている文字や段落の装飾機能を利用すれば、内容や目的に合わせて文字を目立たせたり、配置を簡単に変更したりすることができる。また、アイコンなどのイラストを入れれば、文書の注目度が高まる

練習問題

1

新しい文書を作成して、以下の文字を入力し、行ごとに配置を設定してください。

```
2019.5.18
春季運動会
総務部
```

2行目の文字を中央に配置する

3行目の文字を右端に配置する

●ヒント：行ごとに配置を設定するときは、目的の行をクリックしてカーソルが移動した状態で配置を変更します。

2

次の文章を入力してください。

```
1．　日時　5月31日（金）10時から
2．　場所　神保町WEBステージ
3．　内容　夏季イベントガイダンス
```

「1.」「2.」「3.」などと入力せず、ボタンを使って連続する番号を文頭に設定する

●ヒント：連続する番号を使って箇条書きにするには、［ホーム］タブの［段落番号］ボタン（ ）を使います

答えは次のページ

解 答

1

入力した文字の配置は、行単位で変えることができます。目的の行にカーソルを移動し、[ホーム] タブのボタンで配置を設定しましょう。

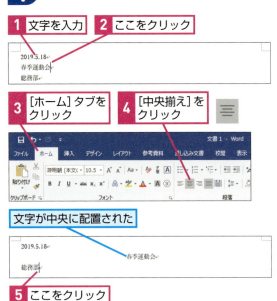

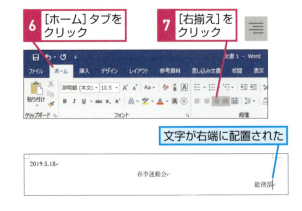

2

段落番号を設定する行を選択し、[ホーム] タブにある [段落番号] ボタン（≡）をクリックすると、それぞれの行に「1.」「2.」「3.」という番号が自動的に挿入されます。

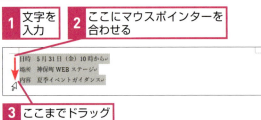

第4章 入力した文章を修正する

この章では、第3章で作成した文書を基に、部分的に文字の修正や編集を加えて、新しい文書をもう1つ作ります。すでにある文書を修正して新しい文書を作る方法は、最もパソコンらしくて合理的なやり方です。

●この章の内容
- ㉚ 以前に作成した文書を利用しよう……………………110
- ㉛ 文書の一部を書き直すには……………………………112
- ㉜ 特定の語句をまとめて修正するには…………………114
- ㉝ 同じ文字を挿入するには………………………………118
- ㉞ 文字を別の場所に移動するには………………………120

レッスン 30 以前に作成した文書を利用しよう

文書の再利用

Wordで作ってパソコンに保存した文書は、何度でもWordで再利用できます。保存した内容を修正するだけで、短時間で新しい文書を作れるようになります。

文書の編集と修正

この章では、文書を編集する方法について解説します。範囲選択や上書き、検索と置換、コピーや貼り付け、切り取りなどの機能を使えば、文書を短時間で正確に修正できるようになります。

▶キーワード

切り取り	p.302
検索	p.303
コピー	p.303
ショートカットメニュー	p.303
書式	p.303
置換	p.305
名前を付けて保存	p.306
貼り付け	p.306
フォルダー	p.307

●あて名の修正

高野由紀様 村上秀夫様

●日時や場所の修正

- 日時　　3月23日（土）　9:00～17:00
- 集合場所　秋葉研修センター

- 日時　　4月20日（土）　9:00～17:00
- 集合場所　あずき資格セミナー　秋葉研修所

●連絡先の修正

お問い合わせ先：事業本部　小野
電話：03-6837-XXXX

お問い合わせ先：事業本部　小野
info@xxx.azukis.co.jp

文字の一部を書き直して修正を行う

文字を書き換えても、設定済みの書式は変わらずに流用できる

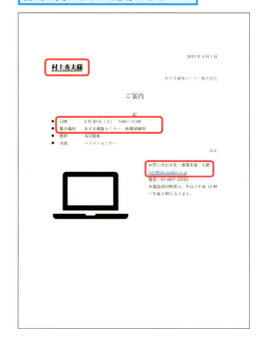

第4章 入力した文章を修正する

既存の文書から新しい文書を作成する流れ

保存済みの文書を修正すると、手早く確実に新しい文書を作ることができます。第3章で作成した文書には、文字飾りやフォントに配置などの書式が設定され、作図したイラストも挿入されています。Wordでは、装飾されている文字を修正しても、装飾はそのまま残るので、あらためて装飾する手間を省けます。また、必要な部分だけを修正するので、入力ミスなども減り、作業の効率が上がります。そして、修正を終えた文書に新しい名前を付けて保存すれば、元の文書はそのまま残り、新しい文書が1つ追加されます。

HINT!
フォルダーの中で文書のファイル名を変更するには

フォルダーに保存した文書の名前は、Wordを使わなくても変更できます。名前を変更したい文書ファイルを右クリックしてショートカットメニューを開き、[名前の変更]をクリックすれば、名前を変更できるようになります。文書が増えてきたときは、フォルダーの中で名前を変更すると便利です。

❶既存の文書を開く

保存してある文書を開く

| 1 | ファイル名を変更する文書ファイルを右クリック | 2 | [名前の変更]をクリック |

名前が編集できる状態になるので、ファイル名を入力して Enter キーを押す

F2 キーを押しても名前を変更できる

❷内容を修正する

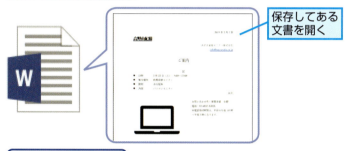

変更個所を修正する

❸別名で保存する

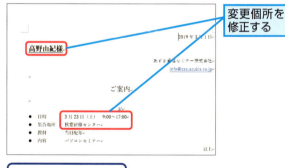

元の文書はそのまま残る

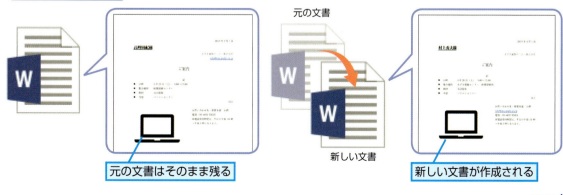

元の文書

新しい文書

新しい文書が作成される

レッスン 31 文書の一部を書き直すには

範囲選択、上書き

文字の前後に新しく文字を追加したり、書き換えを実行したりしても、文書に設定済みの装飾は変更されません。名前や日付など、一部の文字を修正してみましょう。

① あて名を選択する

- あて名をほかの人の名前に修正する
- あて名の名前部分だけを選択する

1. ここにマウスポインターを合わせる
2. ここまでドラッグ

② あて名を入力する

- 範囲が選択された状態で入力する
- 1 「むらかみ」と入力

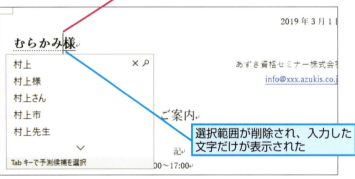

選択範囲が削除され、入力した文字だけが表示された

2. 続けて「ひでお」と入力し、「村上秀夫」と変換
3. Enter キーを押す

フォントサイズや装飾はそのままで文字だけが修正された

キーワード

上書き保存	p.301
カーソル	p.301
クイックアクセスツールバー	p.302
書式	p.303
入力モード	p.306
元に戻す	p.309

📄 **レッスンで使う練習用ファイル**
範囲選択、上書き.docx

HINT!

追加する文字に装飾を設定したくないときは

新しく追加する文字に装飾を設定したくないときは、装飾を解除したい文字を選択して、[ホーム]タブにある[すべての書式をクリア]ボタン（）をクリックします。なお、[すべての書式をクリア]ボタンをクリックすると、文字に設定されていた書式がすべて解除されます。

1. [ホーム]タブをクリック

2. [すべての書式をクリア]をクリック

文字の装飾が解除される

⚠ 間違った場合は？

書き換える文字を間違って削除してしまったら、クイックアクセスツールバーの[元に戻す]ボタン（↶）をクリックして削除を取り消し、正しい文字を削除し直しましょう。

③ 日付を選択する

続けて、日付を修正する

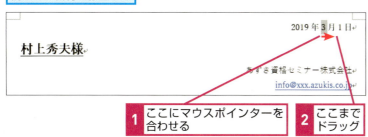

1 ここにマウスポインターを合わせる
2 ここまでドラッグ

④ 日付を入力する

半角の数字を入力するので、入力モードを[半角英数]に切り替える

1 [半角/全角]キーを押す
月を入力する
2 「4」と入力

選択範囲が削除され、入力した文字だけが表示された

⑤ ほかの部分を修正する

別記の日付を修正する
1 ここの日付を「4月20日」に修正

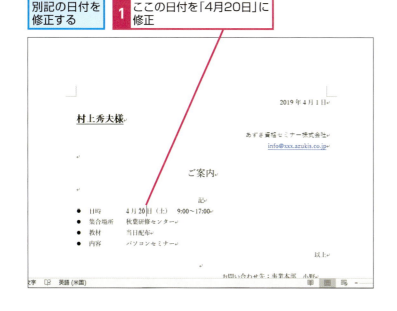

HINT!
キーを押して文字を選択するには

手順1や手順3ではドラッグで文字を選択しましたが、キーボードを使っても文字を選択できます。[Shift]+→キーを押すと、カーソルを移動した分だけ、文字が選択されます。また、方向キー（←→↑↓）でカーソルを移動してから1文字ずつ文字を削除しても構いません。

HINT!
装飾はカーソルの左側が基準になる

手順2であて名を修正したときに、フォントサイズや装飾はそのまま残りました。文字に自動的に設定される装飾は、カーソルの左側にある文字が基準となります。また、行の先頭にカーソルを合わせたときは、カーソルの右側にある装飾と同じ内容になります。

Point
装飾をやり直す手間が省ける

装飾されている文字に新しい文字を追加すると、同じ装飾が設定されます。すでに装飾が完成している文書があれば、変更したい部分の文字を書き換えるだけで、新しい文書を作れます。また、特定の文字を選択して入力すれば、入力と同時に削除が行われるので、編集の手間が省けます。同じ内容で、あて先だけが違う文書を何枚も作る場合など、より効率的に作業を進めることができるようになります。もちろん、それぞれの文書は必要に応じて名前を付けて保存しておくといいでしょう。

レッスン 32

特定の語句をまとめて修正するには

置換

[検索と置換] ダイアログボックスを使えば、まとめて文字を置き換えられます。同じ単語を複数利用している文書で使えば、効率よく文字を修正できて便利です。

① カーソルを移動する

カーソルを文書の先頭に移動する

1 ここをクリックしてカーソルを表示

② [検索と置換] ダイアログボックスを表示する

文字の検索と置換を実行するため、[検索と置換] ダイアログボックスを表示する

1 [ホーム] タブをクリック

2 [置換] をクリック

キーワード

カーソル	p.301
検索	p.303
ダイアログボックス	p.304
置換	p.305

レッスンで使う練習用ファイル
置換.docx

ショートカットキー

Ctrl + H ………… 置換

HINT!
初期設定では文書全体が検索対象となる

[検索と置換] ダイアログボックスの初期設定では、カーソルの位置を起点として文書全体が検索されます。検索は、自動的に文書の先頭から元のカーソル位置まで実行されます。そのため、文書を開いていればカーソルはどこにあっても構いません。手順1のように最初からカーソルを文書の先頭に移動しておけば、文書の先頭から末尾まで、確実に検索が実行されます。

HINT!
文字の検索方向を変えるには

手順4の [検索と置換] ダイアログボックスで [オプション] ボタンをクリックすると、検索する方向を変更できます。検索方向は、カーソルの点滅している位置を基準に、文書の先頭(上)へか末尾(下)へか指定できます。

❸ [検索と置換] ダイアログボックスが表示された

[検索と置換] ダイアログボックスが表示される位置は、環境によって異なる

HINT!
置換する範囲を指定するには

文書内で特定の段落を対象にして文字を検索するには、ドラッグ操作などで検索対象の範囲を選択しておきます。[検索と置換] ダイアログボックスを表示した後でも特定の段落を選択して検索対象に設定できます。ただし、選択範囲の検索が完了すると、文書全体を再び検索するかどうかを確認するダイアログボックスが表示されます。[いいえ] ボタンをクリックして検索を中止しないと、指定した範囲以外の文字も置換対象となるので、注意してください。

HINT!
検索対象の文字を確認せずにまとめて置換するには

[検索と置換] ダイアログボックスの [すべて置換] ボタンをクリックすると、文書に含まれる文字をまとめて置換できます。置換が完了すると、置換した文字の数が表示されます。ただし、「株」を「株式会社」にまとめて置換してしまうと、「株式会社」が「株式会社式会社」となってしまうこともあるので、注意してください。

❹ 検索する文字と置換後の文字を入力する

ここでは、「セミナー」という文字を「教室」に置き換える

検索する文字を入力する　　**1**「セミナー」と入力

置換後の文字を入力する　　**2**「教室」と入力

1 検索する文字を入力　　**2** 置換後の文字を入力

3 [すべて置換] をクリック

置換した語句の個数が表示された

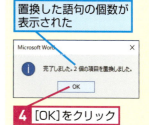

4 [OK] をクリック

❺ 検索を実行する

ここでは、検索対象の文字を確認しながら文字を置き換える

1 [次を検索] をクリック

次のページに続く

❻ 文字を置き換えずに次の文字を検索する

「あずき資格セミナー株式会社」の「セミナー」が選択され、灰色で表示された

ここで検索された「セミナー」は「教室」に置き換えず、次の文字を検索する

1 [次を検索]をクリック

❼ 文字を置き換える

「パソコンセミナー」の「セミナー」が選択され、灰色で表示された

ここで検索された「セミナー」を「教室」に置き換える

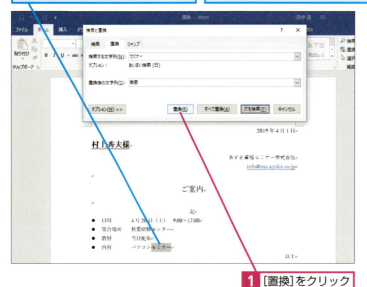

1 [置換]をクリック

HINT!
置換を使って不要な文字を削除するには

[検索と置換]ダイアログボックスの[置換後の文字列]に何も入力しなければ、[検索する文字列]に入力した文字を削除できます。ただし、[すべて置換]ボタンを利用するときは、本当に削除していいか[検索する文字列]の入力内容をよく確認しましょう。

HINT!
書式もまとめて変更できる

[検索と置換]ダイアログボックスでは、フォントやスタイルなどの書式も検索できます。[検索オプション]で検索する文字と書式を組み合わせた条件を指定すると、同時に置換できて便利です。

1 [オプション]をクリック　[検索オプション]が表示された

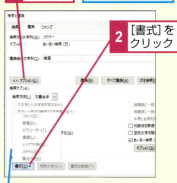

2 [書式]をクリック

条件と組み合わせる書式を指定できる

⚠️ 間違った場合は？

間違えて置換した文字は、[キャンセル]ボタンで、[置換と検索]ダイアログボックスを閉じて、クイックアクセスツールバーの[元に戻す]ボタン（）で、取り消せます。

第4章 入力した文章を修正する

⑧ 文字が置換された

「セミナー」が「教室」に置き換えられた

文字の置き換えが完了したことを知らせるメッセージが表示された

1 [OK]をクリック

⑨ [検索と置換] ダイアログボックスを閉じる

文字の置き換えが終了したので[検索と置換]ダイアログボックスを閉じる

1 [閉じる]をクリック

必要に応じて文書を保存しておく

HINT!

一度入力した文字列は簡単に再利用できる

以下の手順を実行すれば、[検索と置換]ダイアログボックスに入力した文字をすぐに再入力できます。ただし、Wordを終了すると履歴は消えてしまいます。

1 ここをクリック

2 入力する文字をクリック

HINT!

文字を検索するには

置換ではなく、検索するには[ホーム]タブにある[検索]ボタンをクリックします。画面左側に[ナビゲーション]作業ウィンドウが表示されるので、キーワードを入力して検索を実行しましょう。[ナビゲーション]作業ウィンドウに、キーワードに一致する文字が強調表示され、画面の文字が黄色く反転します。

Point

置換を使えば一気に修正できる

文字量の多い文書で、修正する文字を探すのは大変です。そんなときは、[検索と置換]ダイアログボックスを利用しましょう。検索する文字と置換後の文字を入力するだけで、該当する文字を探し出して自動的に置き換えてくれます。置換による文字の置き換えでは、元の文字に設定されている装飾がそのまま残ります。対象の文字を確かめながら置き換えができる[置換]ボタンと、文書全体を検索して自動で置換を行う[すべて置換]ボタンをうまく使い分けられるようにしましょう。

レッスン 33

同じ文字を挿入するには

コピー、貼り付け

コピーと貼り付けの機能を利用すれば、キーボードから同じ文字を入力し直す手間を省けます。書式もコピーされるので、貼り付けた後に書式の設定を行います。

① 文字を選択する

コピーする文字をドラッグで選択する

1. ここにマウスポインターを合わせる
2. ここまでドラッグ

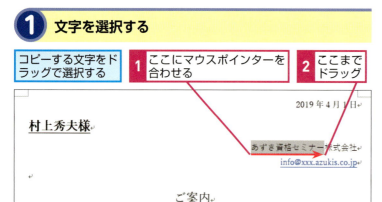

キーワード

クイックアクセスツールバー	p.302
クリップボード	p.302
コピー	p.303
作業ウィンドウ	p.303
書式	p.303
貼り付け	p.306
[貼り付けのオプション] ボタン	p.306

レッスンで使う練習用ファイル
コピー、貼り付け.docx

ショートカットキー
Ctrl + C …………コピー
Ctrl + V …………貼り付け

② 文字をコピーする

選択した文字をコピーする

1. [ホーム] タブをクリック
2. [コピー] をクリック

選択した文字をコピーできた

HINT!
コピーした文字はどこに保存されているの？

コピーを実行すると、文字は「クリップボード」という特別な場所に保存されます。クリップボードは、文字などの情報を一時的に記憶する場所で、通常はその内容を見ることができません。貼り付けを実行すると、クリップボードに記憶されている文字がカーソルのある位置に貼り付けられます。クリップボードの内容を画面で確認するには、レッスン⑰を参考に[クリップボード]作業ウィンドウを表示してください。

③ 貼り付ける位置を指定する

コピーした文字を貼り付ける位置を指定する

1. ここをクリックしてカーソルを表示

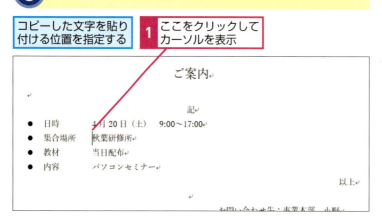

⚠️ 間違った場合は？

貼り付ける位置を間違えてしまったら、クイックアクセスツールバーの[元に戻す] ボタン（）をクリックして取り消し、もう一度正しい位置に貼り付けましょう。

第4章 入力した文章を修正する

④ 文字を貼り付ける

指定した位置にコピーした文字を貼り付ける

1 [貼り付け]をクリック

HINT!
貼り付け後に書式を変更できる

Wordでは文字と書式が一緒にコピーされます。このレッスンでは、「あずき資格セミナー」の文字をコピーして別の場所に貼り付けました。しかし、フォントが[游ゴシック Light]のままなので、手順5で[貼り付けのオプション]ボタン（ ）をクリックして「秋葉研修所」に設定されているフォントを「あずき資格セミナー」の文字に設定しました。このように[貼り付けのオプション]ボタンを利用すれば、貼り付け後に文字の書式を変更できます。

⑤ 書式を変更する

コピーした文字が貼り付けられた

「あずき資格セミナー」のフォントが[游ゴシック Light]のままなので「秋葉研修所」と同じ[游明朝]に変更する

1 [貼り付けのオプション]をクリック

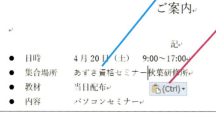

2 [書式を結合]をクリック

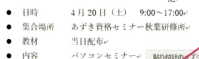

HINT!
[貼り付けのオプション]で何が設定できるの？

[貼り付けのオプション]には、コピー元の書式をそのまま利用する[元の書式を保持]（ ）と、貼り付け先の書式に合わせる[書式を結合]（ ）、文字だけを貼り付ける[テキストのみ保持]（ ）の3種類が用意されています。

Point
一度入力した文字を有効に活用しよう

編集機能を使った文字の再利用は、使いたい文字をクリップボードに記憶させる「コピー」と、記憶した内容を目的の位置に入力する「貼り付け」を組み合わせて使います。一度コピーした文字は、何度でも利用できます。そのため、同じ文字を複数の場所で使いたいときは、コピーと貼り付けを使うと便利です。また、コピーと貼り付けは、ショートカットキーでも実行できます。編集機能をよく使うときは、「Ctrl+Cキーでコピー」「Ctrl+Vキーで貼り付け」というショートカットキーの操作を覚えておくと、より便利です。

⑥ 空白を入力する

「あずき資格セミナー」のフォントが「秋葉研修所」と同じ[游明朝]になった

1 spaceキーを押して空白を入力

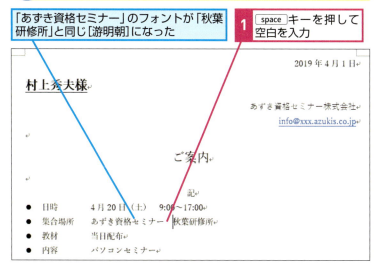

レッスン 34 文字を別の場所に移動するには

切り取り、貼り付け

入力した文字を「コピー」するだけでなく、文字を別の位置に「移動」することもできます。編集機能を使って、メールアドレスの文字を移動してみましょう。

① 文字を選択する

- メールアドレスを問い合わせ先の下に移動する
- 移動する文字をドラッグで選択する

1 ここにマウスポインターを合わせる
2 ここまでドラッグ

キーワード

切り取り	p.302
クリップボード	p.302
ドラッグ	p.306
貼り付け	p.306
[貼り付けのオプション] ボタン	p.306

レッスンで使う練習用ファイル
切り取り、貼り付け.docx

ショートカットキー

Ctrl + X ………… 切り取り
Ctrl + V ………… 貼り付け

② 文字を切り取る

- 選択した文字を切り取る
1 [ホーム] タブをクリック
2 [切り取り] をクリック

HINT! マウスのドラッグでも移動できる

範囲選択した文字は、マウスのドラッグ操作でも移動できます。マウス操作に慣れた人にとっては素早く移動できて便利です。

③ 貼り付ける位置を指定する

- 文字が切り取られた
- 切り取った文字を貼り付ける位置を指定する
1 スクロールバーを下にドラッグしてスクロール
2 ここをクリックしてカーソルを表示

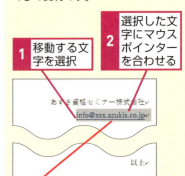

1 移動する文字を選択
2 選択した文字にマウスポインターを合わせる
3 移動したい場所までドラッグ

④ 文字を貼り付ける

指定した位置に切り取った文字を移動する

1 [貼り付け]をクリック

⑤ 書式を変更する

切り取った文字が貼り付けられた

メールアドレスの配置が[右揃え]のままなので、周りの段落に合わせて字下げを設定する

1 [貼り付けのオプション]をクリック

2 [書式を結合]をクリック

⑥ 書式が変更された

メールアドレスの配置が周りの段落と同じになった

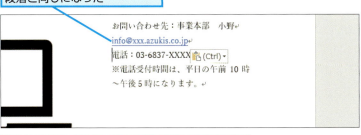

レッスン⑱を参考に「パソコン教室案内(4月)」という名前を付けて文書を保存しておく

HINT!
[貼り付けのオプション]ボタンが消えたときは

[貼り付けのオプション]ボタンは、ほかの操作を行うと消えてしまいます。消えてしまった[貼り付けのオプション]ボタンを再表示することはできません。[貼り付けのオプション]ボタンが消えた後で、貼り付けた文字の書式を変更するときは、クイックアクセスツールバーの[元に戻す]ボタン（⤺）をクリックして、もう一度貼り付けの操作を実行しましょう。

⚠ 間違った場合は？

間違えて別の文字を切り取ってしまったときは、クイックアクセスツールバーの[元に戻す]ボタン（⤺）をクリックして操作を取り消し、正しい文字を選んでから切り取りと貼り付けを実行しましょう。

Point
編集の基本はコピーと切り取りと、貼り付け

文字を再利用する編集作業は、このレッスンで紹介した「切り取り」、そして、レッスン㉝で紹介した「コピー」と「貼り付け」という3つの操作を組み合わせて使います。3つの操作では、クリップボードが重要な役割を持っています。コピーや切り取りを行った文字は、必ずクリップボードに保存されます。また、コピーの場合は、元の文字はそのまま編集画面に残ります。切り取りでは元の文字が削除されます。この2つの違いを理解して、コピーと切り取りの操作を使い分けましょう。

この章のまとめ

●文書を修正して効率よく再利用しよう

一度作って保存した文書は、何度でも開いて修正できます。文字の修正では、すでに設定されている装飾をそのまま使えるようになっています。また、コピーや切り取りなどの編集機能を使えば、同じ文字を再び入力しなくても、何度でも繰り返し再利用できます。そして、文書の名前を変更すれば、元の文書を残したまま、新しい文書を保存できます。この章で紹介した方法を覚えておけば、少ない手間で効率よく新しい文書を作れるようになります。パソコンで文書を作る秘訣は、一度入力して保存したものを、できる限り無駄なく、効率よく再利用することです。最小限の修正で最大限の結果を得られるようになれば、Wordを使った文書作りが楽しくて役立つものになるでしょう。

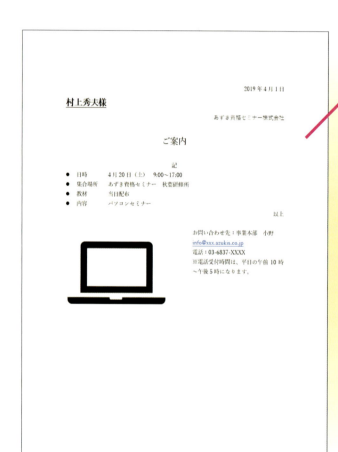

修正と再利用
文字の上書きや置換、コピー、貼り付け、切り取りなどの操作で、新しい文書を簡単に作成できる

練習問題

1

コピーと貼り付けの操作を実行して、右の文字を効率的に入力してください。

●ヒント：文字を修正するときは、「第一」の「一」や「15日」の「15」など、修正したい文字を選択し、文字が灰色に反転した状態で入力します。

コピーと貼り付けを行った上で、必要な個所を修正する

定期健診日程
第一制作室：4月15日
第二制作室：4月16日
第三制作室：4月17日
第三制作室：4月18日

2

練習問題1で入力した文字を検索と置換の機能を使って、右のように「制作室」を「研究部」へ修正してください。

●ヒント：文字を置換するときは、[検索と置換]ダイアログボックスを利用します。

検索する文字と置換後の文字を何にするかをよく確認する

定期健診日程
第一研究部：4月15日
第二研究部：4月16日
第三研究部：4月17日
第三研究部：4月18日

答えは次のページ

解 答

1

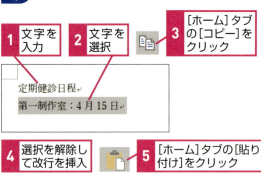

一度コピーした文字は、次に別の文字をコピーするまで何度でも貼り付けが可能です。同じ文字を続けて使うときに便利です。

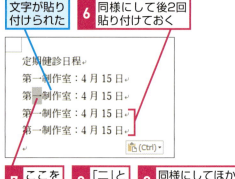

1. 文字を入力
2. 文字を選択
3. [ホーム]タブの[コピー]をクリック
4. 選択を解除して改行を挿入
5. [ホーム]タブの[貼り付け]をクリック
6. 同様にして後2回貼り付けておく
7. ここを選択
8. 「二」と入力
9. 同様にしてほかの部署名と日付を修正

文字が貼り付けられた

2

[検索と置換]ダイアログボックスで、検索する文字と置換後の文字を入力します。ここでは、「制作室」という文字を「研究部」という文字に置き換えるように設定します。置き換えたい文字が多いほど、利便性を発揮します。

1. [ホーム]タブをクリック
2. [置換]をクリック
3. 「制作室」と入力
4. 「研究部」と入力
5. [すべて置換]をクリック
6. [OK]をクリック

[検索と置換]ダイアログボックスが表示された

まとめて置換するときは[すべて置換]を選択する

置換した語句の個数が表示された

[閉じる]をクリックして[検索と置換]ダイアログボックスを閉じておく

「制作室」の文字がすべて「研究部」になった

第4章 入力した文章を修正する

第5章 表を使った文書を作成する

この章では、Wordの罫線を使って表を作ります。仕事で使う文書では、罫線を使って文字や数字を区切ると見やすくなります。Wordの罫線を活用して、表や枠のある文書を作ってみましょう。

●この章の内容
- ㉟ 罫線で表を作ろう ……………………………………… 126
- ㊱ ドラッグして表を作るには …………………………… 128
- ㊲ 表の中に文字を入力するには ………………………… 132
- ㊳ 列数と行数を指定して表を作るには ………………… 134
- ㊴ 列の幅を変えるには …………………………………… 136
- ㊵ 行を挿入するには ……………………………………… 138
- ㊶ 不要な罫線を削除するには …………………………… 140
- ㊷ 罫線の太さや種類を変えるには ……………………… 144
- ㊸ 表の中で計算するには ………………………………… 148
- ㊹ 合計値を計算するには ………………………………… 150

レッスン 35

罫線で表を作ろう

枠や表の作成

Wordで枠や表を作るときは、罫線を使います。どのような表が作れるのか、見ていきましょう。また、このレッスンでは表の要素の呼び方についても解説します。

▶ キーワード

行	p.302
罫線	p.303
セル	p.304
ドラッグ	p.306
文書	p.308
列	p.309

表の作成と編集

この章では、文書に表を入れて、見積書を作っていきます。Wordで表を作成するには、ドラッグして罫線を引く方法と、行数と列数を指定して表を挿入する方法の2つがあります。印鑑をなつ印する枠と見積金額の項目を入力する表をそれぞれの方法で作成してみましょう。また、見積金額を計算する式を表に入力する方法も解説します。

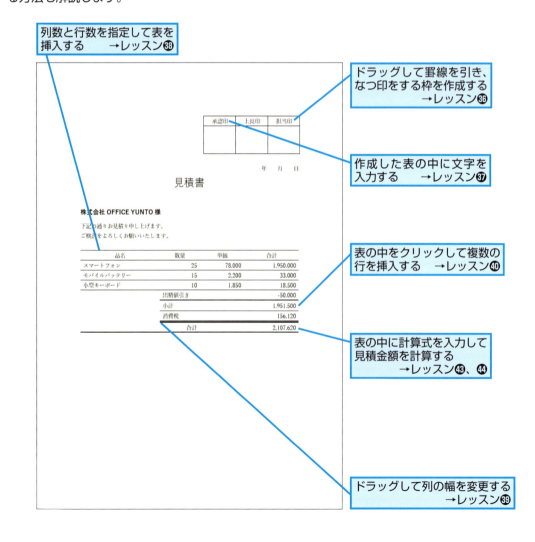

- 列数と行数を指定して表を挿入する →レッスン㊳
- ドラッグして罫線を引き、なつ印をする枠を作成する →レッスン㊱
- 作成した表の中に文字を入力する →レッスン㊲
- 表の中をクリックして複数の行を挿入する →レッスン㊵
- 表の中に計算式を入力して見積金額を計算する →レッスン㊸、㊹
- ドラッグして列の幅を変更する →レッスン㊴

罫線の変更

作成した表に含まれる罫線の種類や太さを変更することで、表内の項目にメリハリが付きます。また、不要な罫線を削除すると、表がスッキリして見やすくなります。表の完成度を高めるためにも罫線の編集作業をマスターしましょう。

HINT!
表を構成する要素を知ろう

罫線で囲まれた表は、1つ1つの枠の中をセルと呼びます。また、縦に並んだセルを列と呼び、横に並んだセルは行と呼びます。

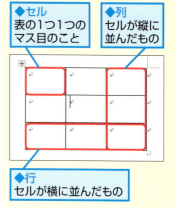

◆セル
表の1つ1つのマス目のこと

◆列
セルが縦に並んだもの

◆行
セルが横に並んだもの

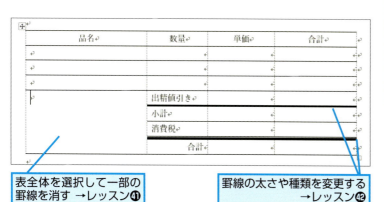

表全体を選択して一部の罫線を消す →レッスン㊶

罫線の太さや種類を変更する →レッスン㊷

不要な罫線を削除する

罫線の太さを一覧から選択する

罫線の種類を一覧から選択する

レッスン 36

ドラッグして表を作るには

罫線を引く

Wordでは、マウスの操作で罫線を引けます。項目と項目の区切りを明確にできるほか、手書きで記入してもらう空欄や、印鑑を押す欄などを作成できます。

1 表を挿入する位置を確認する

ここでは、見積書になつ印欄の表を挿入する

1 表を挿入する位置を確認

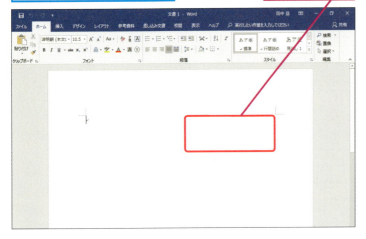

2 罫線を引く準備をする

1 [ホーム]タブをクリック
2 [罫線]のここをクリック

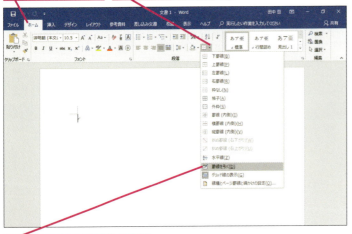

3 [罫線を引く]をクリック

動画で見る 詳細は3ページへ

キーワード

行	p.302
罫線	p.303
セル	p.304
ルーラー	p.309
列	p.309

HINT!
[罫線を引く]を使うと思い通りの表を作れる

Wordには罫線を引く方法がいくつか用意されていますが、[罫線を引く]の項目を選択すると、マウスのドラッグ操作で自由に罫線を引けます。なお、セルには改行の段落記号（↵）が必ず表示されます。

HINT!
ルーラーを表示してもいい

レッスン㉖を参考に、表を挿入する前にルーラーを表示しておくと、ドラッグする位置の目安が分かりやすくなります。手順4では、罫線の外枠をドラッグで作成していますが、罫線の幅は後からでも調整できるので、ルーラーの有無にかかわらず、おおよその位置でドラッグして問題はありません。

⚠ 間違った場合は？

間違った線を引いてしまったときは、クイックアクセスツールバーの[元に戻す]ボタン（）をクリックして取り消し、正しい線を引き直しましょう。

3 罫線を引く準備ができた

マウスポインターの形が変わった

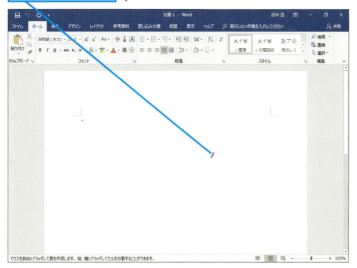

4 罫線の枠を作成する

手順1で確認した位置に表を挿入する

1 ここにマウスポインターを合わせる

マウスをドラッグすると外枠が点線で表示される

2 ここまでドラッグ

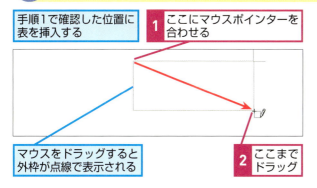

5 横の罫線を引く

外枠を作成できた

外枠の内側に横の罫線を引く

1 ここにマウスポインターを合わせる

2 ここまでドラッグ

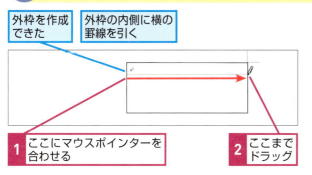

HINT! セルに斜めの線を引くには

手順2の方法でマウスポインターが鉛筆の形（✐）になっていれば、セルの対角線上をドラッグして、斜めに線を引けます。なお、マウスのドラッグ操作中は斜め線が赤く表示されます。

1 ここにマウスポインターを合わせる

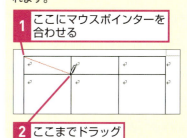

2 ここまでドラッグ

HINT! いろいろな種類の罫線がある

罫線には、いろいろな種類があります。直線だけではなく、点線や波線に鎖線、そして立体的な線や飾り罫なども用意されています。以下の手順で操作すれば、罫線の種類を変更できます。マウスポインターが鉛筆の形（✐）になっていれば、以下の手順で線種を選び、ドラッグし直すことで作成済みの外枠の種類や太さを変更できます。詳しくは、レッスン㊷を参考にしてください。

1 [表ツール]の[デザイン]タブをクリック

2 [ペンのスタイル]のここをクリック

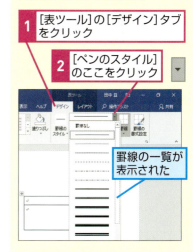

罫線の一覧が表示された

次のページに続く

縦の罫線を引く

| 横の罫線を引けた | 外枠の内側に縦の罫線を2本引く | 幅は後で調整するので、ドラッグの位置はおおまかでいい |

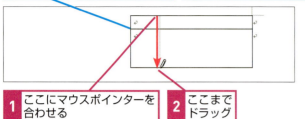

1 ここにマウスポインターを合わせる
2 ここまでドラッグ

縦の罫線を引けた

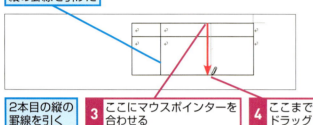

2本目の縦の罫線を引く
3 ここにマウスポインターを合わせる
4 ここまでドラッグ

 罫線の作成を終了する

| 縦の直線を2本引くことで6つのセルに分割された | マウスポインターの形を元に戻す |

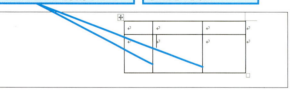

1 [表ツール]の[レイアウト]タブをクリック
◆[表ツール]タブ 表が選択されていると表示される

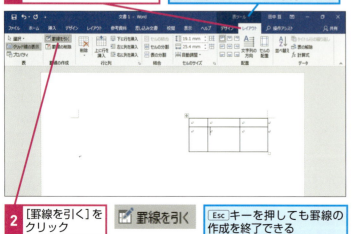

2 [罫線を引く]をクリック
罫線を引く
[Esc]キーを押しても罫線の作成を終了できる

HINT!
表や行、列を削除するには

表を削除するには、[削除]ボタンを使うと便利です。表内のセルをクリックして、[表ツール]の[レイアウト]タブにある[削除]ボタンをクリックすれば、セル、行、列、表全体から削除する対象を選べます。

1 表内のセルをクリックしてカーソルを表示
2 [表ツール]の[レイアウト]タブをクリック

3 [削除]をクリック
4 [表の削除]をクリック

HINT!
特定の列の幅をそろえるには

手順8のように[幅を揃える]ボタンを使えば、特定の列の幅を均等にそろえられます。幅をそろえる列をドラッグしてから操作しましょう。

1 ここにマウスポインターを合わせる

マウスポインターの形が変わった
2 ここまでドラッグ

3 [表ツール]の[レイアウト]タブをクリック

4 [幅を揃える]をクリック

⑧ 列の幅をそろえる

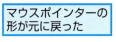

マウスポインターの形が元に戻った

1 カーソルが表内に表示されていることを確認

カーソルが表内に表示されていないときは、表内のセルをクリックする

2 [表ツール]の[レイアウト]タブをクリック

3 [幅を揃える]をクリック

⑨ 列の幅がそろった

列の幅が均等になった

見積書に必要な内容を入力しておく

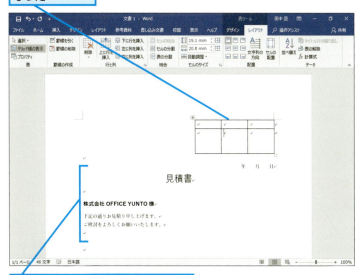

HINT!

行の高さを均等にそろえるには

[表ツール]の[レイアウト]タブにある[高さを揃える]ボタンを使うと、複数の行の高さを均等にできます。以下の例では、表内の行の高さがすべて同じになります。

1 表内のセルをクリック

2 [表ツール]の[レイアウト]タブをクリック

3 [高さを揃える]をクリック

行の高さがそろった

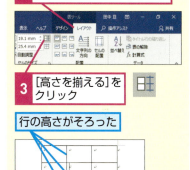

Point

ドラッグ操作で表を作成できる

罫線を使うと、項目と項目の区切りを明確にできるだけではなく、項目を整理した表やリストなどを作るときに便利です。また、印刷した文書に手書きで記入してもらったり、印鑑を押すための枠として罫線を使うこともあります。日本のビジネス文書では、罫線を使った書類が多く利用されています。罫線を引くことで、横書きの文章が読みやすくなったり、項目の区切りや関係がはっきりするからです。また、セルの中には改行の段落記号（↵）が表示されますが、これはセルごとに文字を入力できることを表しています。

レッスン 37 表の中に文字を入力するには

セルへの入力

罫線を組み合わせて作成した表に、文字を入力しましょう。1つ1つのセルには、必ず改行の段落記号があります。改行の段落記号をクリックして文字を入力します。

キーワード
改行	p.301
セル	p.304
段落	p.305

レッスンで使う練習用ファイル
セルへの入力.docx

ショートカットキー
[Tab] ……………… 次のセルへ移動
[Ctrl]+[E] ………… 中央揃え

① 入力位置を指定する
- 文字を入力するセルをクリックする
- 1 ここをクリックしてカーソルを表示
- セルにカーソルが表示された

② 文字を入力する
- なつ印欄に文字を入力する
- 1 「承認印」と入力

③ 隣のセルに移動する
- 「承認印」と入力できた
- 1 ここをクリックしてカーソルを表示
- 隣のセルにカーソルが表示された

④ ほかのセルに文字を入力する
- 続けて、ほかのセルに文字を入力する
- 1 「上長印」と入力
- 2 「担当印」と入力

HINT!
方向キーや[Tab]キーで次のセルに移動できる

手順3ではクリックで隣のセルに移動しましたが、方向キーを使うと便利です。また、[Tab]キーを使うと、順番にセルを移動できます。文字の入力後にすぐ次のセルに移動したいときに使いましょう。

1 キーを押す

カーソルが隣のセルに移動した

⚠ 間違った場合は？

手順6で、[上揃え（中央）]ボタンや[下揃え（中央）]ボタンをクリックしてしまったときは、セルが選択された状態で[中央揃え]ボタンをクリックし直します。

5 行全体を選択する

文字の配置を変える行を選択する

1 ここにマウスポインターを合わせる　マウスポインターの形が変わった

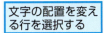
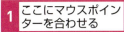

2 そのままクリック

行全体が選択された

6 文字を中央に配置する

選択した行の文字をまとめてセルの中央に配置する

1 [表ツール]の[レイアウト]タブをクリック
2 [中央揃え]をクリック

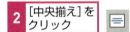

7 文字が中央に配置された

セル内の文字が中央に配置された

HINT!
クリックする場所でセルの選択範囲が変わる

手順5では行を選択しましたが、セルをクリックする位置によって、選択される範囲が変わります。マウスポインターの形に注目すれば、効率よくセルを選択できます。

● セルの選択

1 クリック

● 行の選択

1 クリック

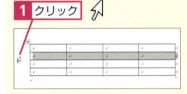

● 列の選択

1 クリック

Point
表内の文字も装飾や配置を変更できる

縦横の罫線で区切られた1つ1つのセルの文字も通常の文字と同じように装飾を設定できます。[表ツール]の[レイアウト]タブにあるボタンを使えば、セルの中の文字を左右だけでなく、上下にそろえるのも簡単です。表の中に項目名などの短い文字を入力するときはセルの上下左右中央に、文字数が多いときは、[両端揃え(上)]ボタン(■)がオンになっている状態で文字を入力するといいでしょう。

レッスン 38 列数と行数を指定して表を作るには

表の挿入

[表]ボタンの機能を使うと、列数と行数を指定するだけで罫線表を挿入できます。あらかじめ表の項目数が分かっているときは、[表]ボタンを使うといいでしょう。

1 表の挿入位置を指定する

1 スクロールバーを下にドラッグしてスクロール

2 ここをクリックしてカーソルを表示

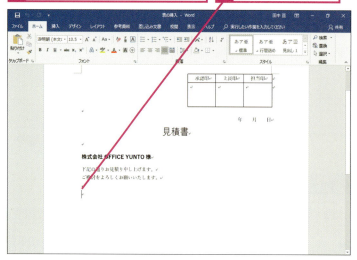

キーワード

行	p.302
スクロール	p.304
[表]ボタン	p.307
マウスポインター	p.308
列	p.309

レッスンで使う練習用ファイル
表の挿入.docx

HINT!
行数と列数の多い表を挿入するには

手順2の操作で挿入できる表は8行×10列までの大きさになります。それ以上の表を挿入するには、[表の挿入]ダイアログボックスで、行数と列数を指定します。[表の挿入]ダイアログボックスの表示方法は、以下のテクニックを参考にしてください。

テクニック 文字数に合わせて伸縮する表を作る

このレッスンで作成した表は、レッスン㊴で列の幅を調整しますが、以下の手順で操作すれば、入力する文字数に応じて列の幅が自動で変わる表を挿入できます。[表の挿入]ダイアログボックスで[文字列の幅に合わせる]を忘れずにクリックしましょう。文字が何も入力されていない状態の表が挿入されるので、レッスン㊲の要領でセルに文字を入力します。

1 [挿入]タブをクリック　**2** [表]をクリック

3 [表の挿入]をクリック

[表の挿入]ダイアログボックスが表示された

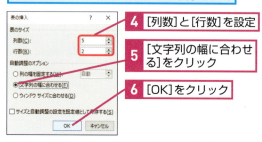

4 [列数]と[行数]を設定
5 [文字列の幅に合わせる]をクリック
6 [OK]をクリック

列の幅が最小の表が作成された / 入力する文字数に応じて列の幅が広がる

第5章 表を使った文書を作成する

② 表を挿入する

ここでは5行×4列の表を挿入する

1 [挿入]タブをクリック

2 [表]をクリック

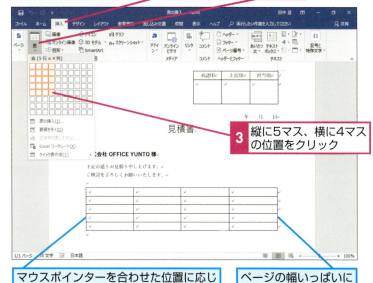

3 縦に5マス、横に4マスの位置をクリック

マウスポインターを合わせた位置に応じて、表の挿入後の状態が表示される

ページの幅いっぱいに表が表示される

③ 項目名を入力する

5行×4列の表がページの幅いっぱいに挿入された

挿入した表に項目名を入力しておく

1 表に項目名を入力

2 レッスン㊲を参考に、文字の配置を[中央揃え]に変更

表のこのセルに数字を入力する

3 数字を入力するセルの文字の配置を[中央揃え(右)]に変更

HINT!

表内の文字は Delete キーで削除しよう

セルに入力した文字は、Delete キーで削除するようにします。なぜなら、Back space キーで文字を削除すると、自動で右インデントが設定されることがあるからです。もしも、右インデントが設定されてしまったときは、下のHINT!を参考にして、設定を修正しましょう。

HINT!

表の項目名が中央にそろわないときは

文字や画像をセルに挿入して、中央や右などに配置を設定しても、思い通りにレイアウトされないことがあります。そのときは、[レイアウト]タブの[段落]グループにある[右インデント]を[0字]に設定すると、配置を修正できます。

⚠ 間違った場合は?

行数や列数を間違えて表を挿入してしまったときは、クイックアクセスツールバーの[元に戻す]ボタン（↶）をクリックして表の挿入を取り消し、手順2を参考に正しい列数と行数を指定して、表を挿入し直しましょう。

Point

集計表や見積書を作るときは[表]ボタンが便利

集計表や一覧表、見積書、請求書など、列数や行数が多い表は[表]ボタンを使って表を作成します。[表]ボタンの一覧で列数と行数を指定するだけで、罫線で仕切られた表を効率よく挿入できます。[表]ボタンで作成する表は、文書の左右幅いっぱいに挿入され、行と列が均等な幅と高さになります。また、行数や列数は後から増減が可能です。

できる 135

レッスン 39 列の幅を変えるには

列の変更

［表］ボタンで挿入した表は、列の幅や行の高さが同じになります。入力する項目に合わせて列の幅を変えてみましょう。列の幅は、罫線をドラッグして変更できます。

1 列の幅を広げる

[品名]の列の幅を広くする

1 ここにマウスポインターを合わせる

マウスポインターの形が変わった

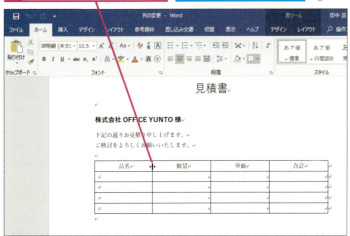

2 ここまでドラッグ

変更後の列の幅が点線で表示される

キーワード

セル	p.304
列	p.309

📄 **レッスンで使う練習用ファイル**
列の変更.docx

HINT!
1つのセルだけ幅を変更するには

同じ列のほかのセルの幅は変えずに、1つのセルだけ幅を変えたいときは、マウスポインターの形が ➤ になったところをクリックして1つのセルを選択し、罫線をドラッグします。

[品名]の右のセルを選択する　　1 ここをクリック

2 ここにマウスポインターを合わせる

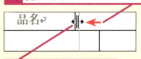

3 ここまでドラッグ

HINT!
列の幅を文字数ぴったりにするには

列の幅を調整するときに、ドラッグではなくダブルクリックすると、文字の長さに合わせて列の幅を自動的に調整できます。ただし、文字が多すぎて1行に収まりきらないときには、セル内で文字が折り返されます。

テクニック ほかの列の幅は変えずに表の幅を調整する

通常の列の幅を変更する操作では、表全体の幅は変わらず、幅を変更した列の左右どちらかの列が広くなるか狭くなります。また、表の左右の罫線を内側にドラッグすれば、表全体の幅を調整できますが、左右の列の幅が縮まってしまいます。
そのような場合は、Shiftキーを押しながら罫線をドラッグしましょう。右の例では［品名］の列の幅だけを狭くします。、Shiftキーを押しながら［品名］と［数量］の間の罫線を左にドラッグすると、［品名］の列だけが狭くなりますが、ほかの3つの列の幅は変わりません。このとき、表全体の幅が狭くなります。

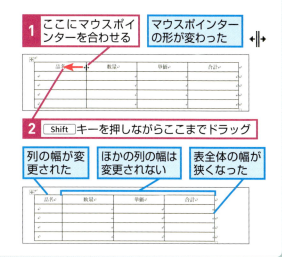

39 列の変更

2 列の幅が広がった

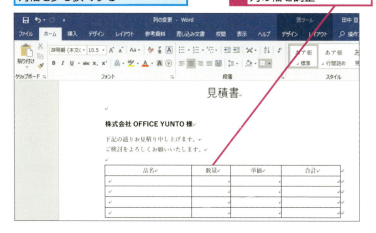

3 ほかの列の幅を変更する

［数量］の列幅を広げて、［単価］の列幅を少し狭くする

1 手順1を参考に［数量］の列の幅を調整

HINT!
行の高さを変えるには

行の高さも自由に変更できます。手順1と同じように、行と行の間の罫線にマウスポインターを合わせてドラッグします。ただし、文字の大きさより行を低く設定することはできません。

手順1と同じ要領で行の高さを変更できる

Point
列の幅を調整して表を整える

見積書などでは、品名の欄は文字を多めに入力できるように幅が広く、数字の欄が狭いことが多いでしょう。このレッスンで解説したように罫線をドラッグすれば簡単に列の幅や行の高さを変更できます。列の幅や行の高さは、文字を入力した後でも自由に調整できるので、表の内容に合わせて調整しておきましょう。

レッスン 40 行を挿入するには

上に行を挿入

表の行数や列数は、表の挿入後に変更できます。表を作っている途中で、行や列を増やしたり減らしたりするときは、このレッスンで紹介する方法で操作しましょう。

① 行の挿入位置を指定する

合計欄の上に3行挿入する

カーソルがある行が挿入位置の基準になる

キーワード

行	p.302
クイックアクセスツールバー	p.302
セル	p.304

レッスンで使う練習用ファイル
上に行を挿入.docx

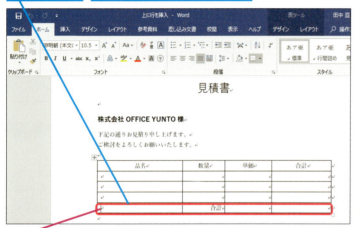

1 ここをクリックしてカーソルを表示

HINT!
カーソルのある行や列が基準になる

表に行や列を挿入するときは、挿入の基準になるセルをクリックしてカーソルを表示します。カーソルのある行や列から見て、上か下に行、左か右に列が挿入されます。

HINT!
行を簡単に挿入するには

マウスポインターを表の左端に合わせると、が表示されます。このをクリックすると、表に行を挿入できます。そのため、タブレットなどのタッチ対応機器でも直観的に操作できます。ただし、をクリックしたときは、無条件でカーソルがある行の上に新しい行が挿入されます。

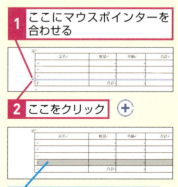

1 ここにマウスポインターを合わせる

2 ここをクリック

合計欄の上に行が挿入された

② 行を挿入する

1 合計欄と同じ行にカーソルが表示されていることを確認

2 [表ツール]の[レイアウト]タブをクリック

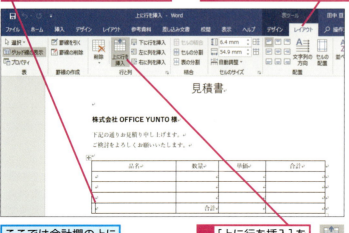

ここでは合計欄の上に行を挿入する

3 [上に行を挿入]をクリック

138 できる

③ さらに行を挿入する

合計欄の上に行が1行挿入された

挿入した行は、選択された状態になる

さらに2行挿入する

1 ［上に行を挿入］を2回クリック

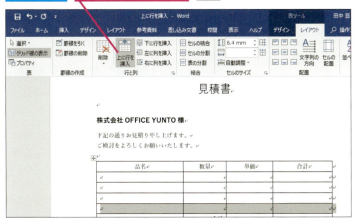

④ 各セルに項目を入力する

さらに行が2行挿入された

挿入した行に項目を入力しておく

1 各セルに項目を入力

2 レッスン㊲を参考に文字の配置を［両端揃え（中央）］に変更

HINT!
行や列を削除するには

このレッスンでは行を追加しましたが、行や列を削除するときは以下の手順を実行します。

1 削除する行や列をクリック

2 ［表ツール］の［レイアウト］タブをクリック

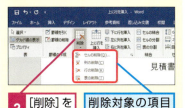

3 ［削除］をクリック　削除対象の項目を選択する

⚠ 間違った場合は？

挿入した行数や位置を間違えてしまったら、クイックアクセスツールバーの［元に戻す］ボタン（↶）をクリックして取り消し、正しい位置をクリックしてから行を挿入し直しましょう。

Point
行や列を増やす前に基準のセルをクリックする

行や列の数は、後から自由に増やしたり、減らしたりすることができます。挿入の基準となる行や列にカーソルを移動してから操作するのがポイントです。行の場合は、［上に行を挿入］ボタンか［下に行を挿入］ボタンで、カーソルがある行の上下に挿入できます。列の場合は、［右に列を挿入］ボタンか［左に列を挿入］ボタンをクリックします。表を作っていて、入力項目が増えて行や列が足りなくなってしまったときは、このレッスンの要領で追加しましょう。逆に、行や列を減らしたいときは、［削除］ボタンをクリックして、一覧から削除項目を選びます。

レッスン 41 不要な罫線を削除するには

線種とページ罫線と網かけの設定

表の構造はそのままに、罫線だけを削除できます。表の内容や項目に応じて一部の罫線を消して見ためをスッキリさせたり、セルを結合したりするといいでしょう。

キーワード

クイックアクセスツールバー	p.302
罫線	p.303
セル	p.304
ダイアログボックス	p.304
プレビュー	p.308

レッスンで使う練習用ファイル
罫線の削除.docx

1 表全体を選択する

1. 表内のセルをクリック
2. ここにマウスポインターを合わせる

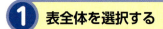

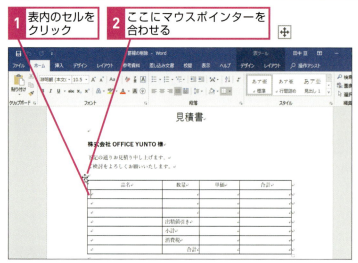

マウスポインターの形が変わった

3. そのままクリック

2 [表のプロパティ] ダイアログボックスを表示する

表全体が選択された／表の設定を変更する

1. [表ツール]の[レイアウト]タブをクリック

2. [プロパティ]をクリック

HINT!
リボンを使わずに表全体の設定を変更するには

セルや行、列の単位ではなく、表全体の設定をまとめて変更したいときには、[表のプロパティ] ダイアログボックスが便利です。[表のプロパティ] ダイアログボックスは、ショートカットメニューからでも表示できます。

1. 表内のセルを右クリック
   ショートカットメニューが表示された

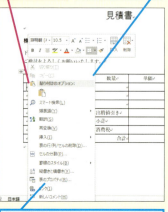

[表のプロパティ]をクリックすると[表のプロパティ]ダイアログボックスが表示される

第5章 表を使った文書を作成する

❸ ［線種とページ罫線と網かけの設定］ダイアログボックスを表示する

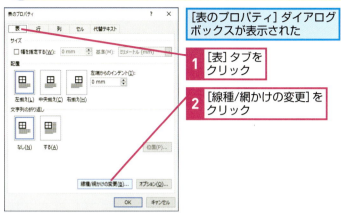

［表のプロパティ］ダイアログボックスが表示された

1 ［表］タブをクリック
2 ［線種/網かけの変更］をクリック

❹ 削除する罫線を選択する

［線種とページ罫線と網かけの設定］ダイアログボックスが表示された

1 ［罫線］タブをクリック

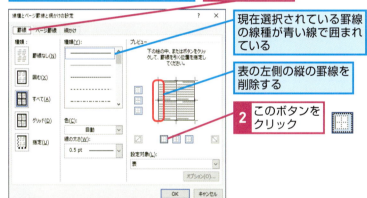

現在選択されている罫線の線種が青い線で囲まれている

表の左側の縦の罫線を削除する

2 このボタンをクリック

❺ さらに削除する罫線を選択する

左側の縦の罫線が消えた　　縦の罫線をすべて消す

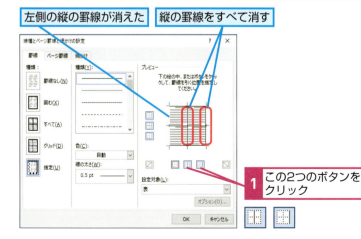

1 この2つのボタンをクリック

HINT!
内側の罫線を削除するには

［線種とページ罫線と網かけの設定］ダイアログボックスに表示される［プレビュー］を確認しながら操作すれば内側の罫線のみを簡単に削除できます。手順5のように　をクリックすると、選択しているセルの範囲で、内側に含まれる罫線を削除できます。［プレビュー］の表示を確認すれば、罫線の有無が分かります。

プレビューを確認しながら操作する

［プレビュー］内をクリックしても、罫線の削除や追加ができる

⚠ 間違った場合は？

手順4や手順5で削除する罫線を間違えたときには、もう一度、同じボタンをクリックして削除してしまった罫線を表示し、削除する罫線を選び直します。削除した罫線が分からなくなってしまったときは、［キャンセル］ボタンをクリックして、［線種とページ罫線と網かけの設定］ダイアログボックスを閉じ、もう一度手順2から操作をやり直しましょう。

次のページに続く

⑥ 罫線の削除を確定する

縦の罫線がすべて削除された

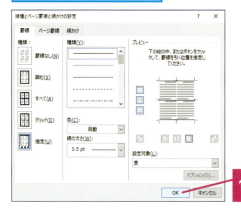

1 [OK]を クリック

[線種とページ罫線と網かけの設定]ダイアログボックスが閉じて、[表のプロパティ]ダイアログボックスが表示された

2 [OK]を クリック

⑦ 縦の罫線が削除されたことを確認する

1 ここをクリックして表の選択を解除
表の選択が解除された
2 縦の罫線が削除されていることを確認

HINT! 罫線を削除するとグリッド線が表示される

罫線を削除すると、灰色のグリッド線が表示されます。グリッド線は印刷されませんが、罫線が消えても、表としての役割が残っていることを示しています。

罫線を削除してもグリッド線は残る

HINT! グリッド線を非表示にするには

[表ツール]の[レイアウト]タブにある[グリッド線の表示]ボタンをクリックすると、表示されているグリッド線が消えます。もう一度クリックすると、グリッド線が再表示されます。

表全体を選択しておく
1 [表ツール]の[レイアウト]タブをクリック

2 [グリッド線の表示]をクリック

グリッド線が表示されなくなる

⚠ 間違った場合は?

間違った罫線を削除してしまったときは、クイックアクセスツールバーの[元に戻す]ボタン（）を必要に応じてクリックし、手順8から操作をやり直してください。

⑧ 罫線を削除する準備をする

1 [表ツール]の[レイアウト]タブをクリック

2 [罫線の削除]をクリック

⑨ 横の罫線を削除する

マウスポインターの形が変わった

1 削除する罫線にマウスポインターを合わせる

2 そのままクリック

3 同様にして、残りの2本の罫線を削除

⑩ 罫線を削除できた

3本の横の罫線を削除できた　　セルが1つのセルに結合した

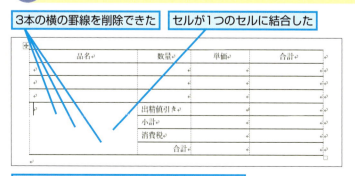

手順8を参考に[罫線の削除]をクリックして、罫線の削除を終了する

HINT!
セルを結合すると文字の配置が変わる

[罫線の削除]ボタンでセルの境界線を削除すると、左右や上下のセルが結合して、1つのセルになります。[中央揃え]が設定されているセルを結合させると、文字は新しいセルに合わせて中央に配置されます。

1 削除する罫線をドラッグ

	新価格	備考
	1,000 円	ランチ 850 円
	750 円	ランチ 680 円

セルが結合した

	新価格	備考
	1,000 円	ランチ 850 円
	750 円	ランチ 680 円

セル内の文字が結合セルに合わせて再配置された

Point
不要な線を消すと、表がスッキリする

表を使うと、文字や数字が読みやすくなります。しかし、罫線が多くなり過ぎると、反対に縦や横の文字と数字を比べたり、確認したりするのに邪魔になることがあります。そうしたときは、不要な罫線を削除してみましょう。表の見ためがスッキリとして、見やすくなります。ただし、ただ単に罫線を削除するのではなく、罫線を削除してセルを結合するのか、罫線の表示だけを消して表としての機能はそのまま使うのか、2つの方法を使い分けて、誰が見ても見やすい表を作ることを心がけましょう。

レッスン 42 罫線の太さや種類を変えるには

ペンの太さ、ペンのスタイル

罫線の太さや種類を変えると表にメリハリが付きます。このレッスンで紹介する方法で、小計や合計など、表を区切って項目を区別すれば、表の印象が変わります。

1 罫線の太さを選択する

1. 表内のセルをクリックしてカーソルを表示
2. [表ツール]の[デザイン]タブをクリック
3. [ペンの太さ]のここをクリック

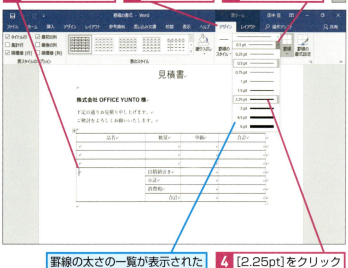

罫線の太さの一覧が表示された

4. [2.25pt]をクリック

キーワード

クイックアクセスツールバー	p.302
罫線	p.303
スタイル	p.304
セル	p.304
ダイアログボックス	p.304
マウスポインター	p.308

📄 レッスンで使う練習用ファイル
罫線の書式.docx

HINT!

複数の線の種類を変えるには

線の種類をまとめて変更するには、[線種とページ罫線と網かけの設定]ダイアログボックスを表示しましょう。線の種類を選択し、ボタンをクリックし直して罫線を引き直します。

1. レッスン㊶の手順1〜3を参考に、[線種とページ罫線と網かけの設定]ダイアログボックスを表示
2. [罫線]タブをクリック
3. [種類]で線種を選択

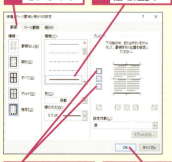

4. 線種を変える場所を2回クリック
5. [OK]をクリック

ボタンをクリックした場所の罫線が二重線になる

2 罫線を太くする

マウスポインターの形が変わった

「出精値引き」の下の罫線を太くする

1. ここにマウスポインターを合わせる
2. ここまでドラッグ

ドラッグしている間、太い罫線になる部分が灰色で表示される

③ 罫線が太くなった

ドラッグした部分の罫線が太くなった

④ 罫線の種類を選択する

合計欄の上の罫線を二重線にする

1 [ペンのスタイル]のここをクリック

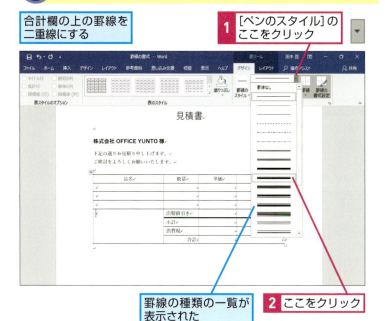

罫線の種類の一覧が表示された

2 ここをクリック

HINT!

罫線の色を変更するには

以下の手順で操作すれば、罫線の色を後から変更できます。[表ツール]の[デザイン]タブにある[ペンの色]ボタンをクリックして一覧から色を選択しましょう。それから色を変える罫線をドラッグします。

1 [表ツール]の[デザイン]タブをクリック

2 [ペンの色]をクリック

3 好みの色をクリック

4 色を変える罫線をドラッグ

罫線の色が変わった

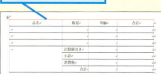

⚠ 間違った場合は？

手順2で別の罫線の太さを変更してしまったときは、クイックアクセスツールバーの[元に戻す]ボタン（↶）で取り消して、正しい場所をドラッグし直しましょう。

次のページに続く

5 二重線にする罫線を選択する

マウスポインターがペンの形になっていることを確認する 　二重線にする罫線をドラッグして選択する

1 ここにマウスポインターを合わせる
2 ここまでドラッグ

ドラッグしている間は灰色の線が表示される

HINT! 罫線を非表示にするには

罫線だけを非表示にするには、以下のように操作して、罫線をドラッグします。罫線の削除とは異なり、セルは残ります。［罫線なし］でドラッグした罫線は、灰色のグリッド線で表示されます。

1 ［ペンのスタイル］のここをクリック

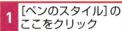

2 ［罫線なし］をクリック

非表示にする罫線をドラッグする

 テクニック　表のデザインをまとめて変更できる！

表の色やデザインをまとめて設定するには［表ツール］の［デザイン］タブにある［表のスタイル］を利用するといいでしょう。あらかじめ用意されている配色を選ぶだけで、表のデザインを一度にまとめて変更できます。一覧で表示されたデザインにマウスポインターを合わせると、操作結果が一時的に表示されるので、実際のイメージを確かめながら好みの配色を選べます。ただし、この方法でデザインを変更すると、設定済みのセルの背景色や罫線の種類はすべて変更されます。

1 表内のセルをクリック
2 ［表ツール］の［デザイン］タブをクリック

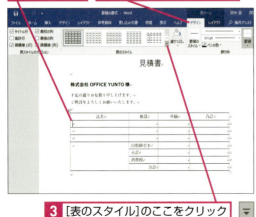

3 ［表のスタイル］のここをクリック

デザインの一覧が表示された
4 好みのデザインをクリック

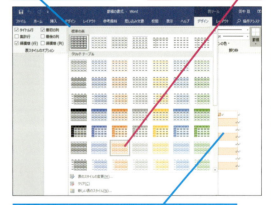

デザインにマウスポインターを合わせると、一時的に表のデザインが変わり、設定後の状態を確認できる

表のデザインが変わった

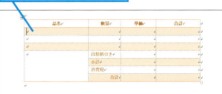

6 罫線が二重線になった

ドラッグした部分の線が二重線になった

7 罫線の変更を終了する

罫線の変更を終了して、マウスポインターの形を元に戻す

1 [表ツール]の[デザイン]タブをクリック

2 [罫線の書式設定]をクリック

Escキーを押しても罫線の変更を終了できる

8 罫線の太さと種類を変更できた

マウスポインターの形が元に戻った

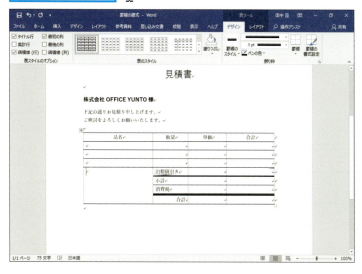

HINT!
セルに背景色を付けるには

セルの背景に色を付けたいときは、[表ツール]の[デザイン]タブにある[塗りつぶし]ボタンをクリックして、色を選びます。ただし、[塗りつぶし]ボタンは上下で分割されていることに注意してください。[塗りつぶし]の文字が明記されている部分のボタンをクリックすると、色の一覧が表示されます。色の一覧には[テーマの色]と[標準の色]がありますが、[その他の色]をクリックすれば[色の設定]ダイアログボックスで色を設定できます。

1 背景色を付けるセルを選択してカーソルを表示

2 [表ツール]の[デザイン]タブをクリック

3 [塗りつぶし]をクリック

4 好みの色をクリック

セルに背景色が設定される

Point
罫線の太さや種類を変えて表を見やすくしよう

線の太さや種類を変えれば、表の見やすさが変わります。外枠や明細と項目を仕切る線を太くすることで、表全体が引き締まった印象になります。また、行が多くて線が目立つときは一部を削除したり、色を薄くしたりするといいでしょう。線の種類や色を工夫することによって、見やすく品がいい表に仕上げることができます。

レッスン 43

表の中で計算するには

計算式

罫線で仕切られたセルは、Excelと同じように座標があり、入力した数値を利用して計算ができるようになっています。計算式を設定して、掛け算を行ってみましょう。

1 [計算式] ダイアログボックスを表示する

ここでは、商品の数量と単価を掛け合わせた金額を求める

| 1 | 計算式を挿入するセルをクリック | 2 | [表ツール]の[レイアウト]タブをクリック | 3 | [計算式]をクリック |

2 計算式を入力する

[計算式] ダイアログボックスが表示された

あらかじめ入力されている計算式を削除する

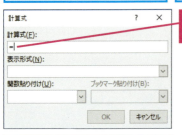

1 `Back space` キーを押して「=」以外を削除

スマートフォンの「数量×単価」を表す計算式を入力する

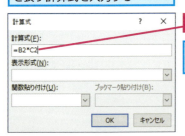

2 半角で「B2*C2」と入力

「*」を入力するには `Shift` + `け` キーを押す

キーワード

セル	p.304
フィールドコード	p.307

📄 **レッスンで使う練習用ファイル**
計算式.docx

⌨ **ショートカットキー**

`Shift` + `F9`
…… フィールドコードの表示/非表示

HINT!
セルと座標の関係を知ろう

罫線で仕切られた表は、左上をA1として横にABCDE……、縦に12345……と順番に座標が設定されています。計算式を入力するときには、座標を使って、どこのセルにある数値を利用するのかを指定します。

	A	B	C
1	A1	B1	C1
2	A2	B2	C2
3	A3	B3	C3

HINT!
計算に使う記号と意味

計算に使う記号と意味は、以下のようになっています。

記号	読み	意味
+	プラス	足し算
−	マイナス	引き算
*	アスタリスク	掛け算
/	スラッシュ	割り算

⚠ **間違った場合は？**

間違ったセルの座標や計算式を入力したときは、`Back space` キーで削除して、正しい内容を入力し直しましょう。

③ 表示形式を選択する

計算結果に「,」(カンマ) が付くように
表示形式を選択する

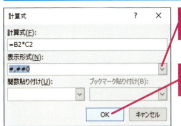

1 [表示形式]のここをクリックして[#,##0]を選択

2 [OK]をクリック

HINT!
[表示形式]って何？

[表示形式]は、計算結果の形式を指定するための項目です。通常の数字は、計算結果にしたがって、小数点まで表示されますが、手順3で[表示形式]を[#,##0]と指定しておけば、小数点以下は四捨五入され、3けた以上の整数は「,」(カンマ) 付きで表示されるようになります。

HINT!
「フィールドコード」に計算式が記述されている

セルに入力された計算式は「フィールドコード」という特殊な記号です。そのため、スマートフォンの「数量×単価」を計算した「1,950,000」の計算式を下のセルにコピーしても、セルの座標は自動的に変わりません。そこで、計算式をコピーするには、 Shift + F9 キーを押してフィールドコードを表示し、後から座標を修正します。

◆フィールドコード

④ 計算結果が表示された

計算式が入力され、計算結果が表示された

品名	数量	単価	合計
スマートフォン	25	78,000	1,950,000
モバイルバッテリー	15	2,200	
小型キーボード	10	1,850	
	出精値引き		-50,000
	小計		
	消費税		
	合計		

⑤ 残りの計算式を入力する

続けて下のセルに「数量×単価」を表す計算式を入力する

1 手順1～4を参考に「=B3*C3」と入力

品名	数量	単価	合計
スマートフォン	25	78,000	1,950,000
モバイルバッテリー	15	2,200	33,000
小型キーボード	10	1,850	18,500
	出精値引き		-50,000
	小計		
	消費税		
	合計		

2 手順1～4を参考に「=B4*C4」と入力

Point
Wordの罫線表で計算ができる

Wordの表は、Excelのワークシートと同じように、線で仕切られたすべてのセルに座標があります。しかし、Wordの表では「ABC」や「123」というようなセルの座標を示す表示がありません。前ページのHINT!などを参考に、自分で表の左端を「A1」と考えて、セルの座標を計算式に入力していく必要があります。計算式の指定方法も、基本的にはExcelと同じです。計算の対象となるセルの座標と記号を組み合わせて計算を行いましょう。

レッスン 44 合計値を計算するには

関数の利用

Wordの表の中で、小計や消費税の計算をしてみましょう。フィールドコードと呼ばれる特殊なコードを入力すると、四則演算や関数を使った計算を実行できます。

1 計算式を入力するセルを選択する

すべての商品の金額と出精値引きを足した金額を小計として表示する

1 ここをクリックしてカーソルを表示

キーワード

カーソル	p.301
クイックアクセスツールバー	p.302
セル	p.304
ダイアログボックス	p.304
フィールドコード	p.307

レッスンで使う練習用ファイル
関数の利用.docx

ショートカットキー

Shift + F9 …… フィールドコードの表示/非表示

2 [計算式] ダイアログボックスを表示する

1 [表ツール]の[レイアウト]タブをクリック
2 [計算式]をクリック

3 合計の数式が入力されていることを確認する

[計算式] ダイアログボックスが表示された

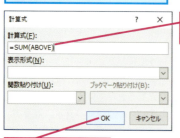

1 「=SUM(ABOVE)」と入力されていることを確認
2 [OK]をクリック

HINT! SUMとABOVEの意味

手順3の[計算式]に表示された「=SUM(ABOVE)」とは、「式を定義したセルの上（ABOVE）にある数字を合計（SUM）する」という意味の計算式です。「SUM」のような英単語は関数と呼ばれ、通常であれば「D2+D3+D4+D5」と記述しなければならない式を簡単にします。Wordでは、以下の表にある関数を利用できます。

関数	意味
ABS	絶対値を求める
AND	論理積を求める
AVERAGE	平均を求める
COUNT	個数を数える
INT	セルの値を整数にする
MAX	最大値を求める
MIN	最小値を求める
MOD	割り算の余りを求める
ROUND	四捨五入する
SUM	数値を合計する

❹ 計算結果が表示された

自動的に上のセルすべての合計値が表示された

品名	数量	単価	合計
スマートフォン	25	78,000	1,950,000
モバイルバッテリー	15	2,200	33,000
小型キーボード	10	1,850	18,500
出精値引き			-50,000
小計			1,951,500
消費税			
合計			

❺ 消費税の計算式を入力する

消費税の計算式を入力する

1 レッスン㊸を参考に「=D6*0.08」と入力

消費税が表示された

品名	数量	単価	合計
スマートフォン	25	78,000	1,950,000
モバイルバッテリー	15	2,200	33,000
小型キーボード	10	1,850	18,500
出精値引き			-50,000
小計			1,951,500
消費税			156,120
合計			

❻ 合計の計算式を入力する

小計と消費税を足した金額を合計として表示する

1 レッスン㊸を参考に「=D6+D7」と入力

品名	数量	単価	合計
スマートフォン	25	78,000	1,950,000
モバイルバッテリー	15	2,200	33,000
小型キーボード	10	1,850	18,500
出精値引き			-50,000
小計			1,951,500
消費税			156,120
合計			2,107,620

自動的に小計と消費税を足した金額が表示された

レッスン⓰を参考に「見積書」という名前を付けて文書を保存しておく

HINT!

関数と計算式は組み合わせて利用できる

ここでは、いったん関数で合計値を算出してから、そのセルの値と消費税の0.08を掛けましたが、関数と計算式はフィールドコードの中で組み合わせて使えます。例えば、「{=SUM(ABOVE)*0.08}」という計算式を使えば、合計値に対する8%の数字を一度に算出できます。ただし、「=SUM(ABOVE)」は、上のセルの値をすべて合計するので、[小計]の項目が計算式を入力したセルの上に含まれていると、正しい計算結果になりません。[小計]の行を削除して計算式を入力してください。

⚠ 間違った場合は？

[計算式]ダイアログボックスに間違った計算式を入力してしまったときは、[!構文エラー:]と表示されます。そのときは、クイックアクセスツールバーの[元に戻す]ボタン()で取り消して、正しい計算式を挿入し直してください。

Point

座標の考え方や計算式の設定はExcelと同じ

Wordの表を使った計算式の設定や関数の働きは、基本的にはExcelと同じです。セルの座標は、左上を「A1」として、列（ABCD～）と行（1234～）の組み合わせを計算式で利用します。関数の種類はExcelほど多くはありませんが、四則演算のほか、合計を求めるSUM（サム）、平均のAVERAGE（アベレージ）、最大のMAX（マックス）や最小のMIN（ミニマム）などが利用できます。また、計算の対象にするセルの座標をすべて入力しなくても、「ABOVE」や「LEFT」といった関数を使えば、上すべてや左すべてのセルをまとめて指定できます。

この章のまとめ

●罫線と表の挿入を使い分ける

表を作成するには、ドラッグして罫線を引く方法と、列数や行数を指定して挿入する方法の2つがあります。行数や列数が多い表を作るときには、［挿入］タブの［表］ボタンから表の挿入を実行し、後から罫線の機能を使って線の種類や色を変えていくと、少ない手間で実用的な表を作成できます。また、Wordの表は、行の高さや列の幅を自由に調整できるだけでなく、追加や削除も簡単です。

そのため、はじめから行数と列数を厳密に考えておく必要はありません。表を作っていく途中で、その都度行数や列数を修正していけばいいのです。さらにWordでは、セルに入力されている数値を利用して合計などを計算できます。作成する書類や表の内容によっては、レッスン㊷のテクニックで紹介した方法で、表のデザインをまとめて変更してもいいでしょう。

表の挿入と編集

ドラッグして罫線を引く方法とボタンで表を挿入して行や列を追加する方法があるので、内容や用途によって機能を使い分ける。罫線を削除したり、太さや種類を変更したりすることで表にメリハリを付けよう

練習問題

1

右のような表を作成してみましょう。

●ヒント：セルを結合させるには、［表ツール］の［レイアウト］タブにある［セルの結合］ボタンを使います。

2

練習問題1で作成した表の列の幅を変更してみましょう。ここではルーラーを表示して中央の罫線を［4］と［6］の間にドラッグします。同様に右端の罫線を［24］と［26］の間にドラッグしてください。

●ヒント：列の幅は、罫線をドラッグして変更できます。

答えは次のページ

解 答

1

1 [挿入]タブをクリック
2 [表]をクリック
3 縦に6マス、横に2マスの位置をクリック

複数のセルを1つに結合するには、結合するセルをドラッグして選択してから[セルの結合]ボタンをクリックします。

4 文字を入力
5 結合するセルをドラッグ
6 [表ツール]の[レイアウト]タブをクリック
7 [セルの結合]をクリック

2

ドラッグの目安を確認するために、ルーラーを表示する

1 [表示]タブをクリック
2 [ルーラー]をクリックしてチェックマークを付ける

ルーラーが表示された

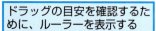

3 ここにマウスポインターを合わせる
4 [4]と[6]の間までドラッグ
変更後の列の幅が点線で表示される

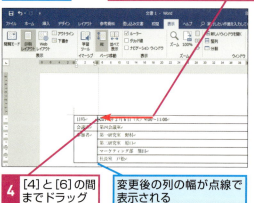

列の幅を変更するには、罫線をドラッグします。表の右端の罫線を左側にドラッグすると、表全体の幅が狭くなります。

1列目の列の幅が狭くなった
2列目の列の幅が広くなった
5 ここにマウスポインターを合わせる
6 [24]と[26]の間までドラッグ
変更後の列の幅が点線で表示される

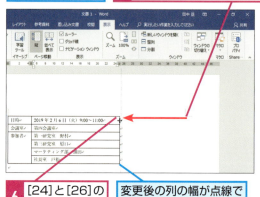

第5章 表を使った文書を作成する

第6章 年賀状を素早く作成する

この章では、Wordで年賀状を作成します。用紙サイズの変更やワードアート、テキストボックスの機能を利用すれば、自分の思い通りに文面をレイアウトできます。また、ウィザードという設定機能を使って、あて名を印刷する方法も紹介します。

●この章の内容

- ㊺ はがきに印刷する文書を作ろう……………………………156
- ㊻ はがきサイズの文書を作るには……………………………158
- ㊼ カラフルなデザインの文字を挿入するには………………160
- ㊽ 縦書きの文字を自由に配置するには………………………164
- ㊾ 写真を挿入するには…………………………………………168
- ㊿ 写真の一部を切り取るには…………………………………172
- 51 はがきのあて名を作成するには……………………………176

レッスン 45

はがきに印刷する文書を作ろう

はがき印刷

A4サイズの文書以外にも、はがきなどのいろいろな用紙サイズの文書を作成できます。また、[はがき宛名面印刷ウィザード]で、あて名のレイアウトを設定できます。

はがき文面の作成

はがきの文面を作るには、まず用紙サイズを[はがき]に設定します。このとき、ワードアートやテキストボックスを使うと、自由な位置に文字を配置できて便利です。また、デジタルカメラで撮影した写真を挿入してオリジナリティーのある年賀状を作ってみましょう。

▶ キーワード	
ウィザード	p.301
テキストボックス	p.305
はがき宛名面印刷ウィザード	p.306
フォント	p.307
ワードアート	p.309

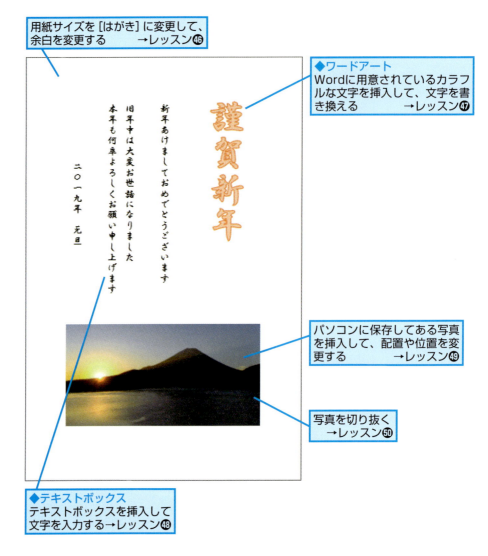

用紙サイズを[はがき]に変更して、余白を変更する　→レッスン㊻

◆ワードアート
Wordに用意されているカラフルな文字を挿入して、文字を書き換える　→レッスン㊼

パソコンに保存してある写真を挿入して、配置や位置を変更する　→レッスン㊾

写真を切り抜く
→レッスン㊿

◆テキストボックス
テキストボックスを挿入して文字を入力する→レッスン㊽

はがきあて名面の作成

[はがき宛名面印刷ウィザード]を使うと、官製はがきや年賀はがきなどに、郵便番号も含めて、きちんと住所を印刷できる文書を作成できます。

> **HINT!**
> ### 「ウィザード」って何？
> 「ウィザード」とは、画面に表示された選択肢を手順にしたがって選ぶだけで、複雑な設定などを簡単に行ってくれる機能です。[はがき宛名面印刷ウィザード]では、はがきの種類やフォントの種類、差出人の情報などを入力するだけで、あて名面の基盤となるものを作成できます。

◆はがき宛名面印刷ウィザード

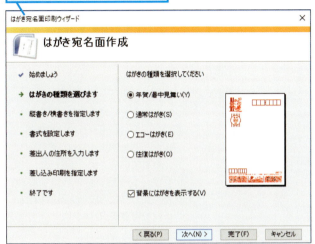

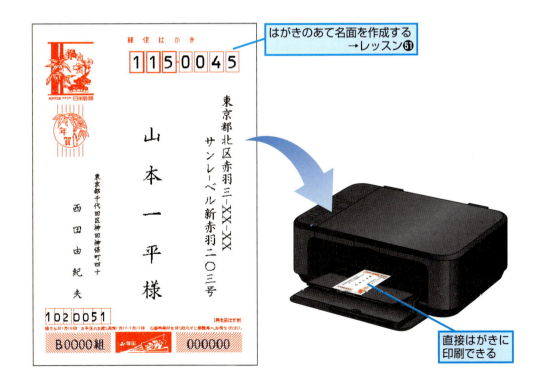

はがきのあて名面を作成する
→レッスン�

直接はがきに印刷できる

レッスン 46 はがきサイズの文書を作るには

サイズ、余白

はがきの文面を作るときは、Wordのページ設定で、用紙サイズを指定します。「はがき」や「A6サイズ」を指定すると、編集画面の大きさが変わります。

① 用紙サイズを変更する

用紙をはがきの大きさに変更する

1. [レイアウト]タブをクリック
2. [サイズ]をクリック
3. ここを下にドラッグしてスクロール
4. [はがき]をクリック

注意 [サイズ]ボタンの一覧に表示される用紙サイズは、使っているプリンターの種類によって異なります

キーワード

ダイアログボックス	p.304
プリンター	p.308
余白	p.309

HINT! 用意されている余白も選べる

余白は[余白]ボタンの一覧からも設定ができます。通常は[標準]に設定されていますが、手順2で、[狭い]や[やや狭い]を選択すると、文字や画像などを印刷する領域を簡単に変更できます。

HINT! 余白をマウスで設定するには

余白の数字をマウスで変更するには、手順3で[上][下][左][右]のボックスの右側にある ▼ をクリックします。クリックするごとに数字が1つずつ減ります。

手順3の画面を表示しておく

ここをクリックすると数字が1ずつ増える

ここをクリックすると数字が1ずつ減る

② [ページ設定]ダイアログボックスを表示する

用紙をはがきの大きさに変更できた

余白を小さくする

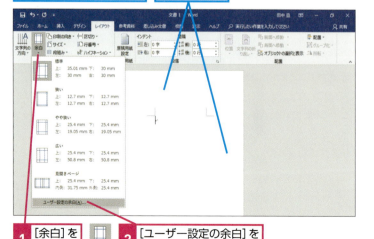

1. [余白]をクリック
2. [ユーザー設定の余白]をクリック

⚠ 間違った場合は？

余白に入力する数字を間違えたときは、[Back space]キーを押して削除し、入力し直してください。

③ 余白のサイズを変更する

[ページ設定]ダイアログボックスが表示された

1 [上][下][左][右]に「15」と入力

ここではどのプリンターでも印刷できるように、余白を15ミリに設定する

2 [OK]をクリック

④ 余白が変更された

余白が小さくなった

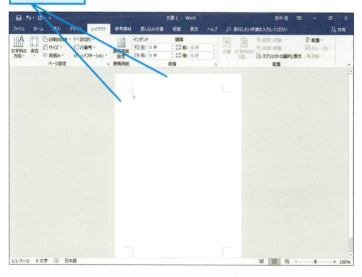

HINT!
余白のエラーメッセージが表示されたときは

「余白が印刷できない領域に設定されています。」というメッセージが表示されたら、[修正]ボタンをクリックして余白を修正してください。

HINT!
フチなし印刷を実行するには

「フチなし印刷」ができるプリンターの場合は、付属の取扱説明書を参照して、あらかじめフチなし印刷の設定を選んでおくと、はがきの端から端まで印刷できます。また、プリンターでフチなし印刷を設定すると、[ページ設定]ダイアログボックスの設定が無効になる場合があります。

HINT!
ページ全体を表示するには

[表示]タブにある[1ページ]ボタンをクリックすると、1ページを画面いっぱいに表示できます。ページ全体のレイアウトを画面で確かめながら編集作業を行うときに便利です。

Point
余白を小さくすれば文面が広くなる

[ページ設定]ダイアログボックスで指定する余白のサイズは、文書の四隅にある「印刷しない部分」の大きさを表します。通常のページ設定では、余白が大きめに設定されています。はがきのように小さめの紙を有効に使うには、余白を小さくして、文面を広くした方がいいでしょう。また、設定できる余白の数字は、利用するプリンターによって異なります。一般的には、5～10ミリが最小ですが、プリンターによっては0ミリに指定できます。プリンターの取扱説明書で余白を何ミリまで小さくできるかを調べておきましょう。

レッスン 47

カラフルなデザインの文字を挿入するには

ワードアート

「ワードアート」を使うと、標準の装飾とは違う、カラフルで凝ったデザインの文字を入力できます。ワードアートを使って、題字を入力してみましょう。

① ワードアートのデザインを選択する

デザインを選んで、ワードアートを挿入する

1. [挿入] タブをクリック
2. [ワードアートの挿入] をクリック

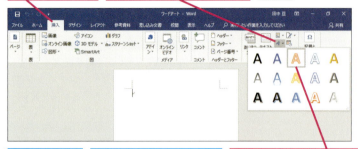

[ワードアート] の一覧が表示された

ここでは [塗りつぶし: オレンジ、アクセントカラー2; 輪郭: オレンジ、アクセントカラー2] を選択する

3. [塗りつぶし: オレンジ、アクセントカラー2; 輪郭: オレンジ、アクセントカラー2] をクリック

▶キーワード

| フォント | p.307 |
| ワードアート | p.309 |

📄 **レッスンで使う練習用ファイル**
ワードアート.docx

HINT!
後からワードアートのデザインを変更するには

一度挿入したワードアートのデザインを後から変えるには、まず、ワードアートの文字をドラッグしてすべて選択します。次に、[描画ツール] の [書式] タブにある [クイックスタイル] ボタンをクリックしてワードアートのデザインを選び直します。なお、利用しているパソコンの解像度が高いときは [クイックスタイル] ボタンの代わりに [ワードアートスタイル] の [その他] ボタン(▼)をクリックしてワードアートのデザインを選び直してください。

1. ワードアートの文字を選択
2. [描画ツール] の [書式] タブをクリック

3. [クイックスタイル] をクリック
4. 好みのデザインをクリック

② ワードアートの文字を書き換える

ワードアートが挿入された

文字が選択された状態で内容を書き換える

1. 「謹賀新年」と入力

⚠️ **間違った場合は？**

手順2で入力する文字を間違えたときは、[Back space]キーを押して削除し、正しい文字を入力し直しましょう。

③ ワードアートを縦書きに変更する

ワードアートの文字を縦書きに変更する

①[描画ツール]の[書式]タブをクリック

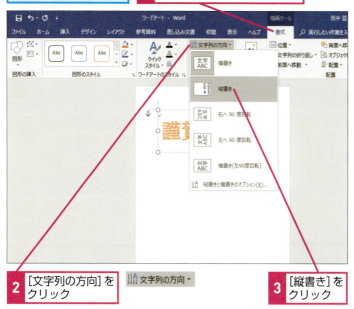

②[文字列の方向]をクリック

③[縦書き]をクリック

④[フォント]の一覧を表示する

ワードアートが縦書きになった

ワードアートの文字をすべて選択して、フォントを変更する

①文字をドラッグして選択
②[ホーム]タブをクリック
③[フォント]のここをクリック

点線で表示されているワードアートの枠線をクリックしても、ワードアートの文字をすべて選択できる

HINT! 後から文字を修正するには

ワードアートで入力した文字を修正したいときには、ワードアートの枠内をクリックして、カーソルを表示します。通常の文字と同じように、文字の変更や削除・追加ができます。

HINT! ワードアートの文字も斜体や下線などの装飾ができる

ワードアートで入力した文字は、通常の文字と同じく、フォントの種類やフォントサイズの変更、斜体や下線などの装飾も可能です。フォントの種類を変えると、ワードアートの見ためが大きく変わるので、いろいろなフォントを試してみるといいでしょう。

HINT! 入力済みの文字をワードアートに変更するには

以下の手順で操作すれば、編集画面に入力した文字をワードアートに変更できます。ただし、ワードアートにした文字は、編集画面から削除されて、テキストボックス内の文字になります。

①文字をドラッグして選択

②[挿入]タブをクリック
③[ワードアートの挿入]をクリック

④好みのデザインをクリック

文字がワードアートに変わる

次のページに続く

⑤ フォントを選択する

フォントの一覧が表示された

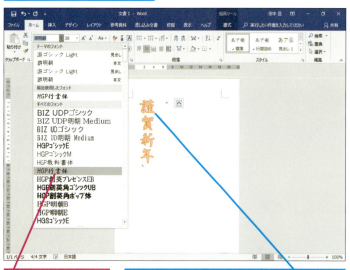

1 [HGP行書体]をクリック

フォントにマウスポインターを合わせると、一時的に文字の種類が変わり、設定後の状態を確認できる

HINT!
ワードアートのフォントサイズも変更できる

ワードアートのフォントサイズは、通常の文字と同じように変更できます。フォントサイズを変更する文字をドラッグして選択し、[ホーム] タブにある [フォントサイズ] で変更します。

文字をドラッグして選択しておく

1 [フォントサイズ]のここをクリック

2 フォントサイズを選択

テクニック 内容や雰囲気に応じて文字を装飾しよう

ワードアートとしてテキストボックスの中に入力された文字は、[描画ツール] の [書式] タブにある [文字の効果] ボタンを使って、影や反射、光彩、ぼかしなど、多彩な装飾を設定できます。ワードアートの挿入後にさまざまな効果を試してみましょう。

2 [描画ツール]の[書式]タブをクリック

1 文字をドラッグして選択

点線で表示されているワードアートの枠線をクリックしても、ワードアートの文字をすべて選択できる

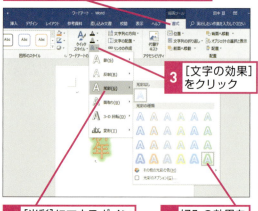

3 [文字の効果]をクリック

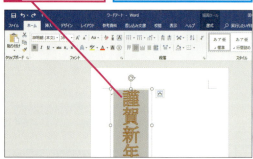

4 [光彩]にマウスポインターを合わせる

5 好みの効果をクリック

効果にマウスポインターを合わせると、一時的に書式が変わり、設定後の状態を確認できる

6 ワードアートを移動する

ワードアートのフォントが変更された

ワードアートを移動する

1 テキストボックスの枠線にマウスポインターを合わせる

マウスポインターの形が変わった

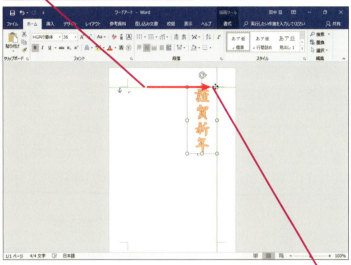

2 ここまでドラッグ

7 ワードアートが移動した

ワードアートを好みの位置に移動できた

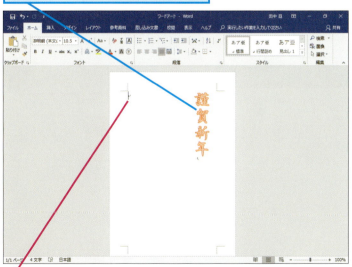

1 ここをクリック　　ワードアートの選択が解除された

HINT!
ガイドを利用して配置を変更できる

ワードアートなどのオブジェクトをマウスでドラッグすると、ガイドが表示されます。ガイドを目安にして、ほかのオブジェクトと位置をそろえたり、水平や垂直位置のバランスを整えたりすることができます。

ワードアートなどのオブジェクトをドラッグすると、黄緑色のガイドが表示される

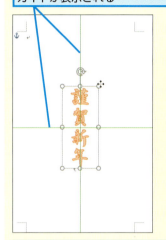

ページの中央にワードアートをドラッグすると、ガイドが十字に表示される

Point
ワードアートで文字をデザインする

ワードアートを使えば、立体感のあるカラフルな文字を入力できます。ワードアートを活用して、年賀状の題字のほか、ロゴやチラシのタイトル、見出しやマークなどを作ってみましょう。Wordに用意されているワードアートの数はそれほど多くありませんが、フォントや書式、効果を変えることで、さまざまな印象の文字にできます。

レッスン 48 縦書きの文字を自由に配置するには

縦書きテキストボックス

縦書きテキストボックスを使うと、文書全体を縦書きに設定しなくても、縦書きの文章を挿入できます。縦書きテキストボックスを使って、文面を入力してみましょう。

キーワード

オブジェクト	p.301
縦書きテキストボックス	p.305
テキストボックス	p.305
ハンドル	p.307
フォント	p.307

レッスンで使う練習用ファイル
縦書きテキストボックス.docx

ショートカットキー

Ctrl + A ………… すべて選択
Ctrl + E ………… 上下中央揃え

HINT!
テキストボックスを移動するには

まずテキストボックスを選択し、それから点線で表示されているテキストボックスの枠線をクリックして、テキストボックス全体を選択します。テキストボックスの枠線が直線で表示されている状態で枠線をクリックして、そのままドラッグしてください。

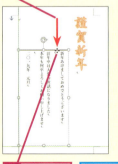

1 枠線にマウスポインターを合わせる
2 ここまでドラッグ / テキストボックスが移動する

① テキストボックスの種類を選択する

1 [挿入]タブをクリック
2 [テキストボックス]をクリック

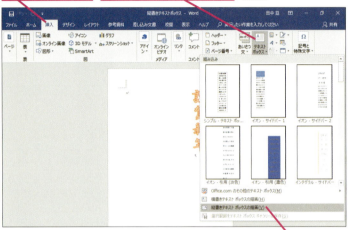

3 [縦書きテキストボックスの描画]をクリック

② テキストボックスの大きさを指定する

1 ここにマウスポインターを合わせる
マウスポインターの形が変わった

2 ここまでドラッグ
ドラッグすると、テキストボックスのサイズが灰色の枠線で表示される

③ 文字を入力する

縦書きのテキストボックスが作成された

1 テキストボックスに以下の文字を入力

```
新年あけましておめでとうございます↵
↵
旧年中は大変お世話になりました↵
本年も何卒よろしくお願い申し上げます↵
↵
二〇一九年　元旦
```

テキストボックスが小さ過ぎて文字が入りきらないときは、ハンドルをドラッグしてサイズを変更する

④ フォントを変更する

文字を入力できた

1 入力した文字をドラッグして選択

テキストボックス内にカーソルがあれば、[Ctrl]+[A]キーを押してもいい

2 レッスン㉔を参考に[フォント]を[HGS行書体]に変更

HINT!
テキストボックスのサイズをドラッグで変更するには

ハンドル（○）をドラッグして、テキストボックスを大きくすると、その分文字を多く入力できます。

1 ハンドルにマウスポインターを合わせる

2 ここまでドラッグ

⚠ 間違った場合は？

手順1で［縦書きテキストボックス］以外の図形やテキストボックスを挿入してしまったときは、クイックアクセスツールバーの［元に戻す］ボタン（↶）をクリックして挿入を取り消すか、オブジェクトをクリックし、[Delete]キーを押して削除します。その上で、手順1から操作をやり直しましょう。

次のページに続く

5 文字の配置を変更する

ここでは、「二〇一九年　元旦」の文字をテキストボックスの上下中央に配置する

配置を変更する行にカーソルを移動する

1 ここをクリックしてカーソルを表示

2 [ホーム]タブをクリック　**3** [上下中央揃え]をクリック

6 テキストボックスを選択する

「二〇一九年　元旦」の文字がテキストボックスの上下中央に配置された

1 テキストボックスの枠線にマウスポインターを合わせる

マウスポインターの形が変わった

2 そのままクリック

HINT!
テキストボックスの中でも文字の配置を変更できる

テキストボックスの中は、小さな編集画面と同じです。そのため、目的の行をクリックしてカーソルを移動すれば、文字の配置を変更できます。レッスン㉑で解説したように、文字の配置は「改行の段落記号（↵）を含む1つの段落」に対して設定されることを覚えておきましょう。また、手順5では縦書きの状態で配置を変更しますが、縦書きの文字の場合は［ホーム］タブの［中央揃え］ボタンが自動で［上下中央揃え］ボタンに変わります。

HINT!
テキストボックスの枠線の状態を確認しよう

テキストボックスの枠線は、文字の入力中とそうでないときで表示が変わります。下の2つの画面は、枠線が［線なし］の状態ですが、テキストボックスに文字を入力しているときは、枠線が点線で表示されます。右の画面のように、テキストボックスの枠線をクリックした状態だと、テキストボックス自体が選択され、枠線が直線で表示されます。右の状態で方向キーを押すと、テキストボックスが移動してしまうので気を付けましょう。

文字の入力中は枠線が点線で表示される

枠線をクリックすると、枠線が直線で表示される

7 テキストボックスの枠線を［枠線なし］にする

テキストボックスの枠線に設定されている色を「なし」にする

1 ［描画ツール］の［書式］タブをクリック

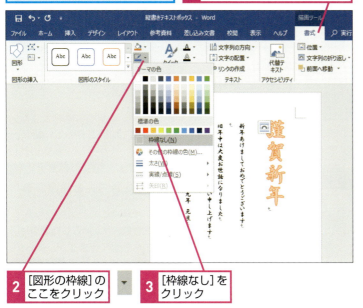

2 ［図形の枠線］のここをクリック

3 ［枠線なし］をクリック

マウスポインターを合わせると設定後の状態が表示される

8 テキストボックスの枠線が［枠線なし］になった

テキストボックスの枠線の色が表示されなくなった

余白部分をクリックして、テキストボックスの選択を解除しておく

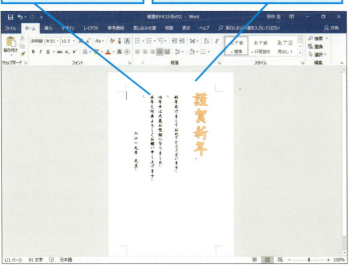

HINT!
テキストボックスに色や効果を設定できる

テキストボックスは、図形のように枠や内部に色を付けたり、テキストボックス全体に影を付けるなどの装飾ができます。

［描画ツール］の［書式］タブにある［図形の塗りつぶし］で色を付けられる

［描画ツール］の［書式］タブにある［図形の効果］で視覚効果を設定できる

間違った場合は？

手順7で［図形の枠線］ボタンの左をクリックしてしまうと、色の一覧が表示されず、図形の枠線が［青、アクセント1］などの色に設定されます。クイックアクセスツールバーの［元に戻す］ボタンをクリックして、操作をやり直しましょう。

Point
テキストボックスで文字を自由に配置できる

テキストボックスは、文字の方向に合わせて縦と横の2種類が用意されています。テキストボックスを使えば、ページの自由な位置に文章を挿入できます。手順7ではテキストボックスの枠線の色を表示しないように［線なし］に設定して自然な文章として印刷されるようにしています。

レッスン 49

写真を挿入するには

画像、前面

デジタルカメラの写真やスキャナーで取り込んだ画像を文書に挿入できます。ここでは、自由な位置に写真を移動できるように配置方法を［前面］に設定します。

1 ［図の挿入］ダイアログボックスを表示する

ここでは、本書の練習用ファイルを利用する

画像を挿入する位置をクリックして、カーソルを表示しておく

キーワード	
オンライン画像	p.301
文字列の折り返し	p.308

 レッスンで使う練習用ファイル
画像、前面.docx/Photo_001.jpg

1 ［挿入］タブをクリック
2 ［画像］をクリック

HINT!
挿入場所をきちんと指定する

画像ファイルは、カーソルのある位置に挿入されます。挿入した画像は、後で自由に移動できますが、あらかじめ画像を表示したい場所が決まっているならば、事前にクリックしてカーソルを表示しておきましょう。

HINT!
あらかじめ特定のフォルダーに写真を保存しておこう

このレッスンでは、練習用ファイルの写真を使いますが、実際に自分で撮影したオリジナルの写真を使うときには、あらかじめどこかのフォルダーに整理しておくと便利です。通常は、［ピクチャ］フォルダーに画像ファイルをまとめておくと、後から探しやすいでしょう。画像ファイルの数が多いときは、［ピクチャ］フォルダーの中に新しいフォルダーを作って、目的に合わせて分類しておくと、さらに整理が楽になります。

2 画像が保存されたフォルダーを選択する

［図の挿入］ダイアログボックスが表示された

1 ［ドキュメント］をクリック

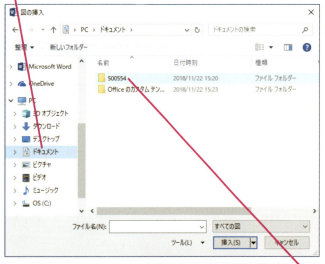

2 ［500554］をダブルクリック

⚠ 間違った場合は？

手順1で［オンライン画像］ボタンをクリックしてしまったときは、インターネットにある画像を検索できる［画像の挿入］の画面が表示されます。［閉じる］ボタンをクリックして操作をやり直しましょう。

③ フォルダー内の画像を表示する

第6章のデータがある[06syo]フォルダーを開く

1 [06syo]をダブルクリック

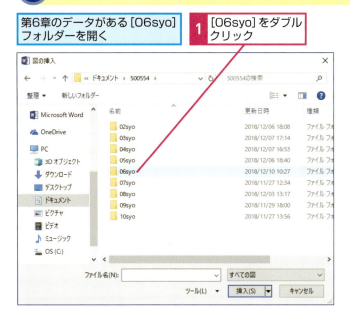

④ 写真を挿入する

1 [Photo_001]をクリック

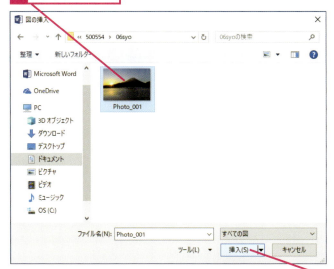

2 [挿入]をクリック

HINT!
サムネイルの表示サイズを変更するには

[図の挿入]ダイアログボックスに表示される写真の縮小画像（サムネイル）は、[その他のオプション]ボタン（▼）をクリックして、スライダーをマウスでドラッグすると、大きさを変更できます。サムネイルが小さくて見づらいときには、[大アイコン]や[特大アイコン]などに設定すると確認が楽になります。

[図の挿入]ダイアログボックスを表示しておく

1 [その他のオプション]をクリック

スライダーを上下にドラッグして、サムネイルの大きさを変更できる

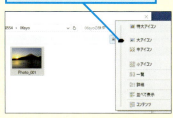

HINT!
写真をプレビューウィンドウに表示するには

[図の挿入]ダイアログボックスで、[プレビューウィンドウを表示します。]ボタン（■）をクリックすると、右側に選んだ画像ファイルのプレビューが表示されます。プレビューで表示されている画像を大きくしたいときは、[図の挿入]ダイアログボックスの右下や右端にマウスポインターを合わせてドラッグし、サイズを大きくしましょう。

次のページに続く

5 写真を選択する

カーソルがあった1行目に写真が配置されたので、テキストボックスやワードアートと重なってしまった

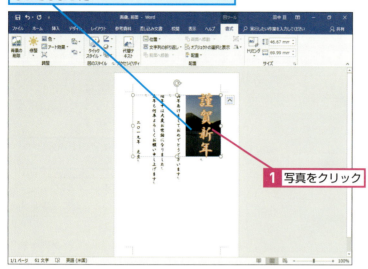

1 写真をクリック

6 写真の配置を変更する

写真を移動できるように文字列の折り返しを[行内]から[前面]に変更する

1 [図ツール]の[書式]タブをクリック

2 [文字列の折り返し]をクリック

3 [前面]をクリック

項目にマウスポインターを合わせると、一時的に配置方法が変わり、設定後の状態を確認できる

HINT!
挿入直後の写真は自由に移動できない

写真を挿入するとカーソルの位置に配置されます。Wordでは挿入直後の位置が行単位（[行内]）になります。この配置をWordでは「文字列の折り返し」と呼びます。このレッスンでは、写真を自由に移動できるようにしたいので、手順6で配置を[行内]から変更します。

HINT!
インターネット上にある画像も挿入できる

[挿入]タブの[オンライン画像]ボタンをクリックすると、インターネット上にある画像のカテゴリが表示されます。カテゴリをクリックすると、サムネイルが表示されます。サムネイルを選択して[挿入]ボタンをクリックすると画像が挿入されます。

テキストボックスにキーワードを入力してインターネット上にある画像を検索できる

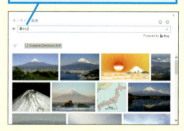

⚠️ **間違った場合は？**

手順6で[前面]以外をクリックしたときは、クイックアクセスツールバーの[元に戻す]ボタン（）をクリックして取り消し、操作をやり直します。

テクニック 写真と文字の配置方法を覚えておこう

文書に画像を挿入すると、周りの文字が画像に重ならないような状態で表示されます。画像の挿入直後に適用されるこの配置方法は、画像全体を1つの大きな文字のようにレイアウトする［行内］という設定です。また、Wordで文字と画像の配置方法を変える機能が［文字列の折り返し］で、［行内］のほか右の表の項目が用意されています。大きな画像を挿入して、行間が開きすぎてしまうと、文章が読みにくくなるので、文字列の折り返しを［行内］以外に設定して、画像と文字の配置方法を変更しておきましょう。

それぞれの項目の設定内容がイメージできないときは、［図ツール］の［書式］タブにある［文字列の折り返し］ボタンをクリックして表示される項目にマウスポインターを合わせてみてください。画像に対し、文字がどのように折り返されるのかがリアルタイムプレビューで表示されます。

●［文字列の折り返し］の項目と設定内容

項目	設定内容
四角	画像の四方を囲むように文字が折り返される
狭く	画像の形に合わせて文字が折り返される
内部	画像と文字が重なって表示される。画像が小さいときは、文字が重ならずに四角く折り返されることもある
上下	画像の上下に文字が表示される。［行内］と違い、画像と文字が同じ行に表示されることはない
背面	文字の背面に画像が重ねて表示される。画像は文字の背後に表示されるので、文字が隠れずに読める
前面	文字の前面に画像が表示される。画像が文字を隠すので、背後の文字が読めなくなるが画像を自由な位置に移動できる

7 写真を移動する

配置が変更され、写真が移動できるようになった

1 写真にマウスポインターを合わせる

マウスポインターの形が変わった

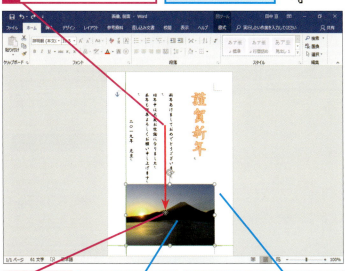

2 ここまでドラッグ

思い通りの位置に写真を移動できた

余白部分をクリックして写真の選択を解除しておく

HINT!
写真の大きさをドラッグで変更するには

ハンドル（○）にマウスポインターを合わせてドラッグすると、写真の大きさを変更できます。

四隅のハンドルをドラッグすると、縦横比を保ったまま写真の大きさを変更できる

Point
オリジナルの写真で楽しいはがきを作ろう

画像を［前面］に配置すると、自由な位置に移動できるようになります。複数の画像を文書に挿入するときは、いったんすべて［前面］に設定し、大きさを変更すると便利です。重なり方を変えたいときは、画像をクリックで選択して［図ツール］の［書式］タブにある［背面へ移動］ボタンや［前面へ移動］ボタンで、上下に変更します。

レッスン 50 写真の一部を切り取るには

トリミング

「文書に挿入した写真の一部分だけを使いたい」というときは、[トリミング]ボタンを使いましょう。ハンドルをドラッグして写真の表示範囲を変更できます。

1 トリミングのハンドルを表示する

写真の上下の不要な部分を切り取る

1. 写真をクリックして選択
2. [図ツール]の[書式]タブをクリック
3. [トリミング]をクリック

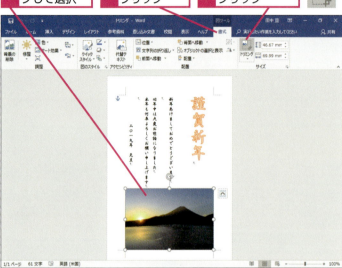

2 写真の切り取り範囲を確認する

ハンドルの形が変わった

1. 切り取り範囲を確認

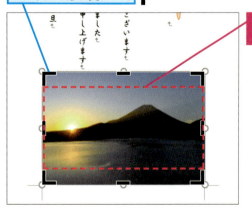

動画で見る
詳細は3ページへ

キーワード
トリミング	p.306
ハンドル	p.307

レッスンで使う練習用ファイル
トリミング.docx

HINT!
図形で写真を切り取るには

以下の手順で操作すれば、図形で写真を切り取れます。写真の表示位置を変えるには[トリミング]ボタンの上部をクリックし、写真をドラッグしましょう。トリミングのハンドルをドラッグすれば、図形の大きさを変更できます。

写真を選択しておく

1. [トリミング]をクリック

2. [図形に合わせてトリミング]にマウスポインターを合わせる

3. 好みの図形をクリック

図形で写真がトリミングされた

③ 切り取り範囲を指定する

1 ハンドルにマウスポインターを合わせる

マウスポインターの形が変わった

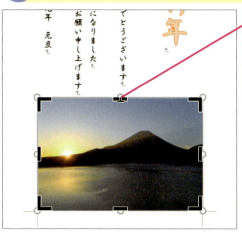

2 ここまでドラッグ

切り取られて非表示になる範囲は、黒く表示される

④ 写真の下部を切り取る

写真の一部が切り取られた

1 手順3を参考にして、写真の下部を切り取る

トリミングのハンドルが表示されているときに写真をドラッグすると、表示位置を変更できる

HINT!
写真の効果を変更するには

［図ツール］の［書式］タブにある［アート効果］ボタンで写真の効果を選択できます。効果にマウスポインターを合わせると、設定後の効果が一時的に編集画面の写真に表示されます。写真に合わせて効果を設定してみましょう。

1 写真をクリックして選択

2 ［図ツール］の［書式］タブをクリック

3 ［アート効果］をクリック

一覧から効果を選択できる

 間違った場合は？

手順1で［表示］タブをクリックしてしまうと［トリミング］ボタンが表示されません。再度［図ツール］の［書式］タブをクリックしてください。

次のページに続く

❺ 切り取り範囲を確定する

切り取りの操作を終了し、切り取り範囲を確定する

1 [トリミング]をクリック

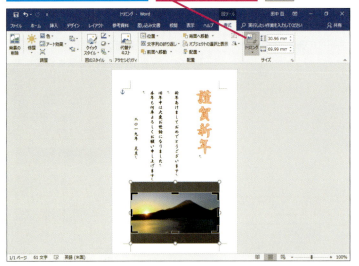

❻ 写真の位置を調整する

写真の一部が切り取られた

1 写真をドラッグして位置を調整

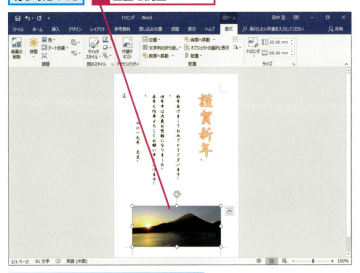

必要に応じて、自分の住所や連絡先をテキストボックスで入力しておく

HINT!

後からでも切り取り範囲を変更できる

写真のトリミングを解除するとハンドルの形が○に戻り、マウスのドラッグ操作でサイズを調整できるようになります。なお、切り取りを実行しても表示されないだけで、写真のデータがなくなったわけではありません。[図ツール]の[書式]タブにある[トリミング]ボタンをクリックしてハンドルをドラッグし直せば、切り取り範囲を設定し直せます。

1 画像をクリック

2 [図ツール]の[書式]タブをクリック

3 [トリミング]をクリック

ハンドルをドラッグして写真の切り取り範囲を設定し直せる

Point

写真を切り取って必要な部分だけを使う

トリミングは、写真の不要な部分を表示しないようにする機能です。トリミングを利用すれば、写真に写り込んだ余計な被写体を隠して、写真の内容やテーマを強調できます。[トリミング]ボタンをクリックすれば、何度でも切り取り範囲を変更できるので、納得のいく仕上がりになるように切り取りを行いましょう。

テクニック 写真の背景だけを削除できる

写真の背景を削除するには、［背景の削除］の機能を利用しましょう。写真の選択後に［背景の削除］ボタンをクリックすると、削除領域と判断された部分が紫色で表示されます。希望する通りに削除したい領域が紫色に選択されなかったときは、［削除する領域としてマーク］ボタンをクリックして、ペンのアイコンで削除したい領域をドラッグして選択します。反対に、残したい背景があるときは、［保持する領域としてマーク］ボタンをクリックして、保持したい領域をドラッグします。削除する領域と保持する領域がうまく指定できないときは、ズームスライダーを利用して画面の表示を拡大しましょう。しかし、背景が複雑な写真や被写体が小さ過ぎる写真、被写体と背景の輪郭がはっきりしない写真の場合は、きれいに背景を削除できません。できるだけ背景が同じ色で、複雑でない写真で試してみるといいでしょう。

1 ［背景の削除］タブを表示する

写真を選択して、表示倍率を変更しておく

1 ［図ツール］の［書式］タブをクリック

2 ［背景の削除］をクリック

2 背景が削除された

［背景の削除］タブが表示された

写真の内容が自動的に判断され、削除する領域が紫色で表示された

3 削除する領域を指定する

削除する領域を指定する

1 ［削除する領域としてマーク］をクリック

マウスポインターの形が変わった

2 写真をクリックして削除する領域を選択

必要な領域が削除対象になっているときは、［保持する領域としてマーク］を選択して、残す領域をクリックする

4 選択した領域を削除する

1 ［変更を保持］をクリック

5 背景が削除された

写真の背景が削除された

削除された部分は白で塗りつぶされる

レッスン 51 はがきのあて名を作成するには

はがき宛名面印刷ウィザード

［はがき宛名面印刷ウィザード］を使うと、市販の通常はがきや年賀はがきなどに、あて名や自分の郵便番号と住所を正しい位置で印刷できるようになります。

1 ［はがき宛名面印刷ウィザード］を表示する

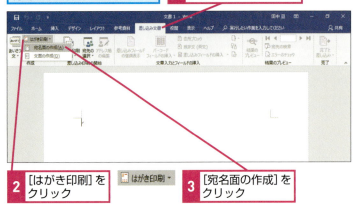

ここでは、練習用ファイルを利用せずに操作を進める

1 ［差し込み文書］タブをクリック
2 ［はがき印刷］をクリック
3 ［宛名面の作成］をクリック

2 ［はがき宛名面印刷ウィザード］が表示された

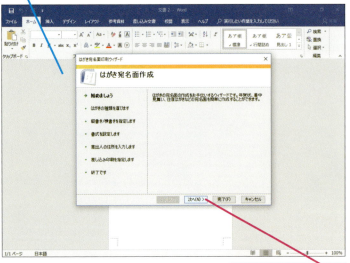

新しい文書が開いた

［はがき宛名面印刷ウィザード］の指示にしたがって、あて名面を作成していく

1 ［次へ］をクリック

キーワード

ウィザード	p.301
カーソル	p.301
改行	p.301
ダイアログボックス	p.304
テキストボックス	p.305
はがき宛名面印刷ウィザード	p.306
フォント	p.307

HINT!
カーソルを表示してから操作する

［はがき印刷］ボタンは、カーソルが編集画面にあるときに利用できます。テキストボックスなどが選択されているときは、［はがき印刷］ボタンを選択できません。余白部分などをクリックしてから操作を進めましょう。

HINT!
はがきのあて名は新しい文書に作られる

手順1の操作を行うと、新しい文書が自動的に作成されます。［はがき宛名面印刷ウィザード］で作成したはがきのあて名面は、このレッスンの完了後に保存しておきましょう。

3 はがきの種類を選択する

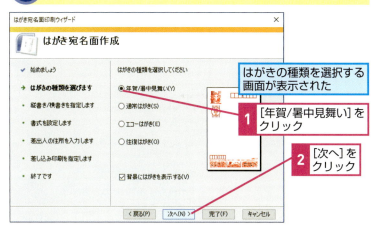

4 あて名面の文字の向きを選択する

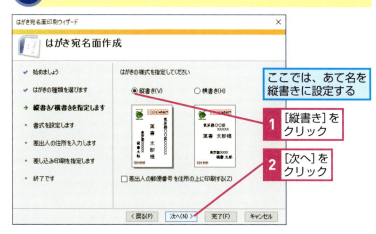

5 あて名面の文字のフォントを選択する

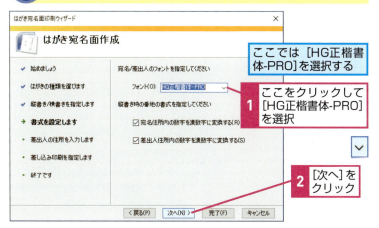

HINT!
印刷できるはがきの種類

[はがき宛名面印刷ウィザード]で印刷できるはがきの種類は、年賀はがきのほかに、通常はがきや往復はがき、エコーはがきがあります。

年賀状以外のはがきにも印刷できる

HINT!
縦書きのあて名は住所の数字が自動的に漢数字になる

手順4であて名を縦書きにすると、手順6や手順11で入力する住所の数字は、自動的に漢数字に変換されます。このレッスンでは、手順5であて名や差出人で利用するフォントを[HG正楷書体-PRO]に変更して、見栄えのする漢数字になるように調整しています。手順5で[宛名住所内の数字を漢数字に変換する]と[差出人住所内の数字を漢数字に変換する]にチェックマークが付いていないときは、住所内の数字が漢数字に変換されません。

⚠ 間違った場合は？

印刷するはがきの種類を間違えたときは、[戻る]ボタンをクリックして前に戻り、正しい種類を選び直しましょう。

次のページに続く

⑥ 差出人情報を入力する

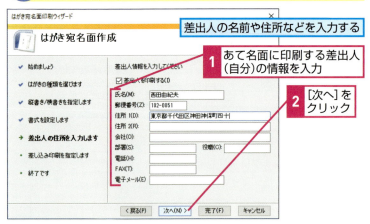

差出人の名前や住所などを入力する

1 あて名面に印刷する差出人（自分）の情報を入力

2 ［次へ］をクリック

⑦ 差し込み印刷機能の使用の有無を指定する

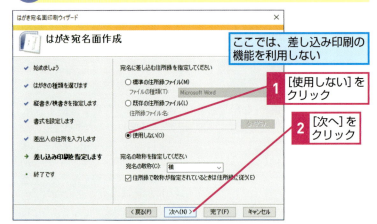

ここでは、差し込み印刷の機能を利用しない

1 ［使用しない］をクリック

2 ［次へ］をクリック

⑧ ［はがき宛名面印刷ウィザード］を終了する

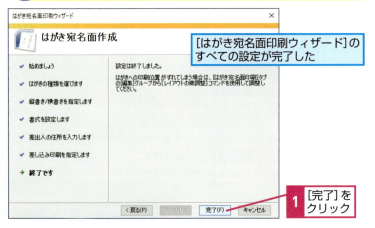

［はがき宛名面印刷ウィザード］のすべての設定が完了した

1 ［完了］をクリック

HINT!

Tabキーを使うとカーソルが次の項目に移動する

手順6では、差出人となる自分の名前や郵便番号、住所などを入力します。このとき、文字の入力後にTabキーを押すとすぐに次の項目にカーソルが移動するので便利です。なお、Shift+Tabキーを押すと前の項目にカーソルが移動します。

HINT!

専用の文書にあて名や住所を入力できる

手順7で［標準の住所録ファイル］を選択して［完了］ボタンをクリックすると、［ドキュメント］フォルダーに［My Data Sources］というフォルダーが作成されます。このとき、手順9のようにはがきのあて名面が表示されますが、文書を保存せずに閉じましょう。
次に［My Data Sources］フォルダーを開いて「Address20」という文書をWordで表示します。［氏名］［連名］［敬称］［会社］［部署］などの項目名が表示された表が表示されたら、2行目から必要な項目を入力します。［郵便番号］列には「102-0051」というように半角の「-」（ハイフン）で数字を区切り、「〒」などの文字を入力しないようにします。文字が見にくいときは、ズームスライダーを利用して画面の表示サイズを大きくしましょう。1件目の入力が終わったら、表の右端にある改行の段落記号（↵）をクリックし、Enterキーを押します。表への入力が完了したら、「Address20」を上書き保存して閉じます。次に176ページの手順1から同様の操作を行い、手順7で［標準の住所録ファイル］を選んで操作を進めます。「Address20」の表に入力したあて名がはがきのあて名面に表示されます。

⑨ 差出人の住所が表示された

- 自動的に新しい文書にあて名面が作成された
- 手順6で入力した差出人の情報が表示された

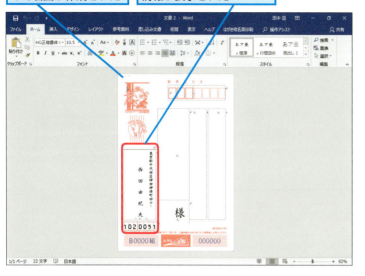

⑩ [宛名住所の入力] ダイアログボックスを表示する

1. [はがき宛名面印刷] タブをクリック

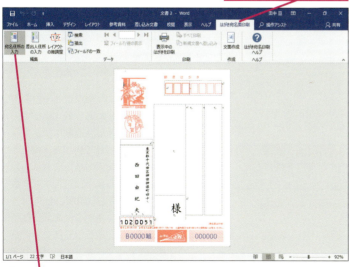

2. [宛名住所の入力]をクリック

HINT!
差出人を連名にするには

差出人の名前を連名にしたいときは、テキストボックスを直接編集します。このレッスンの例では、「西田由紀夫」の文字の下に表示されている改行の段落記号（↵）をクリックし、Enterキーを押して改行します。連名を入力したら、差出人と連名の2行を選択して［ホーム］タブの［均等割り付け］ボタン（▥）をクリックします。2行が選択されている状態で［下揃え］ボタン（▥）をクリックし、差出人と連名にそれぞれ全角の空白を入力して字間を調整しましょう。

連名の入力後に差出人と連名の均等割り付けを解除して、文字を下に配置する

差出人と連名にそれぞれ全角の空白を入力する

HINT!
あて名は編集画面でも修正できる

はがきのあて名は、テキストボックスに入力されているので、文字を直接修正できます。手順11では［宛名住所の入力］ダイアログボックスにあるあて名や住所を入力しますが、手順12の画面でもあて名や住所を修正できます。

次のページに続く

51 はがき宛名面印刷ウィザード

⓫ あて名を入力する

[宛名住所の入力] ダイアログボックスが表示された

1 送付先の名前や住所を入力

2 [OK]をクリック

⓬ 送付先の情報が表示された

あて名を入力できた

手順11で入力した送付先の名前や住所が表示された

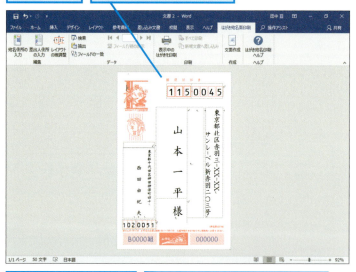

はがきの面と向きに注意しながら、レッスン㉔を参考に印刷する

必要に応じて「年賀状（あて名面）」といった名前を付けて文書を保存しておく

HINT!
はがきをセットする向きに注意しよう

あて名を印刷するときは、プリンターにセットするはがきの面と向きに注意しましょう。間違った面と向きにセットすると、郵便番号やあて名が正しく印刷されません。はがきサイズの用紙で試し刷りをしてから、はがきに印刷するといいでしょう。

プリンターの取扱説明書を参照して、セットする向きを間違えないようにする

はがきサイズの用紙で試し刷りをしてあて名面と文面、郵便番号欄が上か下かをよく確認する

Point
ウィザードを使えば、あて名面が簡単に作れる

[はがき宛名面印刷ウィザード] を使うと、入力したあて名をはがきのイメージで表示し、通常はがきや年賀はがきに合わせて住所を印刷できます。あて名を入力した文書は、通常の文書と同じように、1件ずつ名前を付けて保存し、印刷します。「差し込み印刷」の機能を使えば、住所録を作成して、そこからあて名を選んで、連続して印刷することもできます。その場合は、手順7の画面で[標準の住所録ファイル] を選びます。「標準の住所録ファイル」はWord文書なので、罫線表の編集と同じ要領で住所録を作成できます。

テクニック Excelのブックに作成した住所録を読み込める

Excelで住所録ファイルを作成し、あて名面に表示するには、[はがき宛名面印刷ウィザード]を実行して、178ページの手順7の画面で[標準の住所録ファイル]を選びます。[ファイルの種類]に[Microsoft Excel]を指定して[完了]ボタンをクリックすると、[ドキュメント]フォルダーに[My Data Sources]フォルダーが作成されます。[テーブルの選択]ダイアログボックスが画面に表示されるので、[OK]ボタンをクリックしましょう。いったんあて名面が表示された文書を閉じ、[My Data Sources]フォルダーの[Address20]をExcelで開きます。あて名や住所を入力して保存し、[Address20]のブックを閉じたら、Wordで再度176ページの手順1から操作します。手順7で[標準の住所録ファイル]の[ファイルの種類]に[Microsoft Excel]が選択されていることを確認し、[完了]ボタンをクリックしてください。

1 1回目のウィザードでExcelの住所録ファイルを選択する

手順1～手順6を参考に[はがき宛名面印刷ウィザード]を手順7の画面まで進めておく

1 [標準の住所録ファイル]をクリック
2 ここをクリックして[Microsoft Excel]を選択

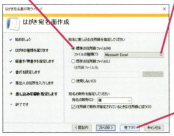

3 [完了]をクリック

2 差し込み印刷に利用するワークシートを指定する

[テーブルの選択]ダイアログボックスが表示された

ここでは特に設定などは行わない

1 [OK]をクリック

3 あて名が作成された文書を閉じる

1 [閉じる]をクリック

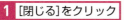
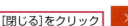

文書の保存を確認するメッセージが表示された

2 [保存しない]をクリック

4 2回目のウィザードでExcelの住所録ファイルを選択する

[My Data Sources]フォルダーにある[Address20]のブックを開き、あて名や住所を入力して上書き保存しておく

Wordを起動し、手順1～手順6を参考に[はがき宛名面印刷ウィザード]を手順7の画面まで進めておく

1 [標準の住所録ファイル]をクリック

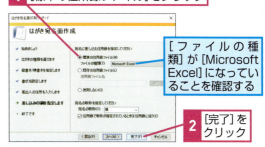

[ファイルの種類]が[Microsoft Excel]になっていることを確認する

2 [完了]をクリック

[テーブルの選択]ダイアログボックスが表示された

3 [OK]をクリック

5 住所録が読み込まれた

[Address20]のブックに入力したあて名や住所があて名の文書に表示された

[次のレコード]や[前のレコード]をクリックすれば、次の住所や前の住所を表示できる

51 はがき宛名面印刷ウィザード

この章のまとめ

●自分だけのオリジナルはがきを作成できる

この章では、年賀状の例を通して、はがきの文面とあて名面を作成する方法を紹介しました。はがきの文面を作るのに一番大切なことは、文字や写真を挿入する前に用紙サイズを[はがき]に設定することです。用紙サイズが[はがき]以外の設定で操作を始めてしまうと、題字やメッセージの文字、写真などを思い通りにレイアウトできなくなってしまうことがあります。ワードアートで書式が設定された文字をすぐに挿入する方法やテキストボックスでページの自由な位置に文字を配置する方法も紹介しましたが、これらの機能ははがきの文面だけでなく、さまざまな文書を作るときに役立ちます。作成する文書に応じてこの章で紹介した機能を活用するといいでしょう。また、Wordを利用すれば、写真の挿入や加工も簡単です。写真の切り取りやサイズ変更などを行い、印象に残る写真に仕上げてみましょう。手書きの年賀状も風情がありますが、Wordを利用すればデザイン性の高いオリジナルのはがきを簡単に作れます。

はがきの作成

ワードアートやテキストボックス、写真の挿入や編集などの機能を使えば、デザイン性の高いオリジナルのはがきを作れる

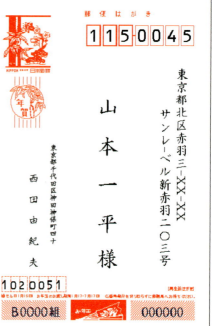

練習問題

1

Wordの起動後に白紙の文書を表示し、[余白] ボタンからはがき用の用紙設定をしてみましょう。

●ヒント：用紙サイズや余白を一度に変えるには、[ページ設定] ダイアログボックスを使います。

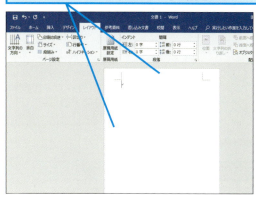

用紙サイズを[はがき]にして、[上]と[下]の余白を[10]、[左]と[右]の余白を[15]に設定する

2

ワードアートを使って、以下のような文字を挿入してください。

●ヒント：ワードアートは [挿入] タブから挿入します。

[塗りつぶし: 白; 輪郭: オレンジ、アクセントカラー 2; 影（ぼかしなし）：オレンジ、アクセントカラー 2] というワードアートを選び、「忘年会」と入力する

答えは次のページ

解答

1

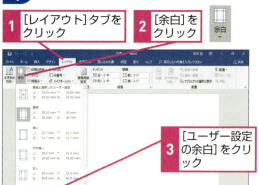

1 [レイアウト]タブをクリック
2 [余白]をクリック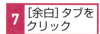
3 [ユーザー設定の余白]をクリック

[ページ設定]ダイアログボックスが表示された

4 [用紙]タブをクリック
5 [用紙サイズ]のここをクリック
6 [はがき]をクリック

用紙サイズや余白を一度で変えるには、[ページ設定]ダイアログボックスを使います。なお、設定できる内容は、利用するプリンターによって異なります。

7 [余白]タブをクリック
8 [上]と[下]に「10」、[左]と[右]に「15」と入力
9 [OK]をクリック

2

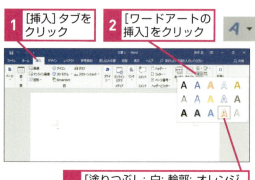

1 [挿入]タブをクリック
2 [ワードアートの挿入]をクリック
3 [塗りつぶし: 白; 輪郭: オレンジ、アクセントカラー 2; 影(ぼかしなし): オレンジ、アクセントカラー 2]をクリック

[挿入]タブの[ワードアートの挿入]ボタンをクリックし、まず好みのデザインを選びましょう。それからワードアートの文字を書き換えます。

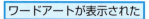

ワードアートが表示された

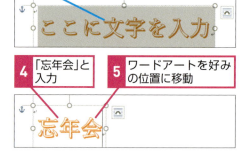

4 「忘年会」と入力
5 ワードアートを好みの位置に移動

第7章

文書のレイアウトを整える

この章では、段組みや点線のリーダー文字、絵柄を利用したページ罫線などの機能を活用してデザイン性が高く、読みやすい文書を作成します。これまでの章で解説してきた機能と組み合わせることで、より装飾性の高い文書を作り出せます。

●この章の内容

52 読みやすい文書を作ろう……186
53 文書を2段組みにするには……188
54 設定済みの書式をコピーして使うには……190
55 文字と文字の間に「……」を入れるには……194
56 ページの余白に文字や図形を入れるには……198
57 ページ全体を罫線で囲むには……202
58 文字を縦書きに変更するには……204

レッスン 52 読みやすい文書を作ろう
段組みの利用

紙面の文字をすっきりと読ませるには、レイアウトやデザインを工夫すると効果的です。読みやすいレイアウトやデザインにするためのポイントを解説していきます。

段組みを利用した文書

Wordには、文書を読みやすくするためのレイアウトやデザインの機能が豊富に用意されています。この章ではメニュー表を作成しますが、1ページにたくさんの文字を収め、項目を見やすくするために文書を2段組みに設定します。通常Wordでは文書が1段組みの状態になっています。2段組みに設定すると印刷できる行数はそのままで段落を分けられます。ただし、1行ごとの文字数は少なくなります。なお、この章では［表示］タブの［1ページ］ボタンをクリックした状態で操作を進めます。

キーワード	
オートコレクト	p.301
罫線	p.303
縦書き	p.305
段組み	p.305
段落	p.305
文書	p.308
ページ罫線	p.308
余白	p.309
リーダー線	p.309

文字が入力されている文書を2段組みに設定する
→レッスン53

1ページに収まる行数のときは、複数ページが1ページに変わる

文書全体に2段組みを設定すると、ページに設定されている行数で段落が2段目に送られる

文書のレイアウトを整える　第7章

文書を見やすくする機能

レッスン㊳以降は文書の見ためをアップさせるためのテクニックも紹介します。下の例のようにメニュー項目の書式を変更し、その書式をほかの文字にコピーします。また、食べ物と値段の間に「……」のリーダー線を挿入して項目の関連がひと目で分かるようにします。余白に店のロゴとなる文字を入力し、罫線でページ全体を縁取ればメニュー表の完成です。さらにレッスン㊳では、文字の方向を変えたメニュー表も作ります。

HINT! 読みやすい文書とは

チラシや貼り紙のような文書は、人目を引くためのさまざまな工夫が凝らされています。特に考えられているのが、文字の読みやすさです。一般的に、新聞や雑誌では1行の長さが10文字から20文字前後になっています。なぜなら、1行の文字数が多いと、目で追いながら読むのが困難になるからです。

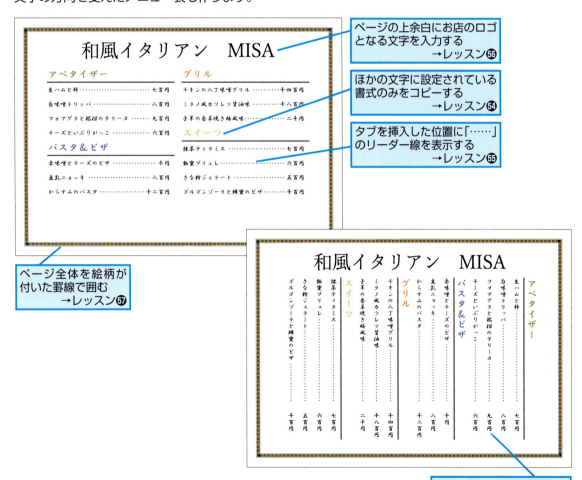

- ページの上余白にお店のロゴとなる文字を入力する →レッスン㊶
- ほかの文字に設定されている書式のみをコピーする →レッスン㊴
- タブを挿入した位置に「……」のリーダー線を表示する →レッスン㊵
- ページ全体を絵柄が付いた罫線で囲む →レッスン㊷
- 文字を横書きから縦書きに変更して、用紙は横向きにする →レッスン㊸

レッスン 53 文書を2段組みにするには

段組み

用紙全体に段組みを設定すると、文字が読みやすくなります。このレッスンでは、レイアウトを2段組みに変更して、読みやすい位置に段区切りを挿入します。

キーワード

オートコレクト	p.301
段組み	p.305
編集記号	p.308

レッスンで使う練習用ファイル
段組み.docx

1 段組みを設定する

レッスン❸を参考に、ズームスライダーの[拡大]をクリックして、表示倍率を[80%]に設定しておく

ここでは文書全体を2段組みに設定する

1. [レイアウト]タブをクリック
2. [段組み]をクリック
3. [2段]をクリック

2 段区切りを挿入する

文書全体が2段組みになった

「グリル」以降のメニューが2段目に配置されるようにする

1. ここをクリックしてカーソルを表示
2. [レイアウト]タブをクリック
3. [区切り]をクリック
4. [段区切り]をクリック

HINT!
文章の途中から段組みを設定するには

段組みにしたい段落だけを選択して、[レイアウト]タブにある[段組み]ボタンをクリックすると部分的な段数を設定できます。

HINT!
段区切りを削除するには

編集記号を表示すると段区切りを Delete キーで削除できます。

1. [ホーム]タブをクリック
2. [編集記号の表示/非表示]をクリック

[段区切り]が表示された

3. [段区切り]をダブルクリック
4. Delete キーを押す

 間違った場合は？

[2段]以外を選んでしまったときは、改めて[2段]を選び直します。

③ 段落罫線を挿入する

| 「グリル」以降のメニューが2段目に配置された | 段落の幅いっぱいに二重線を入力する |

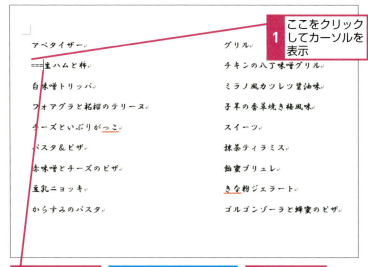

1 ここをクリックしてカーソルを表示
2 半角で「=」を3つ入力
「=」は Shift + ほ キーを押して入力する
3 Enter キーを押す

④ 続けて段落罫線を挿入する

| 段落の幅いっぱいに二重線が入力された | **1** 手順3を参考に「パスタ＆ピザ」と「赤味噌とチーズのピザ」の間に二重線を挿入 |

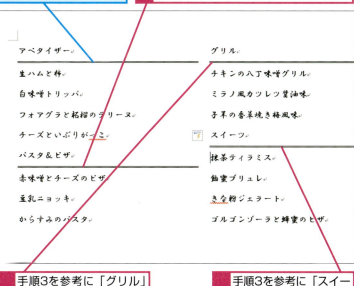

2 手順3を参考に「グリル」と「チキンの八丁味噌グリル」の間に二重線を挿入
3 手順3を参考に「スイーツ」と「抹茶ティラミス」の間に二重線を挿入

HINT!
二重線を引いた後は文頭にボタンが表示される

手順3で二重線を引くと［オートコレクトのオプション］ボタン（）が表示されます。「===」のままにするには［オートコレクトのオプション］ボタン（）をクリックして［元に戻す］を選択します。

HINT!
二重線を削除するには

手順3で挿入した二重線は、レッスン⑭のオートコレクトを利用しています。二重線は Delete キーで削除できないので、以下の手順で削除します。例えば「アペタイザー」の下に挿入した二重線を削除するときは、その行をすべて選択してから操作します。

1 罫線が引かれた段落を選択
2 ［ホーム］タブの［罫線］のここをクリック

3 ［枠なし］をクリック
二重線が削除される

Point
段組みの仕組みを理解しよう

段組みは紙面を「段」として区切り、複数の列で文字をレイアウトします。段組みを利用すると、途中で文字が折り返されるので、1行の文字数が少なくなり、長い文章も読みやすくなります。

レッスン 54 設定済みの書式をコピーして使うには

書式のコピー／貼り付け

複数の文字に同じ装飾を設定するときは、書式のコピーを使うと便利です。選択した文字の書式だけが記憶され、貼り付けでほかの文字に同じ書式を設定できます。

1 メニュー項目の書式を変更する

1. 「アペタイザー」をドラッグして選択
2. [ホーム]タブをクリック
3. [太字]に設定
4. [フォントサイズ]を[26]に変更

レッスン㉒〜㉓を参考に、以下のように書式を変更する

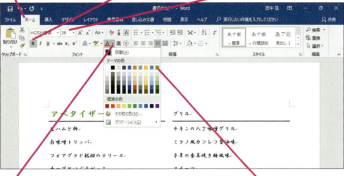

5. [フォントの色]のここをクリック
6. [緑、アクセント6]をクリック

2 書式が変更された

メニュー項目の書式が変更された

1. 「アペタイザー」が選択されていることを確認

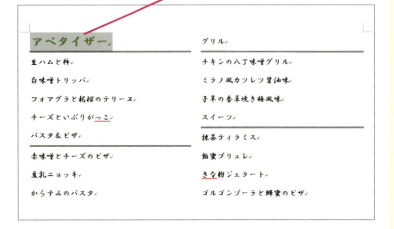

 動画で見る
詳細は3ページへ

▶キーワード

コピー	p.303
書式	p.303
スタイル	p.304
貼り付け	p.306
フォント	p.307

 レッスンで使う練習用ファイル
書式のコピー.docx

■ショートカットキー

[Ctrl]+[Shift]+[C]
……………………書式のコピー
[Ctrl]+[Shift]+[V]
……………………書式の貼り付け

HINT!

右クリックでも書式をコピーできる

文字を右クリックすると表示されるミニツールバーを使えば、書式のコピーも簡単です。以下の手順も試してみましょう。

1. 書式をコピーする文字をドラッグして選択

 ◆ミニツールバー

2. [書式のコピー/貼り付け]をクリック

書式がコピーされる

別の文字をドラッグして書式を貼り付ける

③ 書式をコピーする

1 [ホーム]タブをクリック
2 [書式のコピー/貼り付け]をクリック

④ コピーした書式を貼り付ける

書式がコピーされ、マウスポインターの形が変わった

書式を変更したい文字をドラッグすると、コピーした書式を貼り付けられる

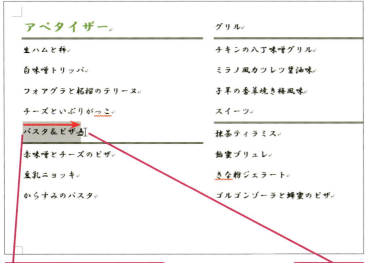

1 ここにマウスポインターを合わせる
2 ここまでドラッグ

HINT!
コピーした書式を連続して貼り付けるには

[書式のコピー/貼り付け]ボタン（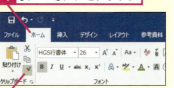）をダブルクリックすると、コピーした書式を連続して貼り付けられます。機能を解除するには、[書式のコピー/貼り付け]ボタン（）をもう一度クリックするか、Esc キーを押しましょう。

書式をコピーする文字を選択しておく

1 [ホーム]タブをクリック

2 [書式のコピー/貼り付け]をダブルクリック

別の文字をドラッグすれば、コピーした書式を連続して貼り付けられる

HINT!
[書式のコピー/貼り付け]は図形でも利用できる

[書式のコピー/貼り付け]ボタンは、文字だけではなく図形に対しても利用できます。図形に対して[書式のコピー/貼り付け]ボタンを利用すると、色や形、線種などの書式をまとめてコピーできます。

 間違った場合は？

手順2で間違った書式を設定してしまったときは、正しい書式を設定し直します。

54 書式のコピー/貼り付け

次のページに続く

⑤ 選択を解除する

選択を解除して、設定された書式を確認できるようにする

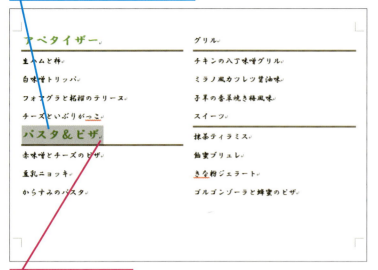

1 ここをクリックしてカーソルを表示

⑥ 選択が解除された

文字の選択が解除された

「アペタイザー」とまったく同じ書式が設定された

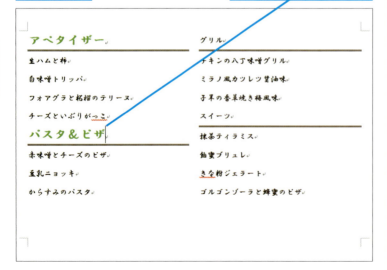

HINT!
設定した書式を保存するには

設定した書式を何度も繰り返して使いたいときは、スタイルとして登録しておくと便利です。スタイルはWordに登録されるので、文書を閉じたり、Wordを終了したりしても、繰り返し利用できます。

スタイルを登録する文字をドラッグして選択しておく

1 [ホーム]タブをクリック

2 [スタイル]のここをクリック

[スタイル]の一覧が表示された

3 [スタイルの作成]をクリック

選択した文字の書式をひな形として保存する

4 「メニュー見出し」と入力

5 [OK]をクリック

6 スタイルが保存できたことを確認

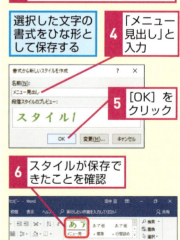

次ページのHINT!を参考にしてスタイルを利用する

7 続けて書式をコピーして貼り付ける

1 手順2〜6を参考に「グリル」と「スイーツ」に「アペタイザー」と同じ書式を設定

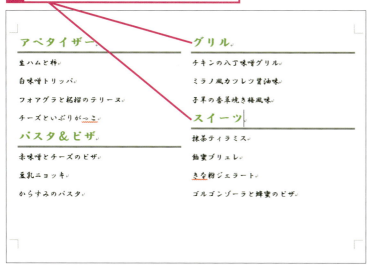

8 文字の色を変更する

ここでは手順1を参考にして、見出しの文字の色を変更する

1 「パスタ&ピザ」の色を[青、アクセント1]に変更

2 「グリル」の色を[オレンジ、アクセント2]に変更

3 「スイーツ」の色を[ゴールド、アクセント4]に変更

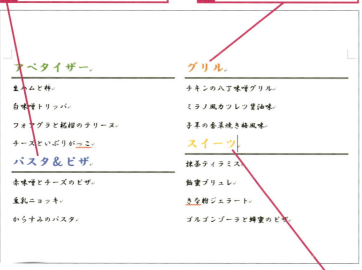

HINT!
あらかじめ設定されたスタイルを使うには

Wordには、あらかじめフォントやフォントサイズなどの書式を組み合わせた「スタイル」が用意されています。スタイルは、以下の手順で適用できます。気に入ったものを見つけて利用しましょう。

スタイルを適用する文字を選択しておく

1 好みのスタイルをクリック

 間違った場合は？

間違った文字にスタイルを設定してしまったときは、クイックアクセスツールバーの[元に戻す]ボタン（ ↶ ）をクリックして元に戻し、正しい文字に書式を設定し直しましょう。

Point
書式のコピーとスタイルを使いこなす

Wordの操作に慣れてくると、文字や図形にさまざまな装飾を設定できるようになります。しかし、複雑な装飾を組み合わせた書式をほかの文字や図形に対して再設定するのは面倒なものです。そんなときに、[書式のコピー/貼り付け]ボタンを活用すれば、同じ書式を簡単に設定できます。また、頻繁に利用するデザインは、スタイルとして登録しておけば、何度も設定せずに済むので便利です。

レッスン 55 文字と文字の間に「……」を入れるには

タブとリーダー

ここでは、メニューの項目と値段の間に「……」のリーダー線を表示する方法を紹介しましょう。タブを使って空白を入力してから配置や線の設定を行います。

1 メニューの項目と金額の間にタブを挿入する

1 メニューの項目と金額の間にタブを挿入し、以下のように金額を入力

「→」は Tab キーを1回押してタブを挿入する

```
生ハムと柿            →    七百円
白味噌トリッパ         →    八百円
フォアグラと柘榴のテリーヌ →    九百円
チーズといぶりがっこ    →    六百円

赤味噌とチーズのピザ   →    千円
豆乳ニョッキ          →    八百円
からすみのパスタ       →    千二百円

チキンの八丁味噌グリル  →    千四百円
ミラノ風カツレツ醤油味  →    千八百円
子羊の香草焼き梅風味    →    二千円

抹茶ティラミス         →    七百円
飴蜜ブリュレ          →    六百円
きな粉ジェラート       →    五百円
ゴルゴンゾーラと蜂蜜のピザ →   千百円
```

各メニューの金額を入力できた

キーワード

インデント	p.301
ダイアログボックス	p.304
タブ	p.305
フォント	p.307
フォントサイズ	p.307
ポイント	p.308
リーダー線	p.309
ルーラー	p.309

レッスンで使う練習用ファイル
タブとリーダー.docx

ショートカットキー

Ctrl + A ……… すべて選択

HINT!

タブを使うと文字の配置を正確に調整できる

手順1でメニューの項目と金額の間に、空白ではなくタブを挿入しているのは、手順6でタブの位置を変更して、文字を段落の右端にぴったりそろえるためです。空白で文字の間を空けてしまうと、フォントサイズなどの変更により、位置がずれてしまうことがあります。タブを挿入しておけば、文字の大きさなどに影響されないので、正確に配置できるのです。

space キーで空白を入力しても文字がきれいにそろわない

文書のレイアウトを整える 第7章

② 文字を配置する位置を確認する

「七百円」や「八百円」などの値段をすべて右端に配置する

1 [表示]タブをクリック

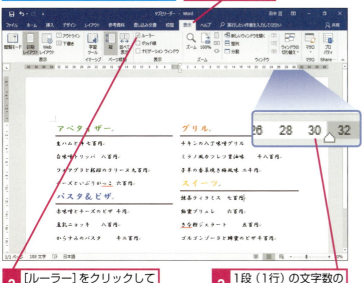

2 [ルーラー]をクリックしてチェックマークを付ける

3 1段（1行）の文字数の位置をルーラーで確認

ここでは、1段が30文字となっているので文字を右端に配置するためにタブ位置を[30]に設定する

③ 文字を選択する

文字をすべて選択する

1 [ホーム]タブをクリック

2 [選択]をクリック

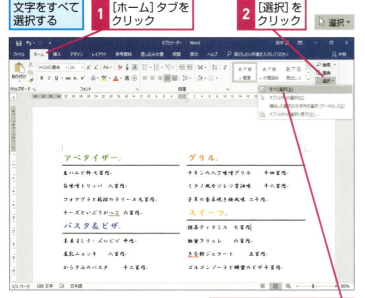

3 [すべて選択]をクリック

HINT!
あらかじめ1行の文字数を確認しておこう

ルーラーを表示すれば、[右インデント]（△）の左に表示される数字で、1行の文字数が分かります。ルーラーを使わずに1行の文字数を確認するには、[レイアウト]タブをクリックしてから[ページ設定]のダイアログボックス起動ツール（⑤）をクリックします。表示される[ページ設定]ダイアログボックスの[文字数]で1行当たりの文字数が分かります。

HINT!
1行の文字数と段の幅は異なる

段組みの幅と1行の文字数は初めから異なります。1段の正確な幅を確認するには、[レイアウト]タブの[段組み]ボタンをクリックし、表示される一覧で[段組みの詳細設定]をクリックしましょう。[段組み]ダイアログボックスの[段の幅]に表示される文字数が正確な段の幅です。

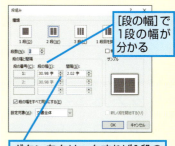

[段の幅]で1段の幅が分かる

ボタンをクリックすれば1段の文字数を変更できる

HINT!
タブと空白の違いを見分けるには

[編集記号の表示/非表示]ボタン（⁋）をクリックすれば、タブは「→」、空白は「□」で表示されます。

次のページに続く

4 [段落]ダイアログボックスを表示する

すべての文字が選択された

1 [レイアウト]タブをクリック　　2 [段落]のここをクリック

HINT!
タブの配置の種類は5種類ある

タブの配置は、手順6で利用している[右揃え]のほか、全部で5種類あります。目的に合わせて、タブを使い分けましょう。

●タブの種類と用途

タブの種類	用途
左揃え	文字を左側にそろえるときに使う
中央揃え	中央を基準に文字をそろえたいときに使う
右揃え	文字の末尾（右側）をそろえるときに使う
小数点揃え	数字の小数点をそろえたいときに使う
縦線	タブの代わりに縦線を入れるときに使う

●[小数点揃え]の設定例

```
  10.58
   9.299
 127.8
```

●[縦線]の設定例

```
名前：山田芳一
名前：山本一平
```

5 [タブとリーダー]ダイアログボックスを表示する

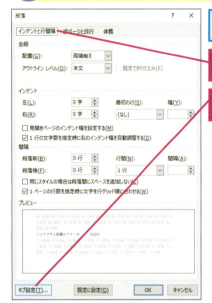

[段落]ダイアログボックスが表示された

1 [インデントと行間隔]タブをクリック

2 [タブ設定]をクリック

HINT!
読みやすさを優先してリーダー線を選ぼう

リーダー線の種類は、文字や数字の読みやすさを優先して決めます。点線が粗過ぎたり細過ぎたりして、文字や数字が読みにくくなるようであれば、全体のバランスを見て選びましょう。

⚠ **間違った場合は？**

手順6で[タブ位置]に別の数値を入力したり、[リーダー]の設定を忘れたりしてしまったときは、文字がすべて選択されていることを確認して再度手順4から操作をやり直します。

6 タブの設定を変更する

[タブとリーダー]ダイアログボックスが表示された

手順2で確認した1段（1行）の文字数を入力する

1 [タブ位置]に「30」と入力　　2 [右揃え]をクリック

1段の正確な幅が分かっていれば、[タブ位置]に「30.98」などと入力してもいい

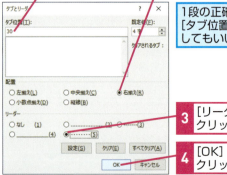

3 [リーダー]のここをクリック

4 [OK]をクリック

❼ 選択を解除する

[タブ位置]に入力した文字数に合わせ、値段の文字が右端に移動した

タブを挿入した位置に「……」のリーダー線が表示された

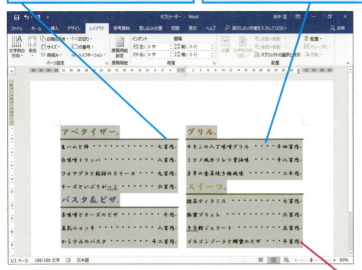

1 ここをクリックしてカーソルを表示

❽ 選択が解除された

手順2を参考に[ルーラー]をクリックしてチェックマークをはずし、ルーラーを非表示にしておく

HINT!

タブの位置はルーラーで変更できる

手順6で設定したタブの位置はルーラーに表示されます。ルーラー上の[右揃えタブ]を示す記号（⌐）をマウスでドラッグすれば、タブの位置を調節できます。

[右揃えタブ]をドラッグしてタブの位置を変更できる

Point

文字数を確認して配置とリーダー線を設定する

レッスン㊱でも解説したように、タブを利用すれば文字の間に空白を入れてタブの右側にある文字をそろえられます。このレッスンでは、タブの挿入後に「タブの位置」「文字の配置」「リーダー線」の3つの設定を変更しました。ポイントは、1行の文字数が何文字か確認して、その文字数を[タブとリーダー]ダイアログボックスの[タブ位置]に入力することです。ルーラーや195ページのHINT!を参考にして、1行の文字数が何文字かをよく確認してください。このレッスンの文書は、1段(1行)が30文字だったので、「30文字目の右端に文字をそろえて、なおかつタブの挿入位置に『……』のリーダー線を表示する」という設定をしています。

レッスン 56 ページの余白に文字や図形を入れるには

ヘッダー、フッター

文書の余白に日付やタイトルなどを入れたいときは、「ヘッダー」や「フッター」を使いましょう。文字だけでなく、ワードアートなどの図形も挿入できます。

1 ページの余白を確認する

ここでは、ページの上部余白に店の名前を入力する

1 ページの上部余白が十分あることを確認

2 ヘッダーを表示する

1 [挿入]タブをクリック

2 [ヘッダー]をクリック

3 [ヘッダーの編集]をクリック

キーワード

フィールド	p.307
フッター	p.308
ページ番号	p.308
ヘッダー	p.308
余白	p.309

レッスンで使う練習用ファイル
ヘッダー.docx

ショートカットキー

Ctrl + R …………右揃え
Ctrl + E …………中央揃え

HINT!
ヘッダーとフッターって何？

ヘッダーは文書の上部余白に、フッターは文書の下部余白に、複数ページにわたって同じ内容を繰り返し表示する特殊な編集領域です。このレッスンで解説しているような文書のタイトル以外にも、ページ番号や日付などを挿入できます。複数ページの文書でページ番号を挿入したときは「1」「2」「3」というように通し番号が自動で振られます。

HINT!
ダブルクリックで編集を開始できる

手順2ではリボンの操作でヘッダーの編集を開始しますが、ページの上部余白をマウスでダブルクリックしても、編集を始められます。フッターも同様です。本文の編集領域のどこかをダブルクリックすると、ヘッダーやフッターの編集が終了して、編集領域が通常の表示に戻ります。

③ ヘッダーが表示された

ヘッダーとフッターが表示された
◆ヘッダー
本文の編集領域は薄い色で表示される

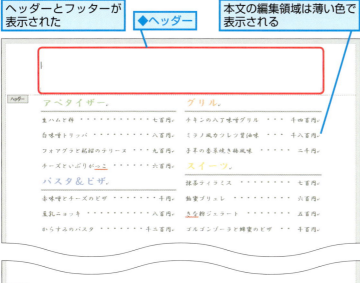

◆フッター

④ 文字の配置を変更する

ヘッダーに入力する文字の配置を変更しておく

1 [ホーム]タブをクリック
2 [中央揃え]をクリック

HINT!
フッターを素早く編集するには

フッターに文字を挿入するときには、以下の手順で操作します。また、ヘッダーの編集中であれば、フッターの領域をクリックするだけで、フッターを編集できます。

1 [挿入]タブをクリック

2 [フッター]をクリック

3 [フッターの編集]をクリック

フッターが表示された

⚠ 間違った場合は？

手順4で文字の配置を間違ったときは、[中央揃え]ボタン（≡）をクリックし直します。

次のページに続く

⑤ 文字の配置を変更できた

カーソルが中央に移動した

HINT!

ヘッダーに挿入した文字を削除するには

ヘッダーに挿入した文字をすべて削除するには、[挿入]タブの[ヘッダー]ボタンをクリックして、[ヘッダーの削除]を選択します。入力した文字を部分的に削除するには、ヘッダーを編集できる状態にしてから、Deleteキーなどで不要な文字を削除しましょう。

HINT!

ヘッダーやフッターに画像を挿入するには

ヘッダーやフッターにカーソルがある状態で[挿入]タブから操作すれば、ヘッダーやフッターに画像を挿入できます。ただし、画像のサイズが大き過ぎると、本文が隠れてしまいます。画像の挿入後にハンドルをドラッグして余白に収まるサイズに変更しましょう。画像の挿入方法は、レッスン㊾を参照してください。

テクニック ヘッダーやフッターにファイル名を挿入する

ヘッダーやフッターには、文字だけでなく写真やイラスト、ファイル名などを挿入できます。文書のイメージに合った画像を探して、ヘッダーやフッターに挿入するとアクセントとなっていいでしょう。またファイル名を挿入しておくと、印刷した後で、どの文書ファイルの印刷物だったのかをすぐに確認できます。

ここでは、ヘッダーに文書のファイル名を挿入する

1 手順2～3を参考にヘッダーとフッターを表示する

2 [ヘッダー/フッターツール]の[デザイン]タブをクリック

3 [ドキュメント情報]をクリック

4 [ファイル名]をクリック

ファイル名が挿入された

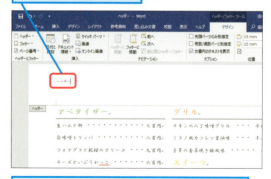

文書を閉じてからフォルダーでファイル名を変更したときは、Wordで文書を開いたときにファイル名を右クリックして[フィールド更新]をクリックする

6 ヘッダーに文字を入力する

1 「和風イタリアン　MISA」と入力

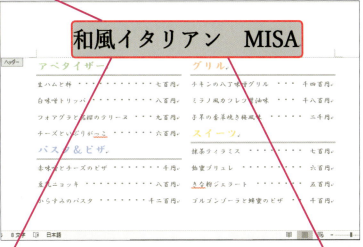

2 レッスン㉒を参考にフォントサイズを[48]に変更

3 レッスン㉓を参考に太字を設定

7 ヘッダーとフッターを閉じる

1 [ヘッダー/フッターツール]の[デザイン]タブをクリック

2 [ヘッダーとフッターを閉じる]をクリック

ヘッダーとフッターの編集を終了すると本文の編集領域が通常の表示に戻る

HINT!
ヘッダーやフッターを素早く編集するには

Wordの編集画面を「印刷レイアウト」モードで表示しているときは、文書のヘッダーやフッターの領域をマウスでダブルクリックすると、素早く編集できるようになります。

1 ヘッダーをダブルクリック

ヘッダーの編集画面が表示された

Point
複数ページに同じ文字を入れるときに便利

ヘッダーとフッターは、文書の上下に用意されている特別な編集領域です。ヘッダーやフッターに入力した文字や画像は、文書の2ページ目や3ページ目にも自動的に表示されます。会社でデザインを統一しているレターヘッドやページ番号など、複数ページのすべてに表示したい内容があるときに活用すると便利です。また、ヘッダーやフッターに大きな文字を挿入するときは、レッスン㊻を参考に余白を広めに設定しておくといいでしょう。

レッスン 57 ページ全体を罫線で囲むには

ページ罫線

文書全体を罫線で囲むと、文書の内容を強調できます。文書の余白部分にフレームを付けるようなイメージで、装飾されたカラフルな線を表示してみましょう。

1 [線種とページ罫線と網かけの設定]ダイアログボックスを表示する

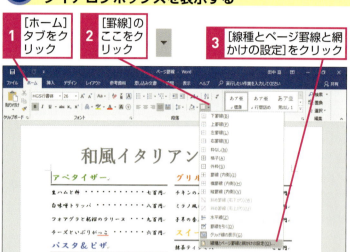

2 ページ罫線の種類を選択する

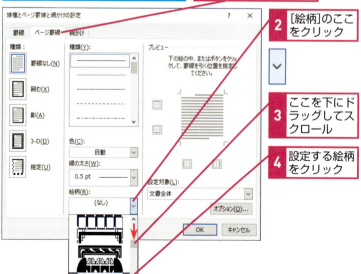

キーワード

罫線	p.303
スクロール	p.304
ダイアログボックス	p.304
プレビュー	p.308
文書	p.308
ページ罫線	p.308
余白	p.309

📄 **レッスンで使う練習用ファイル**
ページ罫線.docx

HINT!
線の太さで絵柄の大きさが変わる

ページ罫線の絵柄は、[線種とページ罫線と網かけの設定]ダイアログボックスの[線の太さ]で設定した数値に合わせてサイズが変わります。絵柄を大きくしたいときには、[線の太さ]の数値を大きくします。数値を小さくし過ぎると、絵柄にならずに線として表示されてしまうので注意しましょう。

[線の太さ]に入力する数値で線の太さを変えられる

[線の太さ]を「20pt」にすると絵柄が大きくなる

文書のレイアウトを整える　第7章

❸ ページ罫線を挿入する

ページ罫線が設定され、[種類]の表示が[囲む]に変わった

選択したページ罫線が[プレビュー]に表示された

1 [OK]をクリック

❹ ページ罫線が挿入された

文書全体が罫線で囲まれた

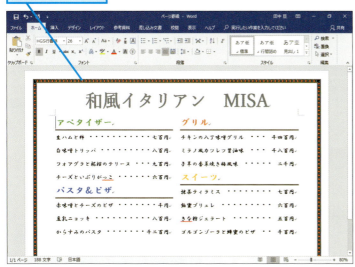

レッスン⓲を参考に「メニュー」という名前を付けて文書を保存しておく

HINT!
ページ罫線を解除するには

ページ罫線を解除するには、[線種とページ罫線と網かけの設定]ダイアログボックスの[ページ罫線]タブで、[罫線なし]を設定します。

1 [罫線なし]をクリック

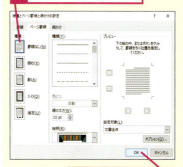

2 [OK]をクリック

ページ罫線が削除される

⚠ 間違った場合は？

設定した絵柄が気に入らなかったときは、手順1から操作を進め、絵柄を選び直しましょう。

Point
ページ罫線で装飾を豊かにしよう

絵柄を利用したページ罫線で文書を囲むと、そのイメージによって文書の印象が大きく変わります。用意されている絵柄には、果実や植物をはじめ動物や文具、幾何学模様などさまざまな種類があります。カラフルなページ罫線を使って印刷すれば、華やかな印象の文書が完成します。ページ罫線は文書の上下左右の余白に印刷されます。そのためページ設定で十分な余白を設定しておかないと、絵柄と文字が重なってしまうことがあります。そのときは、レッスン㊻を参考に余白を広くしましょう。

レッスン 58 文字を縦書きに変更するには

縦書き

横書きで編集した文書も、［文字列の方向］を変えるだけで、縦書きのレイアウトに変更できます。縦書きにすると、カーソルの移動や編集の方向も変わります。

1 文字を縦書きにする

ページ全体の文字を縦書きに変更する

1. ［レイアウト］タブをクリック

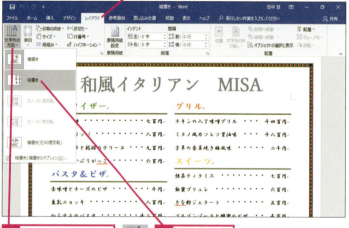

2. ［文字列の方向］をクリック

3. ［縦書き］をクリック

2 用紙を横向きにする

ページ全体の文字が縦書きになり、用紙の向きが縦になった

用紙の向きを横に変更する

1. ［印刷の向き］をクリック
2. ［横］をクリック

キーワード

操作アシスト	p.304
縦書き	p.305
段組み	p.305
長音	p.305
編集記号	p.308

レッスンで使う練習用ファイル
縦書き.docx

HINT!
文字を縦書きにした後は用紙の向きに注意する

文字だけで構成された文書の場合は、文字を横書きから縦書きに変更しても1ページの文字数は変わりません。しかし、このレッスンの文書のようにA4用紙の横を前提に作成していた文書を縦書きにすると、用紙の向きが縦になったときに、ヘッダーやレイアウトのバランスが崩れることがあります。ここでは、文字を縦書きにした後、用紙の向きを横に戻します。

HINT!
リボンの表示も変化する

縦書きにすると、配置や行間の指定など、文字のレイアウトに関係するリボンの表示も縦書き用になります。

◆横書きの場合

◆縦書きの場合

文書のレイアウトを整える　第7章

③ 段組みを1段組みにする

用紙の向きが横になった

ここでは2段組みの段組みを1段組みに変更する

1 [段組み]をクリック
2 [1段]をクリック

④ 編集記号を表示する

2段組みの段組みが1段組みに変わった

段区切りを削除するので、編集記号を表示する

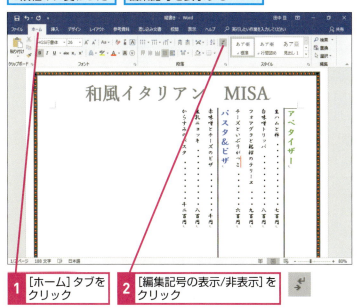

1 [ホーム]タブをクリック
2 [編集記号の表示/非表示]をクリック

HINT! 長音の表示が不自然になってしまったときは

文字を縦書きにしたとき、フォントによっては、長音「ー」が回転せずに不自然な表示になってしまうことがあります。長音の表示が不自然になったときは、縦棒「｜」を使いましょう。「たてぼう」と読みを入力して変換すれば、「｜」が変換候補に表示されます。長音から縦棒への置き換えが多いときは、レッスン㉜で紹介した［検索と置換］ダイアログボックスを利用するといいでしょう。

HINT! 操作アシストで分からない機能を探そう

「操作アシスト」の機能を使うと、リボンから探すのが難しい機能や、以前のWordで使っていた機能などを、キーワードで検索できます。タイトルバーの右下にある［実行したい作業を入力してください］に探したい機能や操作の一部を入力すると、対応する操作が表示されます。

HINT! なぜ段区切りを削除するの？

レッスン㉝では、2段組みにした後に段区切りを挿入して「グリル」以降のメニューを2段目に移動しました。このレッスンの操作で段組みを1段組みに変更すると、結果、段組みが解除されます。このとき、「グリル」以降のメニュー項目は2ページ目に改ページされた状態となります。ここでは、188ページの2つ目のHINT!で紹介した方法と同じように、編集記号を表示して段区切りを削除し、「グリル」以降のメニュー項目が1ページ目に表示されるようにします。

次のページに続く

❺ 段区切りを削除する

ここでは段区切りを削除して、文字が1ページ目に表示されるようにする

[段区切り]が表示された

1 [段区切り]をダブルクリック

2 Deleteキーを押す

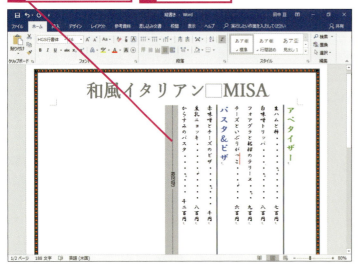

❻ タブを挿入する

段区切りが削除されて文字が1ページに収まった

文書の下部に空白があるので、タブをさらに追加で挿入する

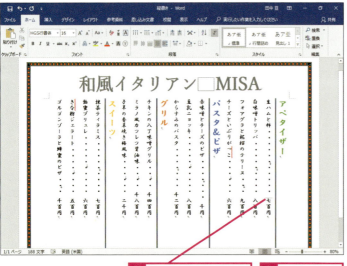

1 ここをクリックしてカーソルを表示

2 Tabキーを押す

HINT!
値段の位置が変わらないのはなぜ？

段組みが解除されると、1行の文字数が変わります。しかし、値段の文字はレッスン�55で「30文字目に合わせて右端に配置する」設定にしているので、1行の文字数が変わっても、値段の位置は変わりません。

HINT!
余白を設定し直してもいい

段組みを解除するとメニューの項目と値段が間延びしますが、レッスン㊻を参考に[ページ設定]ダイアログボックスで余白を大きくしてレイアウトを変更しても構いません。[余白]で[上]と[下]の数値を大きくすると編集画面の文字が上下中央に寄ります。

HINT!
半角数字を縦向きにするには

半角の数字を縦書きにすると横に寝た状態になってしまいます。半角数字を縦向きにするには、数字を選択してから以下の手順で操作します。

数字を選択しておく

1 [ホーム]タブをクリック

2 [拡張書式]をクリック

3 [縦中横]をクリック

[プレビュー]に適用後の状態が表示された

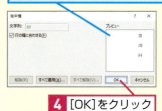

4 [OK]をクリック

半角数字が横向きになる

❼ 続けてタブを挿入する

タブが挿入され、値段の文字が下に下がった

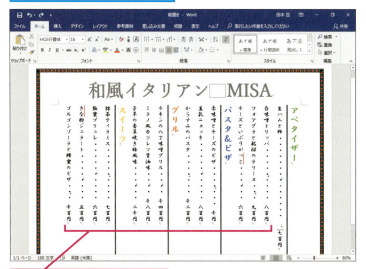

 同様にしてほかの個所にもタブを挿入する

❽ 縦書きにした文書のレイアウトを調整できた

手順4を参考に［編集記号の表示/非表示］をクリックして、編集記号を非表示にしておく

HINT!
タブの位置を再設定するには

手順6でタブ位置を設定し直すときは、レッスン㊱の手順3以降の操作を実行します。［タブとリーダー］ダイアログボックスを表示し［すべてクリア］ボタンをクリックして［タブ位置］に1行の文字数を入力します。再度［右揃え］をクリックし、リーダー線を選択して［OK］ボタンをクリックすれば値段の文字が下端にそろいます。なお、前ページの手順6の状態では、1行の文字数が30文字になります。

レッスン㊱を参考に、文字をすべて選択し、［タブとリーダー］ダイアログボックスを表示しておく

［すべてクリア］をクリックして、［タブ位置］の数値を変更する

Point
縦書きでは文字の種類と方向が変わる

縦書きは、用紙の方向が縦から横に変わり、編集画面の文字は右上から左下に向かって入力します。ただし、半角英数字は横向きのまま入力されます。そのままだと読みにくいので、数字などは「縦向き」にします。半角数字を縦向きに設定する方法は、前ページの3つ目のHINT!を参考にしてください。また罫線の中も縦書きになるので、時間割のような表を作るときは、文書全体を縦書きにしておくといいでしょう。

この章のまとめ

●段組みを活用してきれいな文書を仕上げる

この章では、段組みやリーダー線などを活用して、デザインに凝った文書を作成しました。文字の装飾では、［書式のコピー/貼り付け］ボタンやスタイルを活用すると、一度設定したフォントの種類やサイズ、色などをまとめてコピーできます。そして、ヘッダーやフッターを利用すれば、レターヘッドやページ番号のように、複数のページにわたって表示する内容をまとめて設定できるようになります。最後に、ページ罫線を使って文書全体を囲み、内容を強調すると、見ためが華やかで見栄えのする文書を作成できます。

Wordの編集機能を使いこなすことによって、ビジネスの現場で利用する書類から装飾性の高い印刷物まで、バリエーションに富んだ文書を作り出すことができるのです。

装飾性の高い文書の作成
段組みやヘッダー、ページ罫線を利用すれば文書全体のレイアウトや見ためを自在に変更できる。メニュー表のような文書では、リーダー線を利用すると項目同士が見やすくなる

練習問題

1

以下の文章を入力し、文字と文字の間にタブを挿入して「……」のリーダー線を表示してみましょう。ここではタブの位置を12文字として、文字を左にそろえるように設定します。

●ヒント：「……」のリーダー線を挿入するには、文字と文字の間にタブを挿入し、タブの位置と文字の配置をダイアログボックスで設定します。

```
ハイキングのお知らせ
日時　　2019年4月20日（土）
集合時間　　　　7時30分
集合場所　　　　できる小学校校門
場所　できる山公園
持ち物 お弁当、飲み物、おやつ、雨具
服装　動きやすい服装
```

タブの位置を[12]に設定して、12文字目に合わせて文字を左端にそろえる

2

「日時」の文字を［太字］、文字の色を［緑］に設定し、ほかの「集合時間」や「集合場所」の文字にも同じ書式を設定してみましょう。

●ヒント：［ホーム］タブにある［書式のコピー/貼り付け］ボタンを使うと同じ書式を簡単にコピーできます。

文字を[太字]、色を[緑]に設定する

1つ目の文字に設定した書式をコピーする

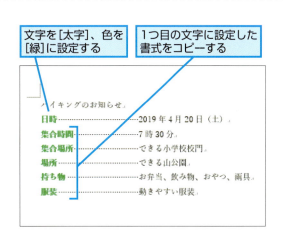

答えは次のページ

解　答

1

1 タブを入力した段落を選択

2行目から7行目をドラッグして選択し、[段落]ダイアログボックスの[タブ設定]ボタンをクリックします。[タブとリーダー]ダイアログボックスで、タブの位置とリーダーの種類を設定しましょう。

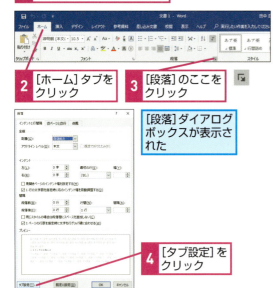

2 [ホーム]タブをクリック

3 [段落]のここをクリック

[段落]ダイアログボックスが表示された

4 [タブ設定]をクリック

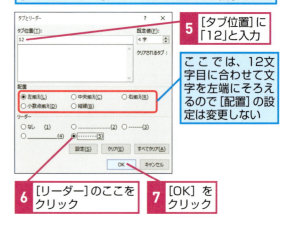

[タブとリーダー]ダイアログボックスが表示された

5 [タブ位置]に「12」と入力

ここでは、12文字目に合わせて文字を左端にそろえるので[配置]の設定は変更しない

6 [リーダー]のここをクリック

7 [OK]をクリック

2

1 「日時」に書式を設定

2 [ホーム]タブをクリック

3 [書式のコピー/貼り付け]をダブルクリック

複数の文字に同じ書式を設定するには、書式を設定した文字を選択してから[書式のコピー/貼り付け]ボタンをダブルクリックします。

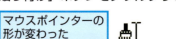

マウスポインターの形が変わった

4 ここにマウスポインターを合わせる

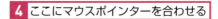

5 ここまでドラッグ

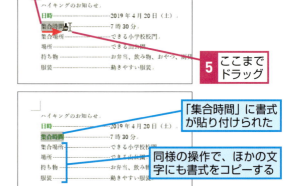

「集合時間」に書式が貼り付けられた

同様の操作で、ほかの文字にも書式をコピーする

第8章 もっとWordを使いこなす

この章では、文書の翻訳やテンプレートのダウンロードに、配色やフォントの組み合わせを変更する方法を解説します。また長文作成時に役立つ行間の調整方法やページ番号の挿入方法も紹介します。併せてWordを利用した文書の校正方法や、文書の保護に関するテクニックを覚えましょう。

●この章の内容
- ㉙ 文書を翻訳するには……………………………………212
- ㉚ ひな形を利用するには…………………………………214
- ㉛ テンプレートのデザインを変更するには……………216
- ㉜ 行間を調整するには……………………………………220
- ㉝ ページ番号を自動的に入力するには…………………222
- ㉞ 文書を校正するには……………………………………224
- ㉟ 校正された個所を反映するには………………………228
- ㊱ 文書の安全性を高めるには……………………………230

レッスン 59 文書を翻訳するには

翻訳

Wordの翻訳ツールを使うと日本語の文書を英語やフランス語などの外国語に翻訳できます。また反対に、外国語を日本語にも翻訳できます。

1 [翻訳ツール] 作業ウィンドウを表示する

ここでは文書全体を翻訳する

1 [校閲] タブをクリック

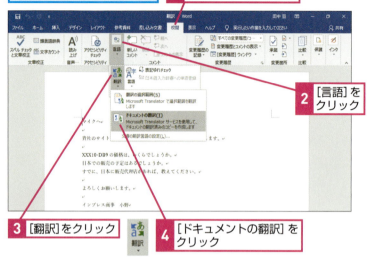

2 [言語] をクリック

3 [翻訳] をクリック

4 [ドキュメントの翻訳] をクリック

2 インテリジェントサービスを有効にする

はじめて文書を翻訳するときは、インテリジェントサービスを利用するかどうか確認するメッセージが表示される

1 [オンにする] をクリック

動画で見る
詳細は3ページへ

キーワード
上書き保存	p.301
校正	p.303
フォント	p.307

レッスンで使う練習用ファイル
翻訳.docx

ショートカットキー
F12 …………… 名前を付けて保存

HINT!
インテリジェントサービスとは

インテリジェントサービスは、クラウド経由で提供されるWordの編集を便利にする新機能です。Microsoft Translatorサービスは、インテリジェントサービスのひとつです。はじめて翻訳ツールを使うときに、その使用を確認してきます。

HINT!
翻訳は不正確なこともある

Microsoft Translatorサービスによる翻訳は、必ずしも正しい外国語になるとは限りません。複雑な文法や言い回しを翻訳すると、間違った結果になることもあります。そのときには、辞書を調べて自分で修正します。インテリジェントサービスは、クラウドで集められた膨大な情報をもとに機能を常に更新しているので、翻訳の精度も時間が経てば向上します。

③ 言語を設定して翻訳する

[翻訳ツール]作業ウィンドウが表示された

ここでは英語に翻訳する

[翻訳元の言語]に[自動検出]と表示されていることを確認しておく

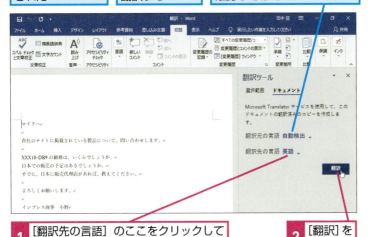

1 [翻訳先の言語]のここをクリックして[英語]を選択

2 [翻訳]をクリック

文書全体の翻訳が開始される

④ 文書が翻訳された

新しい文書が作成され、翻訳された英文が表示された

翻訳前の文書とは別のウィンドウに表示される

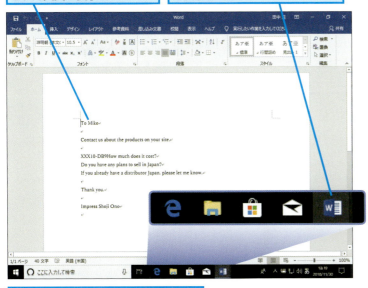

レッスン⑬を参考に「英文翻訳」という名前を付けて文書を保存しておく

HINT!
文章の一部分を翻訳するには

文章の一部をドラッグで選択して[翻訳の範囲選択]を実行すると、その範囲だけが翻訳されます。翻訳した言語は、[挿入]で文書に入力できます。

文書内の翻訳する範囲をドラッグして選択しておく

手順1の操作4で[翻訳の範囲選択]をクリックする

[挿入]ボタンをクリックすると翻訳を挿入できる

⚠ 間違った場合は？

翻訳した文書を保存しないで閉じてしまったときは、手順1からやり直しましょう。

Point
翻訳できる言語は60種類

Microsoft Translatorサービスによる翻訳の精度は100%ではないものの、挨拶文や日常会話のような簡単な文章であれば、便利に活用できます。翻訳できる言語は60種類もあるので、日常的な文章を知らない国の言葉に翻訳して楽しめます。また基本的な単語や文法は、ほぼ正確に訳してくれるので、基礎的な語学学習にも役立ちます。

レッスン 60 ひな形を利用するには

テンプレート

あらかじめ用意されているひな形（テンプレート）を使うと、少ない手間で目的に合った文書を作れます。テンプレートから作成した文書は保存して再利用できます。

1 テンプレートを選択する

Wordを起動して、スタート画面を表示しておく

1 [イベント]をクリック

2 ここを下にドラッグしてスクロール

3 [春のイベント用チラシ]をクリック

2 テンプレートをダウンロードする

テンプレートの詳細画面が表示された

1 [作成]をクリック

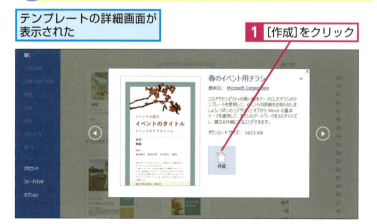

キーワード

Office.com	p.300
テンプレート	p.306

ショートカットキー

F12 ……… 名前を付けて保存

HINT!
「テンプレート」って何？

テンプレートとは、Wordで利用できるひな形です。仮の文字や文章が入力されているので、書き換えるだけで目的の文書を作成できます。スタート画面や［新規］の画面には、Wordと一緒にパソコンにインストールされているテンプレートとOffice.comにあるテンプレートが表示されますが、インターネットに接続されている状態であれば、Office.comにあるテンプレートが優先で表示されます。Office.comのテンプレートは無料で利用できますが、不定期に追加や削除が行われるので同じテンプレートが見当たらない場合もあります。

HINT!
Wordを起動した後でテンプレートの一覧を表示するには

Wordを起動して編集画面を表示しているときは、［ファイル］タブの［新規］をクリックして［新規］の画面を表示します。

⚠ 間違った場合は？

間違ったテンプレートを選んでしまったときは、いったん閉じてから正しいテンプレートを選び直しましょう。

③ テンプレートをダウンロードできた

[春のイベント用チラシ]がダウンロードされ、自動的に開いた

④ テンプレートの文字を書き換える

あらかじめ入力されている文字を選択して書き換えられる

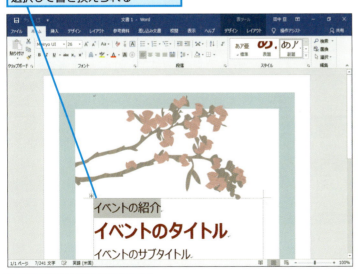

レッスン⑱を参考に名前を付けて保存しておく

HINT!
テンプレートを検索するには

キーワードを入力して検索すると、目的のテンプレートを素早く探せます。なお、インターネットに接続していないときは、テンプレートの検索ができません。

1 ここにキーワードを入力

2 [検索の開始]をクリック

HINT!
テンプレートは日々更新される

Office.com経由で公開されるテンプレートは、日々更新されます。気になるテンプレートは、ダウンロードして保存しておくといいでしょう。Microsoftアカウントでサインインしていれば、一度ダウンロードしたテンプレートが、スタート画面の上位に表示されます。

Point
テンプレートを活用すると書式の統一が容易になる

テンプレートは、Wordなどで利用できる書類のひな形です。レターヘッドや送付状、FAXなど、統一された書式に必要事項を記入するような文書を作るときは、テンプレートを使うといいでしょう。また、テンプレートを編集して、上書き保存を実行すると、自動的に[名前を付けて保存]ダイアログボックスが表示されます。テンプレートを不用意に更新してしまうことがないので、安心して使うことができます。

レッスン 61 テンプレートのデザインを変更するには

［デザイン］タブ

Wordでは編集画面に入力した文字や図形のデザインを後から自由に修整できます。［スタイル］や［配色］を使って、文字やイラストの雰囲気を変えてみましょう。

1 スタイルの一覧を表示する

ここでは「くぬぎ山保全会主催」のスタイルを変更する

1. ここをクリックしてカーソルを表示
2. ［ホーム］タブをクリック

設定されているスタイルは色囲みで表示される

3. ここをクリック

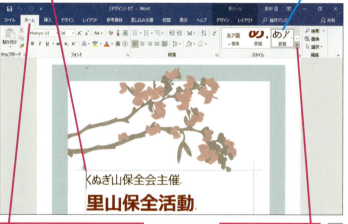

キーワード	
スタイル	p.304
テーマ	p.305
テンプレート	p.306
フォント	p.307

レッスンで使う練習用ファイル
［デザイン］タブ.docx

HINT!

［スタイル］って何？

スタイルは、文字のサイズや色、フォントの種類などをひとまとめにした装飾セットです。選択した文字にスタイルを適用すると、あらかじめセットされている装飾を一度にまとめて設定できます。ここではレッスン⑩でダウンロードしたテンプレートを保存した文書を利用していますが、ほとんどのテンプレートには項目ごとにスタイルが設定されています。また、同じ名前のスタイルでも、テンプレートによって設定されているフォントや文字の大きさなどの装飾が異なることがあります。そのため、このレッスンでは、手順2と手順3で「見出し1」と「時刻」を選び直しています。

2 スタイルを変更する

［スタイル］の一覧から、好みのスタイルを選択する

1. ［見出し1］をクリック

スタイルにマウスポインターを合わせると、一時的に文字の書式が変わり、設定後の状態を確認できる

HINT!

見出しのレベルもスタイルから設定できる

段落を選択してスタイルにある［見出し1］や［見出し2］をクリックすると、装飾と同時に、見出しを階層化できるアウトラインレベルもまとめて設定できます。

③ スタイルを選択できた

[見出し1]のスタイルが設定された

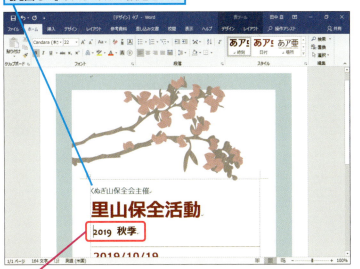

1 手順1～2を参考に「2019　秋季」に[時刻]のスタイルを設定

④ 配色の一覧を表示する

続けて、[配色]の一覧を表示する

1 スクロールバーを下にドラッグしてスクロール

2 [デザイン]タブをクリック

3 [配色]をクリック

HINT!
文書のデザインは[デザイン]タブで変えられる

[デザイン]タブには、文書のデザインに関連した機能がまとめられています。配色やフォントを変更する機能や、文書全体の書式やテーマをあらかじめ登録してある書式やテーマに置き換える機能も用意されています。テーマについては、219ページのHINT!を参照してください。

⚠ **間違った場合は？**

手順2で間違ったスタイルを選んでしまったときは、あらためてスタイルの一覧から[見出し1]を選び直します。

HINT!
[配色]って何？

配色は、文書に設定されている文字や背景、アクセントなどの色の組み合わせをまとめて変更する機能です。例えば文字の場合は、配色の変更と同時に[テーマの色]が設定された文字の色も自動で変わります。テンプレートファイルは[テーマの色]の色が文字に設定されていることが多いので、配色の変更で文字の色も変わるのです。ただし[テーマの色]以外の色が設定されている文字は、[配色]ボタンで配色を変更しても色が変わりません。

配色を変えると、[テーマの色]が設定されている個所の色も自動で変わる

次のページに続く

⑤ 配色を選択する

[配色]の一覧から、好みの配色を選択する

1 [オレンジ]をクリック

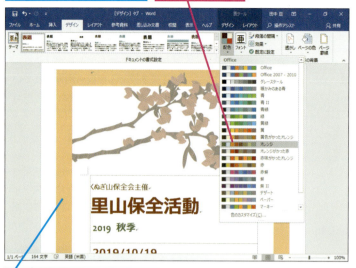

配色にマウスポインターを合わせると、一時的に文書全体の配色が変わり、設定後の状態を確認できる

⑥ フォントの一覧を表示する

文書全体の配色が変わった

続けて、[フォント]の一覧を表示する

1 [フォント]をクリック

HINT!

[配色]を変更すると[テーマの色]の表示も変わる

文書の配色を変更すると、[フォントの色]や[図形の塗りつぶし]などに表示される[テーマの色]の一覧も変わります。これは、[テーマの色]が配色の変更と同時に自動で変わる仕組みになっているからです。一覧に表示される[標準の色]については、配色を変えても表示が変わりません。

◆[Office]の配色を適用したときの色の一覧

◆[オレンジ]の配色を適用したときの色の一覧

[標準の色]にある色は、配色によって色が変わらない

 間違った場合は？

手順5や手順7で間違った配色やフォントを選んでしまったときは、正しい配色やフォントを選び直しましょう。

❼ フォントを選択する

[フォント]の一覧から、好みのフォントを選択する

1 ここを下にドラッグしてスクロール

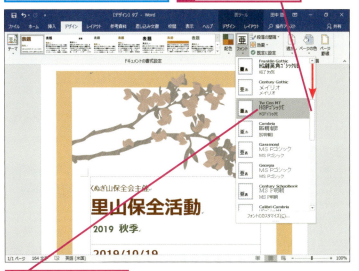

2 [HGPゴシックE]をクリック

❽ 見出しの文字のフォントが変わった

テンプレートのデザインを変更できた

HINT!
[テーマ]って何？

テーマは、スタイルや配色やフォントなどの設定をひとまとめにした装飾の集まりです。テーマを使うと、文書の色やフォントをまとめて変更して文書に統一感のあるデザインを設定できます。カタログや企画書のように、外部に提出する文書などは、テーマを設定しておくと、その企業や個人の作成したものだという印象を高められます。フォントであれば[テーマのフォント]や、手順7のようにスタイルが設定されたフォントがテーマによって変わります。色であれば、「[テーマの色]にある色」が設定された文字や図形の色が変わります。

[テーマのフォント]や[テーマの色]が設定されている個所をまとめて変更できる

Point
デザインを工夫して文書の見栄えや印象を高める

同じ内容の文章でも、文字の色や大きさ、フォントの種類などによって、見ための印象がかなり変わります。例えば雑誌やカタログなどが、文字の大きさや色にこだわったデザインを施しているのは、より多くの人に注目してもらい、読んでもらいたいからです。同じように、Wordで作成する文書も、デザインを工夫することで、ほかの人からの注目度に差が付きます。スタイルやデザインを活用して、統一感のある配色や目を引く文字の色やサイズに装飾してみてください。

レッスン 62 行間を調整するには

行と段落の間隔

文章を読みやすくするには、行間の設定が大切です。段落を選択してから[行と段落の間隔]ボタンをクリックして、行と行の間隔を変更してみましょう。

1 行間を変更する段落を選択する

ここでは、1つ目の段落を選択して行間を広げる

1 行間を広くする段落をドラッグして選択

2 [行と段落の間隔]の一覧を表示する

1 [ホーム]タブをクリック

2 [行と段落の間隔]をクリック

キーワード

行間	p.302
段落	p.305

📄 **レッスンで使う練習用ファイル**
行と段落の間隔.docx

HINT!
段落全体が変更対象となる

行の間隔は、改行で区切られている段落すべてが対象となります。例えば1行目から2行目だけを選択して行間を変えても、1つ目の段落の行間がすべて変わります。

HINT!
行間って何?

Wordでは文字の上端から次の行の文字の上端までを行間と規定しています。行間を広くすれば、1行の文章が読みやすくなります。反対に、行間を狭くすると、1ページ内の行数が多くなります。

Wordでは、行の上端から次の行の上端までを「行間」という

HINT!
段落と段落の間隔を空けるには

行と行ではなく、段落と段落の間を広げたいときには、間隔を変更する複数の段落を選択し、[行と段落の間隔]ボタンの一覧から[段落前に間隔を追加]か[段落後に間隔を追加]をクリックしましょう。

③ 行間を変更する

1 [1.5]をクリック

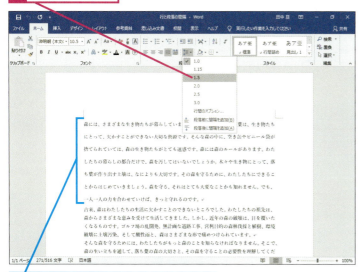

設定値にマウスポインターを合わせると一時的に行間が変わり、設定後の状態を確認できる

④ 行間が広くなった

選択した段落の行間が広くなった

ここをクリックして選択を解除しておく

レッスン⓲を参考に名前を付けて文書を保存しておく

HINT!
[段落]ダイアログボックスで行間隔を詳細に設定できる

手順3で[行間のオプション]を選ぶと[段落]ダイアログボックスが表示されます。行間を細かく設定するときは、[段落]ダイアログボックスを利用します。Wordの行間は、標準で「1.0」に設定されています。行間を「1.5」にすると1.5倍になります。「2.0」にすると2倍になり、改行の行間と同じ間隔になります。また、[最小値]と[固定値]では行間をポイント数で指定できます。[最小値]を設定すると、フォントサイズに応じて最低限の行間隔を確保します。[固定値]は、フォントサイズにかかわらず行間隔の値を設定します。もしも設定した行間隔よりも大きなフォントに設定すると、上下の文字と重なることがあります。[倍数]は、2行以上の行間隔を数値で指定したいときに使います。

 間違った場合は？

間違った行の間隔を設定してしまったときには、手順1から操作をやり直して、正しい値に設定しましょう。

Point
行間を変更して文章を読みやすくしよう

横書きの文書を作成するとき、行間が十分に空いていないと文章が読みにくくなってしまいます。そのため、横書きの文書を作成するときは、行間を広めにしておく方がいいでしょう。反対に、文章量が多く間延びしてしまいそうなときは、段落の前後の間隔を空けると、行間が狭いままでも文書にメリハリが付いて読みやすくなります。また、行間は行数で指定するだけではなく、ポイント数でも指定できます。ただし、文字のサイズよりも小さい数値を[固定値]で指定してしまうと、文字が重なり合ってしまうので注意してください。

レッスン 63 ページ番号を自動的に入力するには

ページ番号

複数ページにわたる文書を作るときには、印刷したときに読む順番が分かるようにページ番号を入れておくと便利です。ページ番号は［挿入］タブから挿入できます。

1 ページ番号の書式を選択する

ここではページの下部余白にページ番号を挿入する

1. ［挿入］タブをクリック
2. ［ページ番号］をクリック

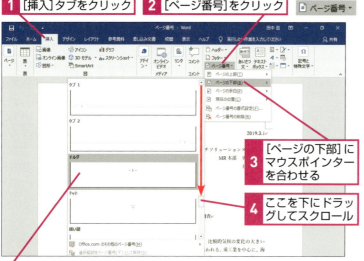

3. ［ページの下部］にマウスポインターを合わせる
4. ここを下にドラッグしてスクロール
5. ［チルダ］をクリック

2 次のページを表示する

フッターに選択した書式のページ番号が挿入された

次のページ番号を確認できるようにする

1. ここを下にドラッグしてスクロール

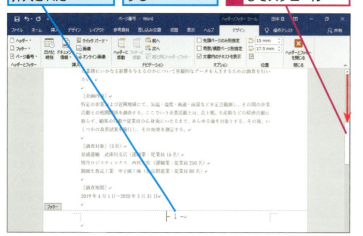

キーワード

フッター	p.308
ページ番号	p.308
ヘッダー	p.308

レッスンで使う練習用ファイル
ページ番号.docx

HINT!
「1」以外の数字からページ番号を開始するには

表示するページ番号を1以外の数字から開始するには、以下の手順で操作します。［開始番号］に任意の数字を入力すれば、その数字からページ数が開始されます。

1. ［挿入］タブをクリック
2. ［ページ番号］をクリック

3. ［ページ番号の書式設定］をクリック
4. ［開始番号］をクリック

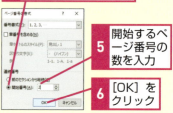

5. 開始するページ番号の数を入力
6. ［OK］をクリック

⚠ 間違った場合は？

選択するページ番号の種類を間違えたときは、あらためて手順1からやり直します。

③ ヘッダーとフッターを閉じる

次のページ番号が表示された

ページ番号を挿入できたのでヘッダーとフッターを閉じる

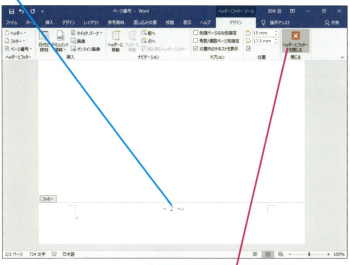

1 [ヘッダーとフッターを閉じる]をクリック

④ 本文の編集領域が通常の表示に戻った

ヘッダーとフッターが閉じ、自動的に1ページ目が表示された

レッスン⓲を参考に名前を付けて文書を保存しておく

HINT!
ページ番号を削除するには

ページ番号を削除するには、[挿入]タブにある[ページ番号]ボタンをクリックして[ページ番号の削除]を選択します。また、[フッター]ボタンの一覧から[フッターの編集]をクリックし、ヘッダーに表示されている数字を Delete キーで削除してもページ番号を削除できます。

HINT!
挿入したページ番号の書式や文字のサイズを変えるには

挿入したページ番号の書式を変えたいときは、ページ番号をマウスでダブルクリックします。フッターの編集ができる状態になるので、通常の文字と同じように装飾や配置、フォントのサイズなどを設定します。

| 1 | ページ番号をダブルクリック | フッターが編集できる状態になる |

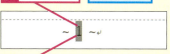

| 2 | レッスン㉑～㉔を参考に書式を設定 |

Point
ページ数が多いときにページ番号が役立つ

複数のページにわたる文書は、各ページにページ番号を振っておくと、印刷後に順番が分からなくなったりしないので便利です。挿入したページ番号には、フィールド変数という特殊な文字が使われているので、そのページが何ページ目になるかを自動的に計算して、適切な番号が表示されます。また、フッターに入力されたページ数の文字は通常の文字と同じように、フォントやフォントサイズを変更できます。ページ数が見にくいときは、文字を大きくするといいでしょう。

レッスン 64

文書を校正するには

新しいコメント、変更履歴の記録

ほかの人が作成した文書を確認したとき、気付いたことや変更点を文書に表示したいことがあります。そんなときは、コメントや変更履歴の機能が便利です。

コメントの挿入

1 コメントの挿入位置にカーソルを移動する

ここでは、土井垣さんが作った企画書を田中さんが確認してコメントを追加する

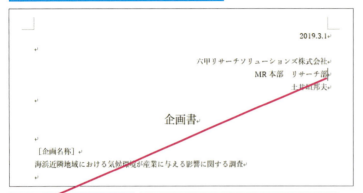

1 ここをクリックしてカーソルを表示

コメントを付ける単語をドラッグして選択してもいい

2 コメントを挿入する

カーソルの前後にある単語にコメントを付ける

1 [校閲]タブをクリック

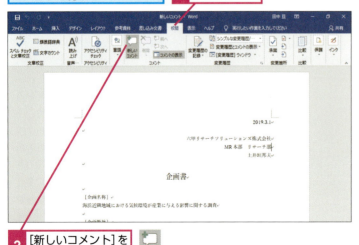

2 [新しいコメント]をクリック

▶ キーワード

校正	p.303
変更履歴	p.308

レッスンで使う練習用ファイル
新しいコメント.docx

■ ショートカットキー

[Ctrl] + [Shift] + [E]
……………… 変更履歴の記録

HINT!

特定の範囲にコメントを付けるには

特定の文字をドラッグして選択し、コメントを付けることもできます。文章で気になる部分があれば「て、に、を、は」を含めて文字を選択しましょう。

1 コメントを付ける文字をドラッグして選択

2 [校閲]タブをクリック

3 [新しいコメント]をクリック

選択した文字にコメントが付いた

4 コメントの内容を入力

③ コメントが挿入された

カーソルの位置から文脈が判断され、選択された単語にコメントが付いた

コメントは画面右側に表示される

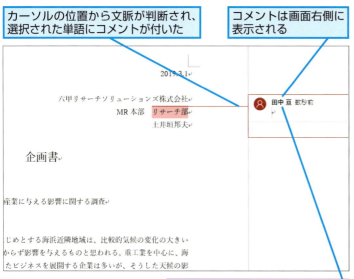

Wordを利用しているユーザー名が自動で表示される

④ コメントに文章を入力する

挿入したコメントに補足事項や注釈などを入力する

1 コメントを入力

HINT!
コメントにはユーザー名と日時が記録される

コメントを挿入すると、自動的にWordを利用しているユーザー名と入力した日時が記録されます。ほかの人が文書を確認したときに、誰がいつコメントを挿入したのか分かります。

コメントを挿入したユーザー名と時間が表示される

HINT!
次のコメントを素早く表示するには

複数のコメントが挿入されている場合、画面をスクロールしながら確認していると、見落とすかもしれません。文書に複数のコメントがあるときは、以下のように操作して前後のコメントに移動するといいでしょう。

1 ［次へ］をクリック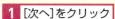

［前へ］をクリックすれば、前のコメントに移動できる

⚠ 間違った場合は？

間違った個所にコメントを挿入してしまった場合は、クイックアクセスツールバーの［元に戻す］ボタン（）で取り消し、手順1から操作をやり直しましょう。

次のページに続く

変更履歴の記録

5 変更履歴の記録を開始する

続けて、文書の変更履歴を記録する

文字の追加や削除など、文書の修正に関する操作が記録される

1 [校閲]タブをクリック

2 [変更履歴の記録]をクリック

変更履歴の記録が開始された

[変更履歴の記録]がオンになった

6 文字を追加する

脱字の個所に文字を追加する

1 ここをクリックしてカーソルを表示

2 「も」と入力し、Enterキーを押す

[企画趣旨]
当社の立地する西神工業地帯をはじめとする海浜近隣地域は、比較的気候の変化の大きいところが多く、地元産業にも少なからず影響を与えるものと思われる。重工業を中心に、海浜に隣接することをメリットとしたビジネスを展開する企業は多いが、そうした天候の影響を前提とした事業計画を立てざるを得ない状況にあること想定される。また、気候の変化が結果的に作業効率を低下させていた例もあり、そのあたりへのニーズは多いと予想される。そこで、そうした企業に回避策や改善策を提案するため、気温や風速、雨量などが実際の業務にいかなる影響を与えるのかについて客観的なデータを入手するための調査を行いたい。

文字が入力できた

[企画趣旨]
当社の立地する西神工業地帯をはじめとする海浜近隣地域は、比較的気候の変化の大きいところが多く、地元産業にも少なからず影響を与えるものと思われる。重工業を中心に、海浜に隣接することをメリットとしたビジネスを展開する企業は多いが、そうした天候の影響を前提とした事業計画を立てざるを得ない状況にあることも想定される。また、気候の変化が結果的に作業効率を低下させていた例もあり、そのあたりへのニーズは多いと予想される。そこで、そうした企業に回避策や改善策を提案するため、気温や風速、雨量などが実際の業務にいかなる影響を与えるのかについて客観的なデータを入手するための調査を行いたい。

文字を追加した行の左側に赤い縦線が表示された

HINT!
修正内容の色は自動的に変わる

変更履歴が記録された文書で、[校閲]タブの[変更内容の表示]を[すべての変更履歴/コメント]に切り替えると、加筆や削除の履歴が修正したユーザーごとに色分けされて表示されます。また変更された個所にマウスポインターを合わせると、文章の加筆や修正、削除を行ったユーザー名と日時が表示されます。
なお、[すべての変更履歴/コメント]を選んだ場合に表示される画面はWord 2010以前のバージョンでも表示が同じなので、以前のバージョンの画面に慣れている人は[すべての変更履歴/コメント]に表示を切り替えておくといいでしょう。

1 [変更内容の表示]のここをクリック

2 [すべての変更履歴/コメント]をクリック

[変更履歴の記録]がオンになっているときに修正された個所の履歴が表示される

⚠️ **間違った場合は？**

手順6で文字の追加や削除を間違えてしまったときは、クイックアクセスツールバーの[元に戻す]ボタン（）で編集を取り消して、あらためて修正し直しましょう。

❼ 文字を削除する

不要な文字を削除する

1 削除する文字をドラッグして選択

2 Deleteキーを押す

［企画名称］
海浜近隣地域における気候環境が産業に与える影響に関する調査

［企画趣旨］
当社の立地する西神工業地帯をはじめとする海浜近隣地域は、比較的気候の変化の大きいところが多く、地元産業にも少なからず影響を与えるものと思われる。重工業を中心に、海浜に隣接することをメリットとしたビジネスを展開する企業は多いが、そうした天候の影響を前提とした事業計画を立てざるを得ない状況にあることも想定される。また、気候の変化が結果的に作業効率を低下させていた例もあり、そのあたりへのニーズは多いと予想さ

文字を削除した行の左側に赤い縦線が表示された

［企画名称］
海浜近隣地域における気候が産業に与える影響に関する調査

［企画趣旨］
当社の立地する西神工業地帯をはじめとする海浜近隣地域は、比較的気候の変化の大きいところが多く、地元産業にも少なからず影響を与えるものと思われる。重工業を中心に、海浜に隣接することをメリットとしたビジネスを展開する企業は多いが、そうした天候の影響を前提とした事業計画を立てざるを得ない状況にあることも想定される。また、気候の変化が結果的に作業効率を低下させていた例もあり、そのあたりへのニーズは多いと予想さ

❽ 変更履歴の記録を終了する

修正が完了したので、変更履歴の記録を終了する

1 ［変更履歴の記録］をクリック

レッスン⑯を参考に名前を付けて文書を保存しておく

HINT!
変更内容の表示を切り替えるには

変更履歴が記録されている行には、赤い縦線が表示されます。この縦線をクリックすると、［シンプルな変更履歴/コメント］と［すべての変更履歴/コメント］の表示を切り替えられます。

1 赤い縦線をクリック

変更履歴が赤字で表示された

もう一度クリックすると、変更履歴が非表示になる

Point
コメントや変更履歴を残してほかの人に知らせる

［新しいコメント］は、文字通り文書にコメントを挿入して、補足事項や注釈を追加するための機能です。［変更履歴の記録］は、追加や削除した文字を色や線によって表すための機能です。変更履歴の機能がオンになっていれば、自分が作成した文書を誰がいつ、どういう内容に修正したのかを確認できます。部下が作成した企画書などを上司が確認する場合など、複数のメンバーで1つの文書を作成するときに利用するといいでしょう。

レッスン 65

校正された個所を反映するには

承諾

変更履歴が記録された文書は、変更の承認を行って修正結果を反映できます。変更履歴を確認して、指示通り修正するかそのままにするかを判断しましょう。

1 カーソルを移動する

変更履歴が記録された文書を開いておく

① 赤い縦線をクリック

変更履歴が表示された

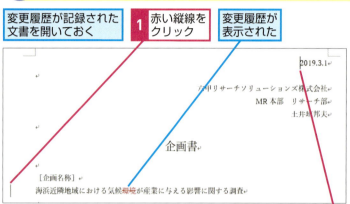

念のため、1行目の段落をクリックしてページ内の変更履歴を文頭から確認する

② ここをクリックしてカーソルを表示

2 変更個所に移動する

① [校閲]タブをクリック

② [次の変更箇所]をクリック

最初の変更個所に移動した

削除された文字が選択された

キーワード

検索	p.303
校正	p.303
変更履歴	p.308

📄 **レッスンで使う練習用ファイル**
承諾.docx

HINT!
元の文書を確認するには

校正済みの文書には、赤字や訂正線が挿入されているため、元の文章が読みにくい場合があります。以下のように操作すれば、元の文書の状態を確認できます。

① [校閲]タブをクリック

② [変更内容の表示]のここをクリック

③ [初版]をクリック

HINT!
変更を反映しないときは

変更履歴を確認し、修正個所を反映せずに元に戻すときは[校閲]タブの[元に戻して次へ進む]ボタン()をクリックします。

⚠ 間違った場合は？

間違って承諾・却下してしまったときには、クイックアクセスツールバーの[元に戻す]ボタン(↩)をクリックして取り消します。

③ 変更を承諾する

変更された内容を文書に反映する

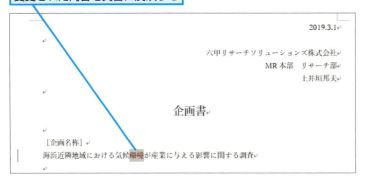

1 [承諾]をクリック

④ 変更内容が文書に反映された

赤字が消えて、変更内容が文書に反映された

次の変更履歴に移動した

ここでは手順2と手順3を参考に変更履歴を確認し、変更された内容を文書に反映する

レッスン⑱を参考に名前を付けて文書を保存しておく

HINT!
変更履歴の一覧を表示するには

1つのウィンドウに変更履歴をすべて表示するには、[変更履歴]作業ウィンドウを表示しましょう。すべての変更履歴が1つのウィンドウに表示されるので、校正内容や校正者を見落としにくくなります。

1 [校閲]タブをクリック

2 [[変更履歴]ウィンドウ]をクリック

[変更履歴]作業ウィンドウが表示された

校閲者名や校正内容を確認できる

Point
変更履歴を確認してから反映する

変更履歴を残せるWordの校正機能は、誰がどのように文章を修正したのかが記録として残るので、複数の人が1つの文書を共同で仕上げていくときに使うと便利です。入力した変更履歴には、校正者の名前も記録されるので、1つずつ確認しながら校正内容を反映できます。また、校正の承認機能は、Word 2016/2013/2010でも利用できます。そのため、別バージョンのWordを使っていても、このレッスンで解説しているように、コメントを読んだり、リボンを使って承認したりすることができます。

レッスン 66 文書の安全性を高めるには

文書の保護

大切な文書を第三者に閲覧されないようにするには、パスワードによる保護が有効です。パスワードを設定した文書は、パスワードを入力しないと開けなくなります。

文書の暗号化

1 [ドキュメントの暗号化]ダイアログボックスを表示する

作成した文書を、パスワードを入力しなければ開けないようにする

1 [ファイル]タブをクリック
2 [情報]をクリック
3 [文書の保護]をクリック
4 [パスワードを使用して暗号化]をクリック

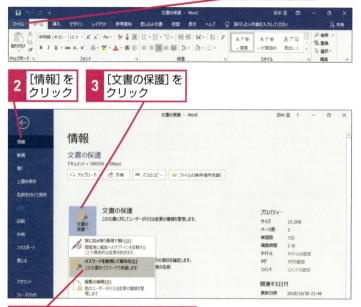

2 パスワードを入力する

[ドキュメントの暗号化]ダイアログボックスが表示された

1 パスワードを入力
入力中のパスワードは「●」で表示される
2 [OK]をクリック

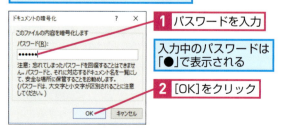

キーワード

暗号化	p.300
作業ウィンドウ	p.303
書式	p.303
ダイアログボックス	p.304
変更履歴	p.308

レッスンで使う練習用ファイル
文書の保護.docx

HINT!
そのほかの文書の保護方法

パスワードを使った暗号化のほかに、読み取り専用にしたり、編集に制限をかけたりして文書を保護できます。また、文書を作成した個人や法人を証明する「デジタル署名」を追加することもできます。文書を読み取り専用に設定するには、フォルダーウィンドウでWord文書のファイルを右クリックしてから、[プロパティ]をクリックし、[全般]タブの[読み取り専用]をクリックしてチェックマークを付けてから[OK]ボタンをクリックしましょう。

 間違った場合は？

手順2と手順3で入力するパスワードが異なるときは、手順3で「先に入力したパスワードと一致しません。」というメッセージが表示されます。手順2で入力したパスワードを再度入力してください。なお、手順3の画面で[キャンセル]ボタンをクリックすれば手順2の画面が表示されます。[キャンセル]ボタンをクリックすると、[情報]の画面から操作をやり直せます。

③ もう一度パスワードを入力する

[パスワードの確認]ダイアログボックスが表示された

確認のため、手順2で入力したパスワードを再度入力する

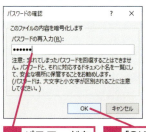

1 パスワードを入力
2 [OK]をクリック

④ Wordを終了する

文書にパスワードが設定された

文書にパスワードを設定できたのでWordを終了する

1 [閉じる]をクリック

文書の保存を確認するメッセージが表示された

[保存]をクリックしてパスワードを設定した文書を保存する

2 [保存]をクリック

HINT!
パスワードを忘れないように気を付けよう

パスワードを忘れてしまうと、その文書は二度と開けなくなります。設定したパスワードを忘れないようにしましょう。忘れる心配があるときには、第三者に見られない安全な場所に、パスワードを記録したファイルなどを保管しておくようにしましょう。

HINT!
パスワードに利用できる文字の種類は

パスワードには、英数文字と「!」や「#」などの半角記号の文字だけが利用できます。英文字は、大文字と小文字が区別されるので、パスワードを設定するときに、Caps Lockキーを押して大文字だけが入力できる状態になっていないかをよく確認しておきましょう。

HINT!
パスワードに利用できる文字数は

パスワードの文字数は、1〜255文字までになっています。長すぎるパスワードは覚えるのが大変ですが、短すぎると容易に解読されてしまう心配があるので、6文字以上のパスワードに設定するといいでしょう。

HINT!
どんなときにパスワードが必要なの？

個人の住所や連絡先、社外秘などの情報が入った文書には、パスワードを設定しておくといいでしょう。また、見積書や価格表のように、特定の相手以外に見られては困るような文書も、パスワードで保護しておくと安全です。

次のページに続く

暗号化した文書の表示

5 文書を保存したフォルダーを表示する

レッスン⑳を参考にフォルダー
ウィンドウを表示しておく

1 [ドキュメント]をクリック

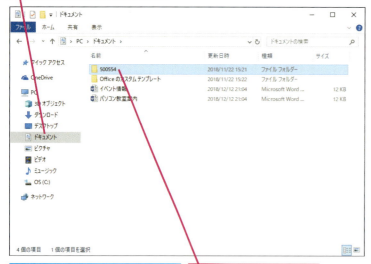

ここでは手順4で上書き保存した
[文書の保護.docx]を開く

2 [500554]をダブルクリック

3 [08syo]をダブルクリック

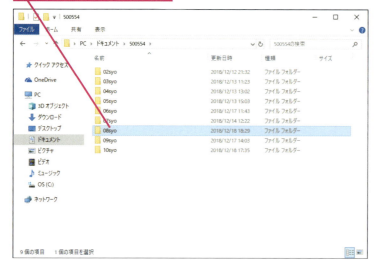

HINT!
パスワードを解除するには

設定されたパスワードを解除するには、230ページの手順1の操作で[ドキュメントの暗号化]ダイアログボックスを表示して、登録されているパスワードを削除します。ただし、パスワードが設定された文書は、手順6からの操作で紹介しているように設定済みのパスワードを入力しないと開けません。

1 [ファイル]タブをクリック

2 [文書の保護]をクリック

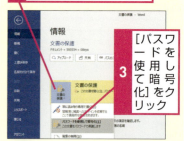

3 [パスワードを使用して暗号化]をクリック

[ドキュメントの暗号化]ダイアログボックスが表示された

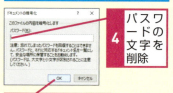

4 パスワードの文字を削除

5 [OK]をクリック

HINT!
パスワードを変更するには

パスワードを変更したいときには、[ドキュメントの暗号化]ダイアログボックスを表示します。上のHINT!を参考に登録されているパスワードをいったん削除してから新しいパスワードを入力しましょう。

 間違った場合は？

「パスワードが正しくありません。文書を開けません。」とメッセージが表示されたら、再度手順6から操作して正しいパスワードを入力し直してください。

⑥ 暗号化した文書を開く

[08syo]フォルダーが表示された

1 [文書の保護]をダブルクリック

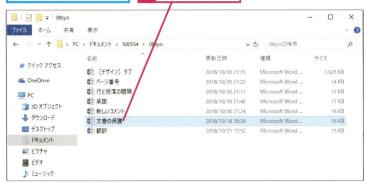

⑦ パスワードを入力する

[パスワード]ダイアログボックスが表示された

ここでは、文書に設定済みの「dekiru」というパスワードを入力する

1 パスワードを入力
2 [OK]をクリック

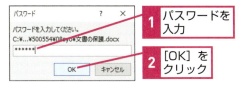

⑧ 文書が開いた

暗号化した文書を開くことができた

HINT!
編集を制限するには

編集の制限を設定すると、書式や編集などの操作に対して、利用できる機能を制限できます。[書式の制限]では、変更できる書式を詳細に設定できます。また、文書を開いたユーザーが一切データを変更できないように設定できるほか、変更履歴のみを残す、コメントの入力のみ許可するといった制限ができます。

手順1の操作4で[編集の制限]をクリックすると、[編集の制限]作業ウィンドウが表示される

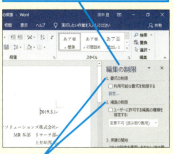

書式や編集に利用できる機能を制限できる

Point
パスワードを使って文書を安全に保護する

パスワードは、その文書にかける「鍵」のようなものです。パスワードを設定していない文書は、Wordを使えば誰でも開いて内容を閲覧して編集できます。社内やグループなどで文書を相互に編集する場合には、誰でも開ける方が便利です。しかし、社外の取引先に渡すとか、メールなどに添付して知人に送信する場合には、目的の相手以外がそのWord文書を開く心配があります。そのため、大切な情報が記録されている文書には、できるだけパスワードを設定して保護するようにしましょう。また、ほかの人に文書を渡すときは設定したパスワードを相手に伝えるのを忘れないようにしてください。

この章のまとめ

●手早く見やすい文書を作ろう

この章では、Wordで利用できるテンプレートのダウンロード方法やスタイルと配色の変更方法を紹介しました。テンプレートを利用すれば、カレンダーやメモ、レポート、はがきなど、さまざまな文書を作成できます。215ページのHINT!で解説した方法でテンプレートを検索してお気に入りの文書を作ってみましょう。テンプレートにはあらかじめ仮の文字が入力されているので、タイトルや本文を書き換えるだけですぐに目的の文書を作成できます。また、レッスン㉜以降では、長文作成に必須となる行間の調整方法やページ番号の入力方法を解説しました。レポートなど、文字が主体の文書を作るときは、文章を読みやすくして、文書のページ数を読み手に分からせることが大切です。さらに複数のメンバーで文書を確認して気になる点や修正する個所を残せるコメントや、変更履歴の記録に関する機能も紹介しました。この章で紹介した機能を活用して、目的に合わせた文書を作成できるようにしましょう。

テンプレートや長文作成に役立つ機能の利用

インターネットに接続された状態なら、スタート画面から数多くのテンプレートを検索して、目的の文書をすぐに作成できる。文字数が多い文書やページ数が多い文書では、行間を適切に設定して文書にページ数を挿入する

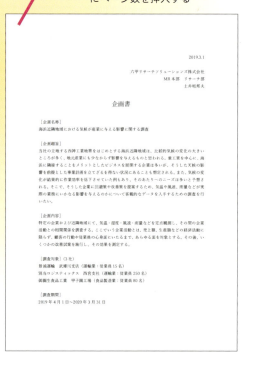

練習問題

1

インターネット経由で［イベント］のテンプレートを探して、好みの文書をダウンロードしてみましょう。

●ヒント：テンプレートは、Wordのスタート画面か［新規］の画面でダウンロードを実行します。

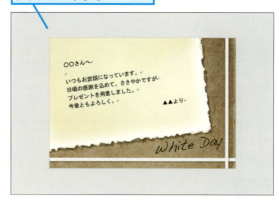

イベントのテンプレートをダウンロードする

2

練習用ファイルの［行と段落の間隔.docx］を開き、行間をすべて［2.0］に設定しましょう。

●ヒント：［段落］ダイアログボックスを表示して、［行間］の設定を変更します。

文書全体の段落の行間を広げる

答えは次のページ

解 答

1

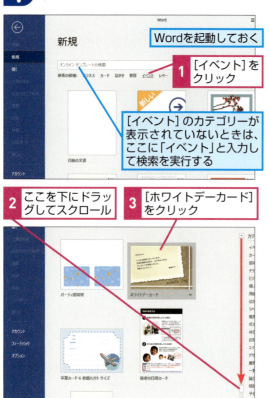

Wordを起動して、[イベント]をクリックし、表示されたテンプレートから好みの文書を選びます。Wordを起動して編集画面を表示しているときは、[ファイル]タブをクリックしてから[新規]をクリックしましょう。

2

まず、行間を変更する段落をドラッグして選択しましょう。ここではすべての段落の行間を変更するので、Ctrl+Aキーを押して文字をすべて選択しても構いません。

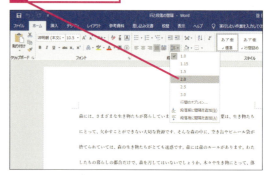

第9章 ほかのソフトウェアとデータをやりとりする

この章では、Excelの表やグラフ、パソコンの画面をコピーした画像データをWordの文書に貼り付ける方法を解説します。また、さまざまな環境で文書を閲覧できるようにするために、別のファイル形式で文書を保存する方法も紹介します。

●この章の内容
- ❻❼ Excelのグラフを貼り付けるには……………………238
- ❻❽ 地図を文書に貼り付けるには…………………………244
- ❻❾ 新しいバージョンで文書を保存するには……………248
- ❼⓪ 文書をPDF形式で保存するには………………………250

レッスン 67

Excelのグラフを貼り付けるには

[クリップボード] 作業ウィンドウ

Excelの表やグラフをWordの文書にコピーするには、Office専用のクリップボードを使いましょう。コピーするデータを確認しながら次々に貼り付けができます。

Excelの操作

1 Excelの [クリップボード] 作業ウィンドウを表示する

ここでは、Excelで作成した表とグラフをWordに貼り付ける

コピー元のExcelファイルと貼り付け先のWord文書を開いておく

1 [ホーム] タブをクリック
2 [クリップボード] のここをクリック

2 表を選択する

[クリップボード]作業ウィンドウが表示された

コピーする表のセル範囲を選択する

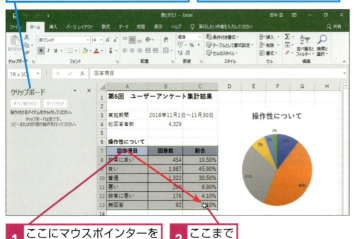

1 ここにマウスポインターを合わせる
2 ここまでドラッグ

キーワード

クリップボード	p.302
コピー	p.303
作業ウィンドウ	p.303
貼り付け	p.306

レッスンで使う練習用ファイル
クリップボード.docx
表とグラフ.xlsx

ショートカットキー

[Alt] + [Tab]
……………ウィンドウの切り替え
[Ctrl] + [C] …… コピー
[Ctrl] + [V] …… 貼り付け

HINT!

クリップボードって何？

クリップボードとは、文字や数字、表、グラフなどのデータを一時的に記憶する機能です。クリップボードはWindowsにもありますが、Windowsのクリップボードはデータを1つしか記憶できません。Officeで利用できるクリップボードは、複数のデータをまとめて記憶できます。このOfficeのクリップボードを表示する場所が [クリップボード] 作業ウィンドウです。Officeのクリップボードは、相互に連携しているので、ExcelでコピーしたデータをWordの文書に貼り付けられます。

⚠️ **間違った場合は？**

間違ったデータをコピーしてしまったときは、次ページや240ページのHINT!を参考にしてクリップボードのデータを消去し、もう一度手順1から操作をやり直しましょう。

③ 表をコピーする

セル範囲が選択され、枠線が表示された

1 [コピー] をクリック

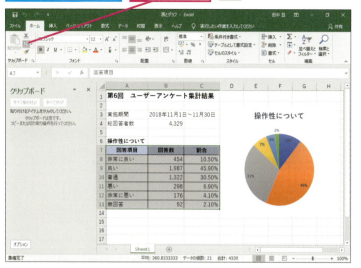

④ 表をコピーできた

表がコピーされ、点滅する点線が表示された

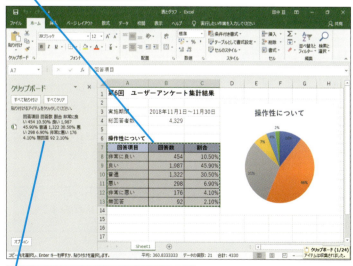

[クリップボード] 作業ウィンドウにコピーした表のデータが表示された

HINT!
クリップボードのデータを削除するには

クリップボードに一時的に記憶されているデータは、自由に削除できます。間違ったデータをクリップボードに記憶させてしまったときなどは、貼り付け時の間違いを防ぐために削除しておくといいでしょう。

1 削除するデータのここをクリック

2 [削除] をクリック

クリップボードのデータがなくなり、[クリップボード] 作業ウィンドウからも消えた

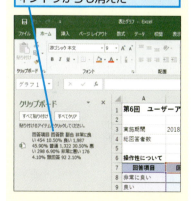

67 [クリップボード] 作業ウィンドウ

次のページに続く

⑤ グラフを選択する

続けてグラフを
コピーする

1 コピーするグラフを
クリック

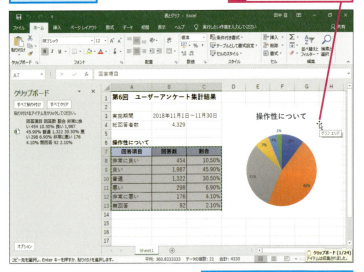

[グラフエリア]と表示される
場所をクリックする

⑥ グラフをコピーする

コピーするグラフが
選択された

グラフを選択すると、枠線と
ハンドルが表示される

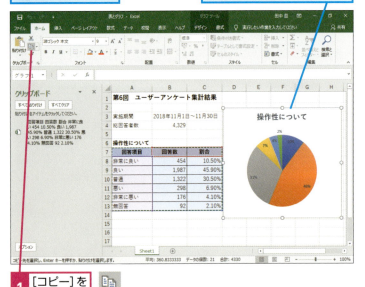

1 [コピー]を
クリック

HINT!

**グラフをコピーするときは
クリックする場所に注意しよう**

Excelのグラフを選択するときは、グラフをクリックする位置に注意しましょう。グラフ全体を正しくコピーするには、グラフにマウスポインターを合わせたときに、[グラフエリア]と表示される場所をクリックします。グラフの選択対象が分からなくなったときは、グラフをクリックすると表示される[グラフツール]の[書式]タブをクリックし、画面左上の[グラフ要素]の表示を確認しましょう。

グラフを選択しておく

1 [グラフツール]の[書式]
タブをクリック

選択されているグラフの
要素が表示される

HINT!

**[クリップボード]
作業ウィンドウのデータを
すべて消去するには**

Officeのクリップボードには24個までのデータを一時的に保存できます。それ以上コピーしたときは、古いものから順番に消去されます。[クリップボード]作業ウィンドウの[すべてクリア]ボタンをクリックすると、クリップボードのデータをすべて消去できます。

[すべてクリア]をクリックする
とクリップボードのすべてのデ
ータを消去できる

Wordの操作

7 Wordに切り替える

グラフがコピーされた

[クリップボード] 作業ウィンドウにコピーしたグラフの縮小画像が表示された

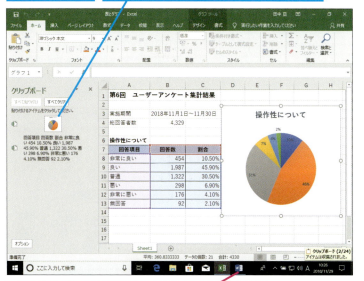

貼り付け先のWordの画面に切り替える

1 タスクバーにあるWordのボタンをクリック

8 Wordの [クリップボード] 作業ウィンドウを表示する

Wordの画面に切り替わった

1 [ホーム] タブをクリック

2 [クリップボード] のここをクリック

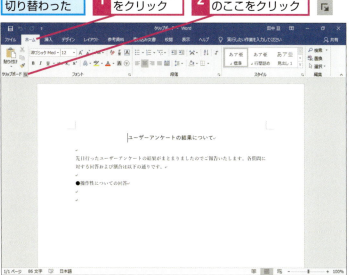

HINT!

画面を手早く切り替えるには

手順7でWordの画面に切り替える際、タスクバーのボタンをクリックして切り替えましたが、Alt + Tab キーを押すと、そのとき開いているウィンドウの中から、表示するウィンドウを選択できます。同時に複数のウィンドウを開いていて、画面を手早く切り替えたいときに便利です。

1 Alt キーを押しながら Tab キーを押す

開いているウィンドウやフォルダーが表示される

Alt キーを押したまま Tab キーを繰り返し押すと、画面が切り替わっていく

白い枠線が表示された状態で Alt キーを離すと、選択された画面が表示される

Wordの画面が表示された

次のページに続く

⑨ 表を貼り付ける

[クリップボード]作業ウィンドウが表示された	貼り付けるデータを[クリップボード]作業ウィンドウから選択する

貼り付ける場所にカーソルを表示する	1 ここをクリックしてカーソルを表示

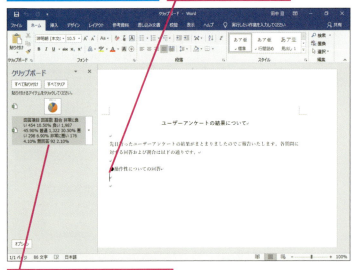

2 貼り付けるデータをクリック

⑩ グラフを貼り付ける

表が貼り付けられた	続けて、グラフを貼り付ける	1 ここをクリックしてカーソルを表示

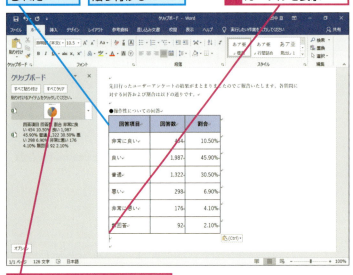

2 貼り付けるデータをクリック

HINT!
Excelで作成した表の書式を無効にするには

Excelの表のレイアウトや書式を無効にして、Wordで新規に書式を設定するには、表を貼り付けた直後に[貼り付けのオプション]ボタンをクリックし、[貼り付け先のテーマを使用してブックを埋め込む]をクリックしましょう。[貼り付けのオプション]ボタンは、ほかの操作を実行すると消えてしまいます。

1 [貼り付けのオプション]をクリック	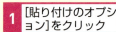

2 [貼り付け先のテーマを使用しブックを埋め込む]をクリック	

Excelで作成した表の書式が無効になる

HINT!
ExcelのブックとWordの文書に設定済みのテーマが異なるときは

Excelで作成した表と貼り付け先の文書で設定されているテーマが異なるときは、貼り付け元のブックに設定されていたテーマが表に設定されます。文書に設定したテーマで表の書式を統一するときは、上のHINT!を参考に、表のスタイルを設定し直しましょう。グラフでは、文書に設定されているテーマの書式に自動で置き換わります。

⚠ 間違った場合は？

間違った位置に貼り付けてしまったときは、クイックアクセスツールバーの[元に戻す]ボタン（）をクリックして、手順9から操作をやり直しましょう。

11 グラフの貼り付け方法を変更する

Excelと同じ書式でグラフが貼り付けられた

ここでは、貼り付けたグラフを画像に変更する

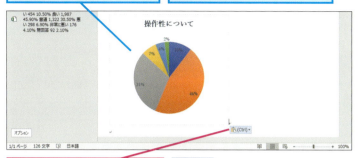

1 [貼り付けのオプション]をクリック

2 [図]をクリック

12 グラフの貼り付け方法が変更された

貼り付けられたグラフが画像に変わった

[閉じる]をクリックして、[クリップボード]作業ウィンドウを非表示にしておく

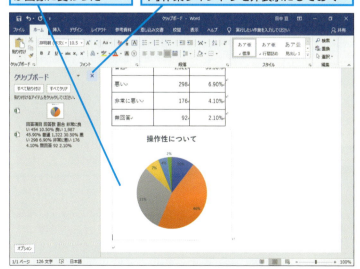

[閉じる]をクリックしてExcelを終了しておく

レッスン⑱を参考に名前を付けて文書を保存しておく

HINT!
貼り付けたデータをExcelと連動させるには

Excelのグラフは、[貼り付け先テーマを使用しデータをリンク]という形式で貼り付けられます。そして「貼り付け先のWordの書式を適用して、Excelのデータと連動する」という設定で、Excelのデータを変更すると、Wordのグラフも自動的に更新されます。グラフを貼り付けた後、[貼り付けのオプション]ボタンをクリックして、[元の書式を保持しデータをリンク]を選ぶと、Excelで設定した書式のまま、Wordに貼り付けたグラフがExcelと連動します。

1 [貼り付けのオプション]をクリック

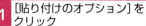

[貼り付け先テーマを使用しデータをリンク]か[元の書式を保持しデータをリンク]をクリックすると、データが連動する

Point
表やグラフはまとめてコピーすると便利

Officeに用意されているクリップボードは、コピーしたデータを連続して記憶し、何度でも貼り付けて使うことができます。また、このレッスンのように、Excelで作成した複数のデータをまとめてWordで使うときなどに活用できます。貼り付けたデータは[貼り付けのオプション]ボタンで貼り付け後に書式を変更できます。[クリップボード]作業ウィンドウを利用して、Excelの表やグラフのデータをWordにコピーし、説得力ある文書を作りましょう。

レッスン 68 地図を文書に貼り付けるには
スクリーンショット

スクリーンショットのキーを使うと、画面に表示されている情報を文書に貼り付けられます。ここでは、Webブラウザーに表示した地図を文書に挿入します。

スクリーンショットの撮影

 Bingマップで地図を検索する

| Microsoft Edgeを起動しておく | ここではBingマップのWebページを表示する |

▼Bingマップのツェブページ
https://www.bing.com/maps/

1 左のURLを参考にBingマップのWebページを表示

| Bingマップのツェブページが表示された | 文書に貼り付ける地図を表示する |

2 ここに「秋葉原 UDX」と入力　　**3** [検索]をクリック

テクニック ⊞キー+Shiftキー+Sキーで画面を切り取れる

2017年4月に公開されたWindows 10 Creators Update以降から、⊞キー+Shiftキー+Sキーで画面の領域を自由に切り取って貼り付けられます。画面の切り取りを実行すると、上部に[四角形クリップ]などのアイコンが表示されます。切り取り方法を選び、ドラッグして領域を選択します。画面が切り取られると、サムネイルとクリップボードに保存されたというメッセージが表示されます。

画面上部に切り取り用のアイコンが表示される

 動画で見る
詳細は3ページへ

キーワード

Bing	p.300
Microsoft Edge	p.300
クリップボード	p.302
作業ウィンドウ	p.303
スクリーンショット	p.304

 レッスンで使う練習用ファイル
スクリーンショット.docx

ショートカットキー

Alt + PrintScreen …アクティブウィンドウの画面をコピー

HINT!
好みのWebブラウザーを使おう

このレッスンでは、Windows 10に搭載されているMicrosoft Edgeで操作を紹介していますが、別のブラウザーを利用しても構いません。Internet ExplorerやGoogle Chromeなどを利用しても同様に操作ができます。

HINT!
どんな地図でも利用できる

スクリーンショットとしてクリップボードにコピーできれば、どんな画面でもWordの文書に貼り付けて利用できます。ここではマイクロソフトが提供しているBingマップの地図を利用しますが、Googleマップなどの地図サービスなどを利用しても構いません。

▼GoogleマップのWebページ
https://www.google.co.jp/maps/

❷ 地図を縮小表示する

| 秋葉原 UDXの場所が地図に表示された | 続いて地図の表示を縮小する | 1 [縮小]をクリック |

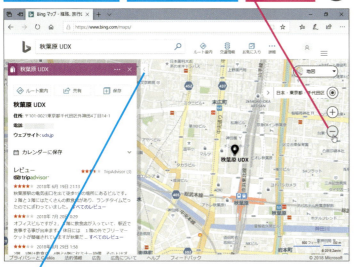

ここをクリックすると、地図の表示が広がる

❸ スクリーンショットをコピーする

| 地図の表示が縮小された | 地図のスクリーンショットを画像としてコピーする | 1 Alt + PrintScreen キーを押す |

地図のスクリーンショットがコピーされた

[OneDrive]にスクリーンショットを保存するかを選択する画面が表示されたときは、[後で確認する]をクリックする

HINT! どんな画面でもコピーできる

PrintScreenキーは、パソコンの画面に表示されているデータを画像としてコピーする機能です。手順3のように、Altキーと組み合わせると、手前に表示されているウィンドウの画像データだけがコピーされます。PrintScreenキーを使うと、地図だけではなく、どんな画面でもWordの編集画面に貼り付けられます。ただし、動画やゲームアプリのプレイ画面などはコピーできない場合があります。なお、一部のノートパソコンでPrintScreenキーを利用するには、AltキーとFnキーも一緒に押します。

HINT! 画面全体をコピーできる

Altキーを使わずにPrintScreenキーだけを押すと、パソコンに表示されているすべての画面がコピーされます。なお、画面の解像度が高い場合、コピーした画像のデータがWordのクリップボードに表示されない場合があります。

HINT! 画像の著作権に注意しよう

Webページなどに掲載されている画像にはすべて著作権があります。インターネット上にあるデータだからといって、何でも自由に利用できるわけではありません。Webページに掲載されている画像を利用するときは、個人で利用する文書にとどめておきましょう。Webページによっては、画像の利用について規約を明記している場合もあり、自由にデータを利用できる場合と利用できない場合があるので、よく内容を確認しておきましょう。また、人物写真などを勝手に利用すると、肖像権の侵害となる場合もあります。

次のページに続く

スクリーンショットの挿入

❹ スクリーンショットを挿入する

練習用ファイルを表示する

1 タスクバーにあるWordのボタンをクリック

2 「マップ」の下の改行の段落記号をクリック

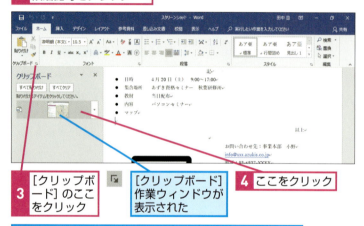

3 [クリップボード]のここをクリック

[クリップボード]作業ウィンドウが表示された

4 ここをクリック

[クリップボード]作業ウィンドウにコピーしたデータが表示されていないときは、[貼り付け]をクリックする

❺ スクリーンショットが挿入された

スクリーンショットが挿入された

1 [閉じる]をクリック

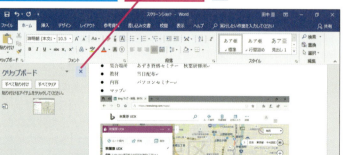

[クリップボード]作業ウィンドウが非表示になる

続いて画像の切り取りを実行する

HINT!
Wordの機能でスクリーンショットをコピーできる

Wordにもスクリーンショットをコピーして編集画面に挿入する機能が用意されています。この機能を使う場合には、あらかじめコピーしたいウィンドウを直前に開いておくようにしましょう。

コピーするウィンドウを開いてからWordの画面を表示する

1 [挿入]タブをクリック
2 [スクリーンショット]をクリック

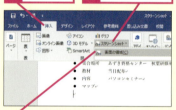

3 [画面の領域]をクリック

画面をドラッグすると、文書に画像が挿入される

HINT!
トリミングで切り取られた画像はどうなるの?

レッスン㊿で紹介した画像のトリミングと同じく、手順6でトリミングする画像は、データとしてはそのまま残っています。そのため、手順7の状態でも[トリミング]ボタンをクリックすれば、切り取り範囲を変更できます。

⚠ 間違った場合は?

手順4で挿入するスクリーンショットの内容が間違っていたときは、画像をクリックして Delete キーを押し、画像を削除します。再度手順3から操作して正しいスクリーンショットをコピーしましょう。

6 画像の切り取りを実行する

1 スクリーンショットをクリック
2 [図ツール]の[書式]タブをクリック
3 [トリミング]をクリック

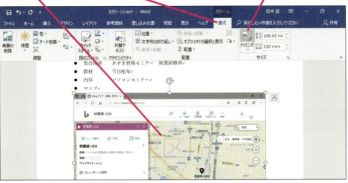

4 ここにマウスポインターを合わせる
マウスポインターの形が変わった
5 ここまでドラッグ
6 [トリミング]をクリック

7 画像が切り取られた

画像の一部が切り取られた

HINT!
画像の大きさを数値で指定するには

貼り付けた画像の大きさは、171ページのHINT!で紹介しているようにハンドルをドラッグして変更ができます。また、数値でも指定ができます。より詳細に画像のサイズを指定するには、[サイズ]の[図形の高さ]と[図形の幅]に数値を入力しましょう。

[図形の高さ]と[図形の幅]に数値を入力してサイズを変更できる

HINT!
自由な位置に移動するには配置方法を変更する

レッスン㊾で解説したように、手順4で挿入した画像も[行内]という方法で配置されます。自由な位置に画像を移動できるようにするには、170ページや171ページを参考にして、画像の配置方法を変更しましょう。

Point
スクリーンショットを活用して文書に多彩な情報を盛り込む

地図をはじめ、インターネットではさまざまな情報を検索できます。スクリーンショットを活用して、検索した画面をWordの文書に貼り付けると、情報を分かりやすく伝えられます。ただし、インターネットには、著作権や肖像権で保護されている情報や画像もあります。そのため、情報は私的な利用にとどめるか、情報を提供しているWebサイトの利用規約などを確認して、許可された範囲で活用しましょう。

レッスン 69 新しいバージョンで文書を保存するには

ファイルの種類

Word 2003より前のバージョンで作成した文書（.doc）は、Word 2007以降のファイル形式（.docx）で保存ができます。その方法を紹介しましょう。

① [名前を付けて保存] ダイアログボックスを表示する

[Word 97-2003文書] 形式の文書を [Word文書] 形式で保存する

1. [ファイル]タブをクリック
2. [名前を付けて保存]をクリック
3. [このPC]をクリック
4. [参照]をクリック

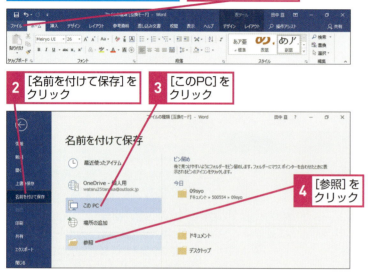

② 文書を [Word文書] 形式で保存する

[名前を付けて保存] ダイアログボックスが表示された

1. ここをクリックして「ファイルの種類（word2019用）」と入力
2. [ファイルの種類]をクリックして [Word文書]を選択
3. [保存]をクリック

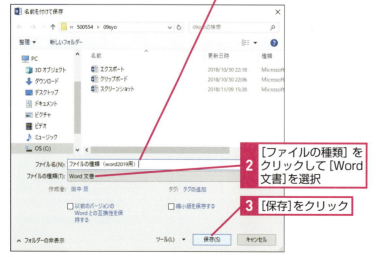

▶ キーワード

ダイアログボックス	p.304
文書	p.308

レッスンで使う練習用ファイル
ファイルの種類.doc

HINT!
新旧の文書ファイルの互換性とは

Word 2007以降では [Word文書]、Word 2003以前のバージョンでは、[Word 97-2003文書] が標準のファイル形式です。Word 2019では、新旧どちらの文書ファイルも開けますが、Word 2007以降に追加された機能で編集した文書は、[Word文書] のファイル形式を選ばないと、正確に保存されません。

HINT!
古い文書ファイルの互換性を維持したいときは

古い文書ファイルを [Word文書] 形式に変更して保存するとき、互換性が維持できるかどうか心配なときは、手順2で [以前のバージョンのWordとの互換性を保持する] にチェックマークを付けて保存します。すると、レイアウトなど細かい設定などの互換性を最大限に維持したまま [Word文書] として保存できます。

⚠ **間違った場合は？**

手順2で選択するファイルの種類を間違えたときは、正しいファイルを種類を選び直しましょう。

テクニック 古い形式で保存することもできる

ここでは新しいファイル形式で保存していますが、古い形式の［Word97-2003文書］に変更することもできます。Word 2007以降に搭載されたSmartArtや図のスタイル、図の効果、図形のスタイルを利用した文書も保存自体は可能です。しかし、Word 2003では、それらのデータの再編集はできません。

■［名前を付けて保存］ダイアログボックスを表示しておく

1 ここをクリックして「(word2003用)」と入力

2 ［ファイルの種類］をクリックして［Word 97-2003文書］を選択

3 ［保存］をクリック

4 古いバージョンと互換性がない機能や書式を確認

5 ［続行］をクリック

［Word 97-2003文書］形式で保存される

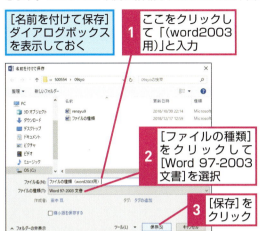

3 ファイルの保存を確認する

ファイル形式の変更に関するメッセージが表示された

1 ［OK］をクリック

4 文書が［Word文書］形式で保存された

［Word文書］形式で保存された

1 手順2で入力したファイル名が表示されていることを確認

HINT! 新旧の文書ファイルで拡張子が異なる

［Word文書］形式の拡張子は「docx」、［Word 97-2003文書］形式の拡張子は「doc」になっています。拡張子が異なるので、ファイル名が同じままでも同じフォルダーに保存ができるのです。なお、Windowsの初期設定では拡張子が表示されません。

Point Word 2007以降の機能を使うには［Word文書］形式で保存する

Word 2007以降の［Word文書］形式では、Word2007から搭載されている図の効果や図形のスタイル、SmartArtなどの機能や書式を利用できます。古いバージョンのWordを使う機会がほとんどないのであれば、文書を［Word文書］形式で保存しておきましょう。

レッスン 70 文書をPDF形式で保存するには

エクスポート

Wordを使っていない相手に文書の内容を見てもらうには、文書をPDF形式で保存するといいでしょう。PDFファイルなら、さまざまなアプリで閲覧できます。

1 [PDFまたはXPS形式で発行] ダイアログボックスを表示する

作成した文書をPDF形式で保存する

1 [ファイル]タブをクリック
2 [エクスポート]をクリック
3 [PDF/XPSドキュメントの作成]をクリック
4 [PDF/XPSの作成]をクリック

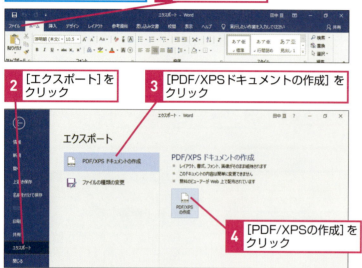

2 文書をPDF形式で保存する

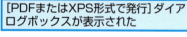

[PDFまたはXPS形式で発行]ダイアログボックスが表示された

1 [ドキュメント]をクリック
2 [ファイルの種類]が[PDF]になっていることを確認
3 [発行後にファイルを開く]にチェックマークが付いていることを確認
4 [発行]をクリック

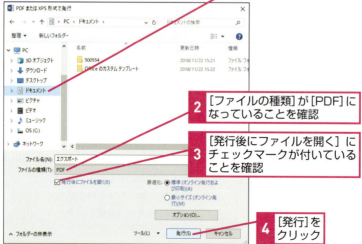

▶キーワード

PDF形式	p.300
ダイアログボックス	p.304

 レッスンで使う練習用ファイル
エクスポート.docx

HINT!
[名前を付けて保存]でもPDFで保存できる

[名前を付けて保存]ダイアログボックスでも、[ファイルの種類]で[PDF]を選べます。[PDF]を選ぶと手順2と同じ画面が表示されます。

HINT!
PDFを細かく設定できる

[PDFまたはXPS形式で発行]ダイアログボックスでは、[最適化]でファイルサイズを小さくするか、印刷の品質を高めるかを選択できます。また、手順2で[オプション]ボタンをクリックすると、PDFとして保存するページの範囲やパスワードによる暗号化などを設定できます。

[オプション]ダイアログボックスで、ページ範囲やパスワードなどを設定できる

ほかのソフトウェアとデータをやりとりする 第9章

③ PDFを確認する

標準の設定ではMicrosoft EdgeでPDFが表示される

1 ここを下にドラッグしてスクロール

④ PDFを閉じる

PDFを確認できた

1 [閉じる]をクリック

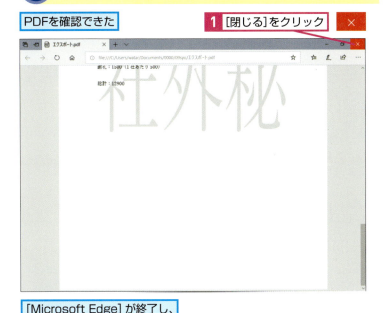

[Microsoft Edge] が終了し、PDFが閉じた

HINT!
PDF閲覧ソフトがあればすぐに開ける

Windows 10ではMicrosoft Edgeが手順3で起動します。Adobe Acrobat Reader DCのようなPDF閲覧ソフトをインストールしておくと、そちらが自動で起動します。

HINT!
PDF形式のファイルをWordで開ける

PDF形式のファイルをWordで開くと、文書に変換するかどうか確認するメッセージが表示されます。ここで［OK］ボタンをクリックすると、Wordの編集画面にPDFが編集できる文書として表示されます。ただし、すべてのPDFが編集できるわけではありません。

Point
PDFファイルならWordがなくても閲覧できる

PDF（Portable Document Format）は、アドビ システムズが開発した電子文書のファイル形式です。Microsoft Edgeのほかに、Adobe Acrobat Reader DCなどのPDF閲覧ソフトで閲覧できます。Wordがパソコンにインストールされていなくても、PDF閲覧ソフトがインストールされていれば、どんなパソコンでも閲覧できるので便利です。またパスワードによる暗号化も設定できるので、機密性の高い文書にも利用できます。

この章のまとめ

●データを有効に利用しよう

これまでの章では、Wordを利用してさまざまな文書を作成する方法を紹介してきました。この章では、ほかのソフトウェアで表示したり作成したりしたデータをWordの文書に貼り付ける方法を解説しています。説得力があり、ビジュアル性に富んだ文書を作るときにグラフや表は欠かせません。Excelがパソコンにインストールされていれば、Excelのデータを簡単にコピーして利用できます。レッスン㊽で解説したように、パソコンに表示された画面をコピーし、画像ファイルを文書に挿入するのもWordならお手のものです。

また、数多くのユーザーが利用しているWordですが、すべてのユーザーがWord 2019やWord 2016、Word 2013、Word 2010を使っているとは限りません。そもそもパソコンにWordがインストールされていなければ、Wordで作成した文書を確認できません。Wordが使えない相手に確実に文書を読んでもらいたいときは、PDF形式で文書を保存する方法が役に立ちます。さまざまなアプリとデータをやりとりする方法を覚えれば、さらに効率よくデータを利用できるようになります。

データの利用と変換

ほかのアプリのデータを利用する方法と、Wordの文書をほかのアプリで利用できるようにする方法を覚えれば、データを効率よくやりとりできる

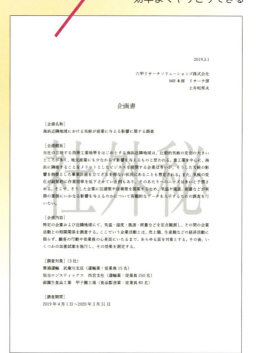

練習問題

1

Excelで［rensyu9.xlsx］を開き、新しいWord文書にグラフをコピーしましょう。Excelでデータを変更したとき、Wordの文書に貼り付けたグラフのデータが更新されるように設定します。

●ヒント：Excelでデータを変更して、Wordの文書に貼り付けたグラフが自動的に更新されるようにするには、［貼り付けのオプション］ボタンで設定します。

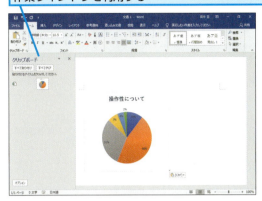

グラフのコピーや貼り付けには、［クリップボード］作業ウィンドウを利用する

2

［rensyu9.doc］を開き、互換性を保持したまま［Word文書］形式で文書を保存してみましょう。

●ヒント：［名前を付けて保存］ダイアログボックスで設定を変更します。

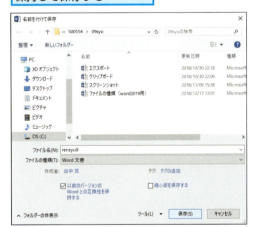

ここでは、文書の互換性を保持して保存する

答えは次のページ

解答

1

[rensyu9.xlsx]を開き、Wordの新規文書を表示しておく

1. [ホーム]タブをクリック
2. [クリップボード]のここをクリック
3. [グラフエリア]をクリック
4. [コピー]をクリック

貼り付け先のWordの画面に切り替える

5. タスクバーにあるWordのボタンをクリック

コピーするデータを画面で確認して貼り付けを行うには、[クリップボード]作業ウィンドウを利用します。グラフの貼り付け直後に[貼り付けのオプション]ボタンを忘れずにクリックしましょう。

レッスン㊼を参考に、[クリップボード]作業ウィンドウを表示しておく

6. グラフを貼り付ける場所をクリック
7. 貼り付けるデータをクリック
8. [貼り付けのオプション]をクリック
9. [元の書式を保持しデータをリンク]をクリック

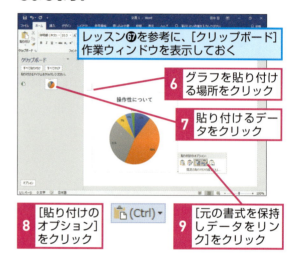

2

[rensyu9.doc]を開いておく

1. [ファイル]タブをクリック

2. [名前を付けて保存]をクリック

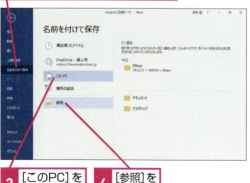

3. [このPC]をクリック
4. [参照]をクリック

文書の互換性を保持して保存し直すには、[以前のバージョンのWordとの互換性を保持する]にチェックマークを付けて保存します。

5. [ファイルの種類]をクリックして[Word文書]を選択

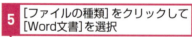

6. [以前のバージョンのWordとの互換性を保持する]をクリックしてチェックマークを付ける
7. [保存]をクリック

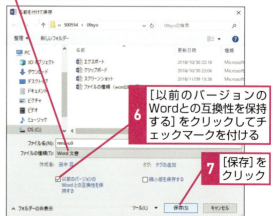

第10章 Wordをクラウドで使いこなす

OneDriveとは、誰でも無料で使える、マイクロソフトのクラウドサービスです。WindowsやOfficeといったマイクロソフト製品との親和性が高いので、Wordからとてもスムーズに利用できます。この章では、OneDriveを使ってWordの文書をスマートフォンで閲覧したり、複数の人と共有したりする方法について解説します。

●この章の内容
- ㊆ 文書をクラウドで活用しよう……………………………256
- ㊇ 文書をOneDriveに保存するには………………………258
- ㊈ OneDriveに保存した文書を開くには…………………260
- ㊉ ブラウザーを使って文書を開くには……………………262
- ㊋ スマートフォンを使って文書を開くには…………………264
- ㊌ 文書を共有するには………………………………………268
- ㊍ 共有された文書を開くには………………………………272
- ㊎ 共有された文書を編集するには…………………………274

レッスン 71 文書をクラウドで活用しよう

クラウドの仕組み

OneDriveを使うと、インターネット経由で複数の人とファイルを共有できます。OneDriveは、パソコンだけでなく、スマートフォンやタブレットでも利用できます。

クラウドって何？

クラウドとは、インターネット経由で利用できるさまざまなサービスの総称や形態のことです。WebメールやSNS（ソーシャルネットワーキングサービス）などもクラウドサービスの一種です。この章で解説するOneDriveとは、ファイルをインターネット経由で共有できるクラウドサービスです。OneDriveに文書を保存すると、スマートフォンからアプリで編集できるようになります。また、共有を設定するだけで、複数の人が同時に同じ文書を閲覧したり編集できるようになります。

▶キーワード	
Microsoft Edge	p.300
Microsoftアカウント	p.300
Office.com	p.300
OneDrive	p.300
Word Online	p.300
共有	p.302
クラウド	p.302
ファイル	p.307

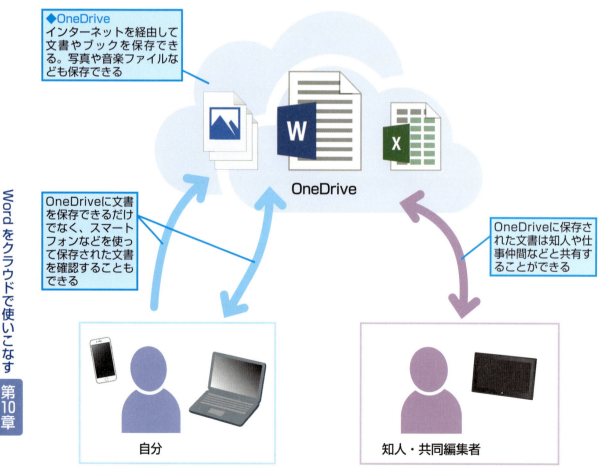

◆OneDrive
インターネットを経由して文書やブックを保存できる。写真や音楽ファイルなども保存できる

OneDriveに文書を保存できるだけでなく、スマートフォンなどを使って保存された文書を確認することもできる

OneDriveに保存された文書は知人や仕事仲間などと共有することができる

自分　　　知人・共同編集者

MicrosoftアカウントとOneDrive

OneDriveを使うためには、Microsoftアカウントを取得する必要があります。取得は無料でできます。すでに取得済みの場合は、すぐにOneDriveの利用が可能です。また、Windows 10にMicrosoftアカウントでサインインしているときは、そのアカウントがそのままWord 2019とOneDriveで利用できます。

OneDriveを開く4つの方法

MicrosoftアカウントでOneDriveを開くには、下の画面にある4つの方法があります。なお、インターネット上で提供されているサービスを利用するとき、登録済みのIDやパスワードを入力してサービスを利用可能な状態にすることを「サインイン」や「ログイン」と呼びます。事前にサインインを実行しておけば、すぐにOneDriveを開けます。

HINT!
Microsoftアカウントって何？

Microsoftアカウントとは、マイクロソフトが提供するサービスを利用するための専用のIDとパスワードのことです。IDは「○△□●◇@outlook.jp」や「○△□●◇@hotmail.co.jp」などのメールアドレスになっており、マイクロソフトが提供するメールサービスやアプリを利用できます。

●Wordから開く

[開く]の画面で[OneDrive]をクリックする

●Webブラウザーから開く

Microsoft EdgeなどのWebブラウザーでOneDriveのWebページを表示する

●エクスプローラーから開く

エクスプローラーを起動して[OneDrive]をクリックする

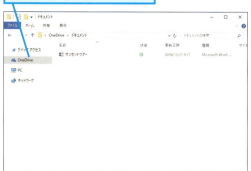

●スマートフォンやタブレットから開く

モバイルアプリを使って表示する

レッスン 72 文書をOneDriveに保存するには

OneDriveへの保存

Microsoftアカウントでサインインが完了していれば、WordからOneDriveにすぐ文書を保存できます。パソコンの中に保存するのと同じ感覚で使えます。

① [名前を付けて保存]ダイアログボックスを表示する

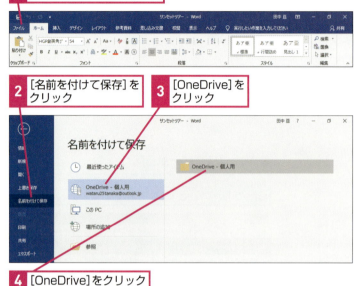

1 [ファイル]タブをクリック
2 [名前を付けて保存]をクリック
3 [OneDrive]をクリック
4 [OneDrive]をクリック

② 保存するOneDriveのフォルダーを選択する

[名前を付けて保存]ダイアログボックスが表示された

ここでは[ドキュメント]フォルダーを選択する

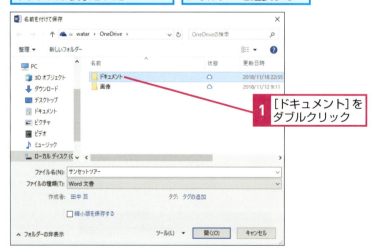

1 [ドキュメント]をダブルクリック

キーワード

Microsoftアカウント	p.300
OneDrive	p.300

 レッスンで使う練習用ファイル
サンセットツアー.docx

HINT!
OneDriveを利用できないときは

手順1の操作4でOneDriveを選択できないときは、インターネットへの接続を確認しましょう。

HINT!
OneDriveに保存済みの文書はオフラインでも編集ができる

OneDriveに保存した文書は、インターネット上の領域（クラウド）に保管されます。パソコンとOneDriveの同期設定がされていれば、インターネットに接続していなくてもフォルダーウィンドウの[OneDrive]からファイルを開いて編集ができます。編集した文書は、パソコンがインターネットに接続されたとき、自動でパソコンとOneDriveの間で同期が行われ、ファイルの内容が同じになります。

 間違った場合は？

手順2で保存するフォルダーを間違って選択したときは、左上の[戻る]ボタン（←）で前の画面に戻り、正しいフォルダーを選び直しましょう。

③ ファイルを保存する

OneDriveの［ドキュメント］フォルダーが表示された

1 ［保存］をクリック

④ OneDriveに保存された

OneDriveに文書がアップロードされる

アップロード中は、［OneDriveにアップロードしています］というメッセージが表示される

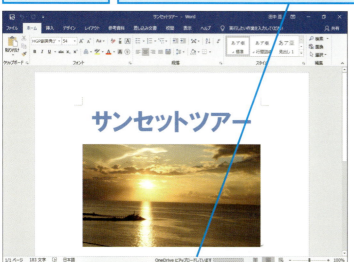

文書がOneDriveに保存された

アップロードが完了するとメッセージが消える

HINT!

OneDriveで利用できる容量とは

OneDriveの容量は、5GBまでは無料で利用できます。それ以上の容量を利用するときは、以下の料金で使用容量を増やせます（2018年12月現在）。また、Office 365 SoloやOneDrive for Businessに加入するとOneDriveのストレージが1TB追加されます。

●OneDriveのプラン

容量	価格
5 GB	無料
50 GB	249 円／月
1 TB	1,274 円／月※ 12,744 円／年

※Office 365 Soloで利用できるOffice 365サービスを含む

Point

OneDriveで文書の利便性と安全性が高まる

OneDriveを利用すると、Wordの文書をクラウドに保存できます。OneDriveに保存された文書は、専用のアプリを使ってスマートフォンやタブレットから編集できるようになります。また、Wordをインストールしていないパソコンからでも、Webブラウザーを使って、閲覧や編集もできます。そして、OneDriveに文書を保存しておけば、もしもパソコンが壊れてしまったとしても、クラウドで安全に保管されているので、文書を失う心配がなくなります。

レッスン 73

OneDriveに保存した文書を開くには

OneDriveから開く

WordからOneDriveに保存した文書は、パソコンに保存した文書と同じように、インターネットを経由してクラウドから開いて編集できます。

① [開く]の画面を表示する

レッスン❷を参考にWordを起動しておく

1 [他の文書を開く]をクリック

 動画で見る
詳細は3ページへ

▶ キーワード

| OneDrive | p.300 |

HINT!

フォルダーウィンドウからOneDriveのファイルを開くには

OneDriveに保存された文書は、Wordだけではなくフォルダーウィンドウからも開けます。フォルダーウィンドウでもOneDriveのフォルダーにファイルをアップロードできますが、パソコンの容量に余裕があるときは、コピーをしてからアップロードしましょう。

レッスン⑳を参考にフォルダーウィンドウを表示しておく

1 [OneDrive]をクリック

2 [ドキュメント]をダブルクリック

保存されたファイルが表示された

② OneDriveのフォルダーを開く

[開く]の画面が表示された

1 [OneDrive]をクリック　　2 [ドキュメント]をクリック

③ OneDriveにあるファイルを表示する

OneDriveの[ドキュメント]にフォルダーにあるファイルが表示された

1 ファイルをダブルクリック

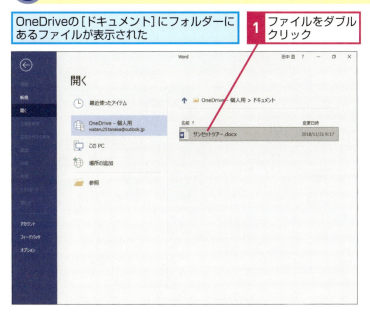

④ OneDriveにあるファイルが表示された

編集画面にファイルが表示された

HINT!
OneDriveを通知領域から表示するには

通知領域にあるOneDriveのアイコンを使うと、アップロードの状況などを確認できます。また、OneDriveの状況を確認する画面から、OneDriveのフォルダーも開けます。また[その他]から[オンラインで表示]をクリックすると、Webブラウザーで表示できます。

1 [隠れているインジケーターを表示します]をクリック

2 [OneDrive]をクリック

OneDriveとの同期状況が表示された

3 [フォルダーを開く]をクリック

フォルダーウィンドウにOneDriveのフォルダーが表示される

Point
クラウドを意識せずに自由に操作できる

WordやWindowsでは、OneDriveというクラウドにある文書の保管場所が、パソコンのフォルダーの一部であるかのように操作できるようになっています。そのため、保存や読み込みなどの操作は、通常の文書と同様です。OneDriveから開いた文書も、Wordで保存を実行すれば、クラウドにある文書が更新されます。

レッスン 74

ブラウザーを使って文書を開くには

Word Online

OneDriveに保存された文書は、Wordだけではなく Webブラウザーで閲覧や編集ができます。Wordが入っていないパソコンでも、この方法で文書を利用できます。

① OneDriveのWebページを表示する

レッスン❸を参考にMicrosoft Edgeを起動しておく

▼OneDriveのWebページ
https://onedrive.live.com/

1 ここにOneDriveのURLを入力

2 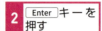 キーを押す

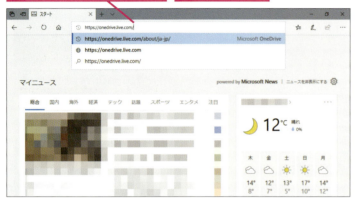

キーワード	
Microsoft Edge	p.300
Microsoftアカウント	p.300
Word Online	p.300

HINT!

サインインの画面が表示されたときは

OneDriveのWebページを開こうとすると、サインインの画面が表示されることがあります。そのときは、OneDriveを利用しているMicrosoftアカウントでサインインしてください。Windows 10/8.1でWindowsのサインインをMicrosoftアカウントで行っているときは、OneDriveも同じアカウントでサインインできます。

1 [サインイン]をクリック

2 Microsoftアカウントのメールアドレスを入力

3 [次へ]をクリック

4 パスワードを入力

5 [サインイン]をクリック

② OneDriveのフォルダーを開く

OneDriveのWebページが表示された

ここでは、レッスン❷でOneDriveの[ドキュメント]フォルダーに保存した文書を開く

1 [ドキュメント]をクリック

❸ ファイルを表示する

[ドキュメント]フォルダーにあるファイルが表示された

1 ファイルをクリック

❹ OneDriveにあるファイルが表示された

Word Onlineが起動し、新しいタブにファイルが表示された

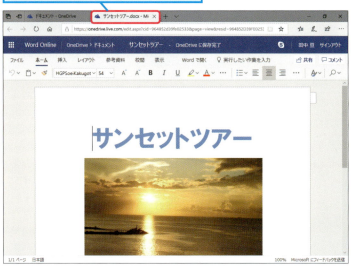

OneDriveのフォルダー一覧を表示するには、画面左上の[OneDrive]をクリックする

文書を閉じるときは、タブの右にある[タブを閉じる]ボタンをクリックするか、Webブラウザーを終了する

HINT!
Word Onlineで使える機能

Word Onlineでは、文章の編集や装飾に図形の挿入など、Wordの基本的な機能が利用できます。また、変更履歴や一部の校正機能も用意されています。ただし、高度な編集機能は利用できません。Word Onlineを利用した文書の編集方法については、レッスン㉕で解説しています。

HINT!
Webブラウザーで文書を開くメリットを知ろう

このレッスンで紹介したように、OneDriveにある文書は、OSやパソコンの違いを問わずWebブラウザーで内容を確認できます。OneDriveのWebページでは、OneDriveにあるすべてのファイルやフォルダーを表示できます。

間違った場合は？

手順3では1つのファイルしか表示されていませんが、複数あるファイルから別のファイルを選んでしまったときは、手順4で[OneDrive]をクリックし、正しいファイルを選び直しましょう。

Point
クラウド活用の基本はWebブラウザー

OneDriveはWebブラウザーで利用できるクラウドサービスです。OSやアプリに依存しないので、多くの人がWordの文書をクラウドで共有して便利に活用できます。

レッスン 75

スマートフォンを使って文書を開くには

モバイルアプリ

OneDriveに保存した文書は、パソコンだけではなくスマートフォンやタブレットからも利用できます。iPhoneやiPad、Android端末で文書の確認や編集ができます。

① [Word]アプリを起動する

付録2を参考にスマートフォンに[Word]アプリをインストールしておく

1 [Word]をタップ

▶キーワード	
OneDrive	p.300
フォルダー	p.307
リボン	p.309

HINT!
OneDriveに新しい文書を作成して保存できる

[Word]アプリを使えば、新しい文書を作って、OneDriveに保存できます。外出先で思い付いたメモやアイデアをスマートフォンなどで作成して、後からパソコンのWordで開いて清書する、といった使い方もできます。新しい文書を作成するには、手順2で[白紙の文書]をタップしましょう。

② 保存場所の一覧を表示する

[Word]アプリが起動した

1 [開く]をタップ

HINT!
サインインしないとOneDriveの文書を開けない

iPhoneの場合、[Word]アプリで作成した文書はiPhoneかOneDriveに保存できます。しかし、Microsoftアカウントでサインインしないと、文書をOneDriveに保存できません。もちろん、OneDriveに保存済みの文書も開けません。付録1でサインインを実行していないときは、手順2で[設定]をタップしてから[サインイン]をタップし、Microsoftアカウントのメールアドレスとパスワードを入力してサインインを実行します。

Wordをクラウドで使いこなす 第10章

③ OneDriveのフォルダーを開く

[場所]の画面が表示された

1 [OneDrive]をタップ

OneDriveのフォルダーが表示された

2 [ドキュメント]をタップ

④ ファイルを表示する

[ドキュメント]の画面が表示された

1 表示するファイルをタップ

HINT!
Androidスマートフォンやタブレットでも利用できる

iPhone以外のAndroidを搭載したスマートフォンやタブレットでも、OneDriveの文書を利用できます。画面の表示はiPhone用の[Word]アプリとは異なりますが、利用できる基本的な機能は同じです。

Androidスマートフォンで[Word]アプリを起動しておく

1 [開く]をタップ

[OneDrive]をタップすると、OneDriveのフォルダーが表示される

 間違った場合は？

手順3で間違ったフォルダーをタップしてしまったときは、手順4の左上に表示されている[戻る]をタップしましょう。

次のページに続く

⑤ OneDriveにある保存したファイルが表示された

OneDriveに保存された
ファイルが表示された

HINT!
表示される内容には違いがある

スマートフォンの画面は、パソコンよりも狭いので、表示される文書の内容には細かい部分で違いがあります。画面では文字が1行に収まっていなくても、パソコンで表示すれば正しいレイアウトになります。

HINT!
最新バージョンのアプリを使おう

[Word] アプリは、不定期にアップデートされます。iPhoneであればホーム画面の [App Store] をタップして、最新バージョンにアップデートしましょう。アプリのアップデートは無料ですが、容量が大きい場合、Wi-Fi接続でないとアップデートできません。

 間違った場合は？

間違った文書を開いてしまったときは、その文書を閉じて、正しい文書を開き直しましょう。

テクニック　外出先でも文書を編集できる

モバイルアプリでは、文書の閲覧だけではなく、簡単な編集もできます。画面が狭いので、正確なレイアウトは確認できませんが、文字の修正や装飾などを修正できます。パソコンで作りかけの文書をOneDriveに保存しておいて、移動中や出張先などでモバイルアプリを使い、文章を推敲したり気になる個所にメモを追加したりすると便利です。

1 ここをタップ

文書の表示が拡大され、編集の画面が表示された

ここをタップすると、編集画面が閉じる

⑥ ファイルを閉じる

ここではそのまま文書を閉じる

1 ここをタップ

⑦ ファイルが閉じた

ファイルが閉じ、[ドキュメント]の画面が表示された

HINT!

タブを表示するには

[Word］アプリでタブを表示するには、手順5でをタップします。画面の下半分に［ホーム］が表示され、書式やフォントの変更などを実行できます。別のタブを表示するには、［ホーム］の右にあるをタップして［挿入］や［レイアウト］タブに切り替えましょう。なお、右に表示されるをタップするとタブが非表示になります。

前ページのテクニックを参考に編集の画面を表示しておく

1 ここをタップ

リボンのメニューが表示された

ここをタップすると、タブを切り替えられる

ここをタップすると、タブが非表示になる

Point

文書をスマートフォンと連携すると便利

OneDriveを利用すると、このレッスンのように文書をスマートフォンで確認したり、簡単な編集ができるようになります。OneDriveを経由して、Wordで保存した文書をスマートフォンで確認したり、スマートフォンで作成した下書きをWordで清書したり、といった使い分けもできるので便利です。

レッスン 76 文書を共有するには

共有

OneDriveに保存した文書は、共有を設定すると、自分だけではなくほかの人が文書を閲覧したり編集できるようになります。Wordから文書を共有してみましょう。

① [共有] 作業ウィンドウを表示する

レッスン㊷を参考に、OneDriveに保存した文書をWordで開いておく

1 [共有] をクリック

キーワード	
OneDrive	p.300
共有	p.302
作業ウィンドウ	p.303
フォルダー	p.307

HINT!
共有するリンクをメールで送るには

Wordを使わずに、OneDriveの共有リンクをメールで相手に送りたいときは、[共有リンクを取得]で、URLを作成します。複数の人たちにまとめてリンクを知らせるときに使うと、便利です。

1 [共有リンクを取得] をクリック

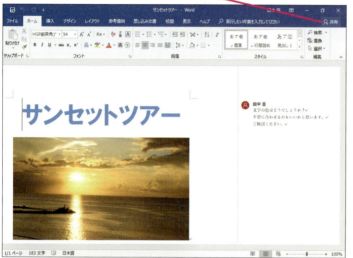

② 共有相手のメールアドレスを入力する

[ユーザーの招待] に共有相手のメールアドレスを入力する

1 共有相手のメールアドレスを入力

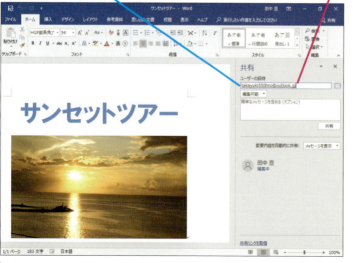

[編集リンクの作成] をクリックすると、相手が文書を編集できる共有リンクが作成される

[表示のみのリンクの作成] をクリックすると、相手が文書の表示のみが可能な共有リンクが作成される

[コピー] をクリックしてメールの本文などに貼り付ける

テクニック Webブラウザーを使って文書を共有する

OneDriveをWebブラウザーで開いているときも、文書に共有を設定できます。複数の文書をまとめて共有したいときや、Wordが使えないパソコンで共有リンクを相手に送りたいときなどに利用すると便利です。
また、Webブラウザーから共有リンクを指定すると、文書ごとだけではなく、フォルダー単位でも共有を設定できます。文書が多いときなどは、フォルダーを共有するといいでしょう。

レッスン❹を参考にWebブラウザーでOneDriveのWebページを表示しておく

1 共有する文書の右上にマウスポインターを合わせる

2 そのままクリックしてチェックマークを付ける

3 [共有]をクリック

[' (ファイル名) 'の共有]画面が表示された

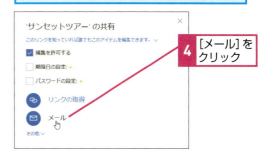

4 [メール]をクリック

5 共有相手のメールアドレスを入力

6 共有相手に送るメッセージを入力

7 [共有]をクリック

共有がブロックされたときは、[ご自身のアカウント情報を確認]をクリックし、携帯電話のメールアドレスを入力してから確認コードを入力する

③ 文書を共有する

共有相手のメールアドレスが入力された

1 共有相手に送るメッセージを入力

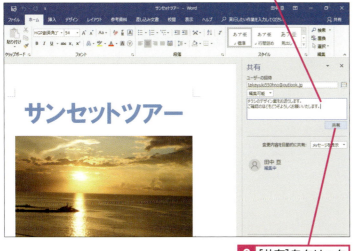

2 [共有]をクリック

HINT!
共有する文書の権限を設定するには

文書の共有設定は、標準で共有リンクを受け取った相手も文書を編集できるようになっています。もしも、閲覧だけを許可するには、以下の手順で、[表示可能]に設定しておきましょう。

1 ここをクリック

[表示可能]をクリックすると、共有相手は文書を編集できない

次のページに続く

4 文書の共有が完了した

共有相手が表示され、文書が共有された

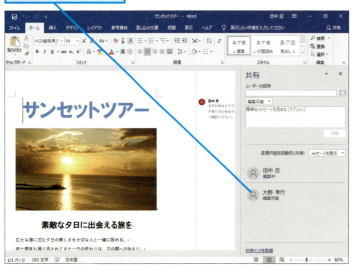

5 ［共有］作業ウィンドウを閉じる

1 ［閉じる］をクリック

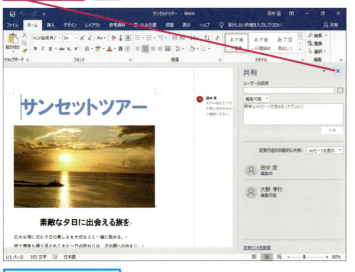

［共有］の画面が閉じる

HINT!
共有を解除するには

共有を解除したいときは、手順4の画面で削除したい相手を右クリックし、［ユーザーの削除］を選びます。

1 削除するユーザーの名前を右クリック

2 ［ユーザーの削除］をクリック

間違った場合は？

共有する相手を間違えたときは、HINT!を参考にしてメールを送った相手との共有を解除しましょう。

Point
共有を使えば共同作業が便利になる

OneDriveに保存した文書は、共有したい相手にメールを送るだけで、複数のメンバーで、閲覧したり編集したりすることができます。メールを受け取った相手は、その文面にあるリンク先を開くだけで、WebブラウザーなどからOneDriveの文書を共有できます。ただし、OneDriveによる共有は、リンク先を知っている誰もが文書を閲覧できるようになるので注意しましょう。文書は限られた人だけと共有し、相手には文書の取り扱いや公開の可否を伝えるようにしましょう。

テクニック OneDriveのフォルダーを活用すると便利

WebブラウザーでOneDriveを開くと、フォルダーを作成して、そこに文書をまとめて保存できます。フォルダーに保存された文書は、フォルダーに共有を設定するだけで、すべての文書が共有できるようになります。複数の人たちで、多くの文書を相互に編集し合って作業するときは、あらかじめ共有を設定したフォルダーを用意しておいて、そこに文書を保存して利用すると便利です。なお、手順4の画面で[編集を許可する]のチェックマークを外すと、メールを受け取った相手はフォルダー内のファイルを編集できなくなります。共同で編集するときは、チェックマークを付けたままにしておきます。

1 新しいフォルダーを作成する

レッスン⓭を参考に、OneDriveのWebページを表示しておく

1 [新規]をクリック
2 [フォルダー]をクリック

2 フォルダー名を付ける

フォルダー名の入力画面が表示された

1 フォルダー名を入力
2 [作成]をクリック

3 フォルダーを共有する

作成したフォルダーを共有する

1 ここをクリックしてチェックマークを付ける

2 [共有]をクリック

4 フォルダーの共有の連絡方法を選択する

ここではメールで連絡する

1 [メール]をクリック

5 あて先とメッセージを入力する

1 共有相手のメールアドレスを入力
2 共有相手に送るメッセージを入力

3 [共有]をクリック

6 共有の設定が完了した

フォルダーに共有のアイコンが表示される

1 ここをクリックしてチェックマークを付ける

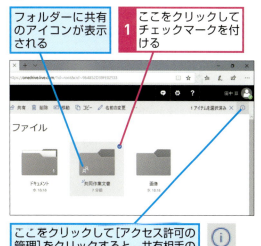

ここをクリックして[アクセス許可の管理]をクリックすると、共有相手の名前や設定が確認できる

レッスン 77

共有された文書を開くには

共有された文書

このレッスンでは、編集可能の状態でOneDriveの文書を共有し、共有先に自分が指定された例で共有ファイルを表示する方法を紹介します。

1 [メール]アプリを起動する

ここでは、田中さんが共有した文書を大野さんが開く例で操作を解説する

ここでは、Windows 10の[メール]アプリを利用する

[スタート]メニューを表示しておく

1 [メール]をクリック

2 [メール]アプリが起動した

文書の共有に関するメールが田中さんから届いた

キーワード

Microsoft Edge	p.300
Microsoftアカウント	p.300
OneDrive	p.300
Word Online	p.300
共有	p.302

HINT!

普段利用しているメールで受信できる

手順1ではWindows 10の[メール]アプリを利用していますが、OneDriveから届く共有通知メールは、Microsoftアカウントから発信されたメールを受信できるメールソフトやWebメールであれば、何を利用しても構いません。メールの環境によっては、送信者のメールアドレスがMicrosoftアカウントの場合、セキュリティ対策でブロックされる場合があります。うまく受信できない場合には、システム管理者などに確認してみましょう。

HINT!

Wordがなくても閲覧できる

OneDriveで共有されたWord文書は、使っているパソコンにWordがインストールされていなくても、Webブラウザーで表示できます。

 間違った場合は？

間違ってほかのメールを開いてしまったときには、左側の一覧から、正しいメールをクリックしましょう。

③ 共有された文書を表示する

通知メールに表示されているリンクをクリックして、OneDrive上の共有された文書を表示する

1 [OneDriveで表示]をクリック

④ 共有された文書が表示された

Microsoft Edgeが起動し、OneDrive上に共有されている文書が表示された

Microsoft Edgeの起動と同時にWord Onlineが表示される

次のレッスンで引き続き操作するので、このまま表示しておく

HINT!

Webブラウザーでファイルをダウンロードするには

手順4ではWord Onlineで文書ファイルが表示されます。以下の手順を実行すれば、パソコンの[ダウンロード]フォルダーに文書ファイルをダウンロードできます。

1 [ダウンロード]をクリック

ファイルを保存する

2 [保存]をクリック

[フォルダーを開く]をクリックすると[ダウンロード]フォルダーが表示される

[ダウンロードの表示]をクリックすると[ダウンロード]ウィンドウが表示される

Point

共有された文書はWebブラウザー上で閲覧できる

OneDriveで共有された文書は、Word Onlineにより、Webブラウザーで内容を表示できます。Windows以外のパソコンを使っていたり、パソコンにWordがインストールされていなかったりする場合でも、OneDriveを活用すれば文書を閲覧できます。また、Webブラウザーによる文書の閲覧では、Microsoftアカウントは不要です。リンク先さえ知っていれば、誰でも閲覧できます。

レッスン 78 共有された文書を編集するには

Word Onlineで編集

OneDriveで共有された文書は、Webブラウザーで閲覧や編集ができます。また、パソコンにWordがインストールされていれば、Wordでも編集できます。

① Microsoftアカウントでサインインする

レッスン⑰を参考に、共有された文書をWebブラウザーで表示しておく

1 [サインイン] をクリック

 動画で見る
詳細は3ページへ

▶キーワード

Microsoftアカウント	p.300
OneDrive	p.300
Word Online	p.300

HINT!
なぜサインインするの？

Webブラウザーによる編集では、手順1のようにサインインしなくても、作業できます。しかし、サインインしておくと、編集内容やコメントなどに、作業者のアカウントが表示されます。そのため、共同で編集するときには、サインインしておいた方がいいでしょう。

② Word Onlineの編集画面を表示する

WebブラウザーでOneDriveにサインインできた

共有された文書を編集するために、Word Onlineの編集画面を表示する

1 [文書の編集] をクリック

2 [ブラウザーで編集] をクリック

 間違った場合は？

Wordがインストールされていないパソコンの場合、手順2で [Wordで編集] をクリックしてしまうと、「このms-wordを開くには新しいアプリが必要です」というメッセージが画面に表示されます。メッセージ以外の画面をクリックしてください。次に「すべて完了しました。タブを閉じることができます。」というメッセージが画面に表示されるので、[閉じる] ボタンをクリックして手順2から操作をやり直しましょう。Wordがインストールされているパソコンで [Wordで編集] をクリックしたときは、[閉じる] ボタンをクリックして、操作をやり直します。

③ 文書の入力されたコメントを表示する

| Word Onlineの編集画面が表示された | コメントのアイコンが表示された |

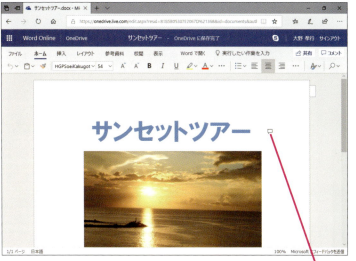

1 コメントのアイコンをクリック

④ コメントの一覧が表示された

| [コメント]の画面が表示された | 文書に入力されたコメントの詳細が表示された |

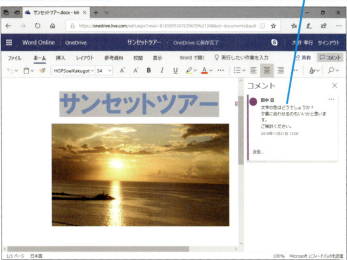

HINT!
Wordを起動して編集することもできる

パソコンにWordがインストールされていれば、手順2の操作2で[Wordで編集]をクリックするか、手順3で[Wordで開く]を選び、確認の画面で[はい]ボタンをクリックすると、Wordで文書を編集できるようになります。

HINT!
Wordがインストールされていないパソコンで[Wordで開く]をクリックしたときは

Wordがインストールされていないパソコンの場合、手順3で[Wordで開く]をクリックすると、アプリの関連付けに関する画面が表示されます。[ストアでアプリを探す]を選んで[OK]ボタンをクリックすると、Microsoft Storeで、Office 365 soloとWordのアプリが表示されます。どちらかのアプリを契約してインストールしなければ、パソコンでWordの文書を開くことはできません。

[Word Mobile]アプリをインストールしないときは、下の画面以外をクリックして閉じておく

1 [Wordで開く]をクリック

次のページに続く

⑤ 文書を修正する

| コメントの指示に合わせて文書を編集する | ①ここをクリック | カーソルが表示され、文書が編集できるようになった |

HINT!
Word Onlineの機能は進化する

Webブラウザーで利用するWord Onlineは、クラウドサービスです。マイクロソフトは不定期に機能や性能を改善しているため、利用できる編集機能が増える場合があります。

② ここにマウスポインターを合わせる　③ ここまでドラッグ

⚠ 間違った場合は？
手順6で違う色を選んでしまったときは、あらためて正しい色を選び直しましょう。

👉 テクニック　共有された文書をパソコンに保存する

共有された文書は、その複製をパソコンにダウンロードできます。[名前を付けて保存] の画面では、Wordで編集できる文書のほかに、PDFに変換してダウンロードできます。
共同作業が完了した文書のバックアップや、保管用としてPDFを保存したいときに利用すると便利です。274ページの手順2で [その他] ボタン（）をクリックし、[ダウンロード] や [PDFとしてダウンロード] をクリックしても同様に操作できます。

① [ファイル]をクリック

② [名前を付けて保存]をクリック　　[名前を付けて保存]の画面が表示された

[コピーのダウンロード] をクリックすると、文書のコピーをパソコンにダウンロードできる

[PDFとしてダウンロード] をクリックすると、文書をPDFにしてダウンロードできる

⑥ 修正を実行する

文字が選択された

ここでは選択した文字の色を[オレンジ]に変更する

1 [フォントの色]のここをクリック

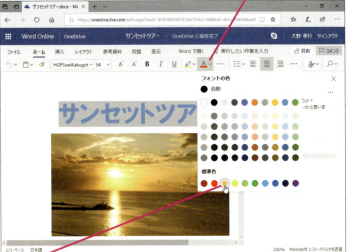

2 [オレンジ]をクリック

⑦ コメントの返信画面を表示する

選択した文字の色が変更された

文字の色を変更したことをコメントの返信に入力する

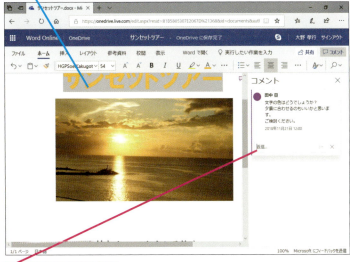

1 [返信]をクリック

HINT!
新しいコメントを入力することもできる

Word Onlineによる編集では、文字だけではなくコメントも追加できます。新しいコメントを追加したいときは、あらかじめカーソルを挿入する位置に移動してから、コメントを挿入します。

[校閲]タブの[新しいコメント]をクリックすると、コメントの入力画面が表示される

HINT!
修正内容を戻すには

編集などの作業を間違えたときは、[元に戻す]でやり直しできます。また、Word Onlineは、作業した内容が自動的に保存されるので、最後に修正を加えた人の編集結果が、常に最新の文書としてOneDriveに残っています。

1 [元に戻す]をクリック

編集した内容が取り消される

次のページに続く

8 返信のコメントを入力する

コメントの返信画面が表示された

1 返信のコメントを入力

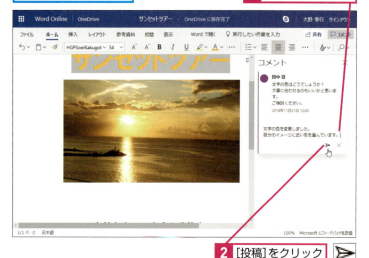

2 [投稿]をクリック

HINT!
ほかのユーザーの状況が分かる

複数の人が同時にOneDriveの同じ文書を編集していると、誰がアクセスしているかが表示されます。相手のカーソルの位置や編集した内容もリアルタイムで表示されるので、離れた場所にいるユーザー同士でも、便利に共同で作業できます。

同時に編集しているユーザーが表示される

テクニック Skypeでチャットしながら編集できる

同じファイルを複数の共有メンバーで同時に編集しているときは、⑤アイコンをクリックして、チャットの画面を表示できます。チャットを活用すると、編集している文書を見ながらメンバー全員が情報をテキストでやりとりできるので、修正作業がはかどります。

共有メンバーが同時に編集しているときは「（ユーザー名）も編集中です」と表示される

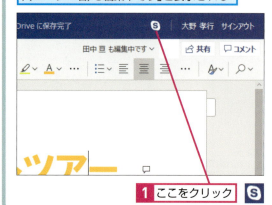

1 ここをクリック

[チャット]ウィンドウが表示された

会話しながらファイルを編集できる

編集結果をリアルタイムで確認できる

9 文書を閉じる

コメントに返信できた

1 [閉じる]をクリック

コメントの一覧が閉じた

2 [閉じる]をクリック

Webブラウザーが閉じる

HINT!

保存の状態を確認するには

Word Onlineで編集した内容が、確実にOneDriveに保存されたかどうか確かめたいときは、以下のように[OneDriveに保存完了]になったかどうかを確認しましょう。

ファイルの保存中は[保存中...]と表示される

ファイルの保存が完了すると[OneDriveに保存完了]と表示される

Point

文書の共有は共同作業に便利

OneDriveの文書は、複数の人たちが同時に開いて編集しても、常に最後の更新内容を反映するので、誰もが最新の文書を確認できます。メールに文書を添付して複数のコピーを配布してしまうと、バラバラに加えられた修正を1つの文書に反映させるのが大変です。OneDriveの共有を使えば、1つの文書を全員で同時に編集できるので、共同で文書を完成させたいときに使うと便利です。

この章のまとめ

● OneDriveで、Wordの活用の幅がさらに広がる

この章では、OneDriveというマイクロソフトのクラウドサービスに、Wordで作成した文書を直接保存する方法を紹介しました。OneDriveに保存した文書は、Wordがインストールされていないパソコンでも、Webブラウザーで閲覧や編集ができます。また、文書を共有して、複数の人との間でコメントを挿入してやりとりするなどの共同作業も簡単に行えます。

OneDriveを利用すれば、サーバーやファイル共有のシステムなどを構築しなくても、柔軟に文書を複数の人と共有できます。また、OneDriveに保存した文書は、パソコンはもちろん、スマートフォンやタブレットなどでも閲覧できるので便利です。ほかの人と文書を共有して作業するときにOneDriveを活用してみましょう。

文書が手軽に共有できる

OneDriveを使えば、簡単な操作で文書を共有して、複数のメンバーで文書の閲覧や編集ができる

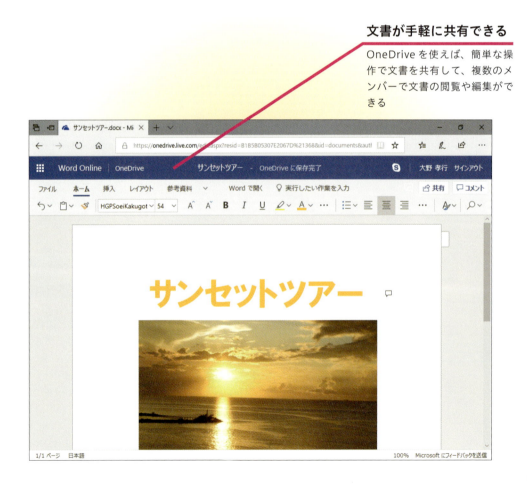

練習問題

1

［名前を付けて保存］ダイアログボックスでOneDrive に「共同作業用フォルダー」という名前のフォルダーを作成して、Wordの文書を保存してみましょう。

●ヒント：［名前を付けて保存］ダイアログボックスにある［新しいフォルダー］ボタンをクリックすると、新しいフォルダーを作成できます。

新しいフォルダーにファイルをコピーする

2

練習問題1でOneDriveに保存したファイルをWord Online で編集して、画像に［図のスタイル］の［角丸四角形、反射付き］を設定してみましょう。

●ヒント：［文書の編集］ボタンの［Word Onlineで編集］を選択すると、Word Onlineの編集画面が表示されます。画像をクリックして選択すれば［図ツール］の［書式］タブが表示されます。

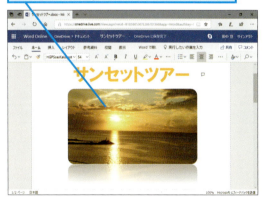

［図のスタイル］を［角丸四角形、反射付き］に設定する

答えは次のページ

この章のまとめ・練習問題

解答

1

[名前を付けて保存]ダイアログボックスを表示しておく

①[新しいフォルダー]をクリック

新しいフォルダーが作成された

②フォルダー名を入力

OneDriveを開いて、新しいフォルダーを作成したら、[共同作業用フォルダー]という名前を入力します。
それから[共同作業用フォルダー]を開いて、[保存]ボタンをクリックします。

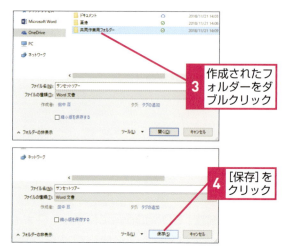

③作成されたフォルダーをダブルクリック

④[保存]をクリック

2

レッスン⓻を参考に、文書をWebブラウザーで表示しておく

①画像をクリック

画像を選択すると、[画像]タブが表示される

WebブラウザーでOneDriveにある文書を開き、[文書の編集]ボタンの[ブラウザーで編集]をクリックして、Word Onlineの編集画面を表示します。画像をクリックすると[画像]タブが表示されるので、[図のスタイル]にある[角丸四角形、反射付き]をクリックしましょう。

②[画像]タブをクリック

③[図のスタイル]のここをクリック

④[角丸四角形、反射付き]をクリック

クイックアクセスツールバーを便利に使う

クイックアクセスツールバーによく使う機能のコマンドを登録しておくと、リボンを切り替えなくても、手早く操作できます。試しに、印刷プレビューやその他のコマンドを追加する方法を覚えておきましょう。

1 クイックアクセスツールバーにボタンを追加する

1 ここをクリック
2 [印刷プレビューと印刷]をクリック

2 クイックアクセスツールバーにボタンが追加された

クイックアクセスツールバーに[印刷プレビューと印刷]ボタンが追加された

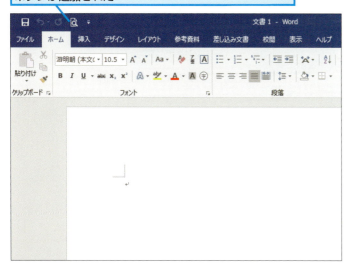

HINT!

追加しておくと便利なアイコンとは

クイックアクセスツールバーに登録しておくと便利なコマンドは、印刷プレビューの他にも、タブレットユーザーならば[タッチ/マウスモードの切り替え]や、[その他のコマンド]から[切り取り]や[貼り付け]など編集と装飾でよく使うコマンドを登録しておくと便利です。

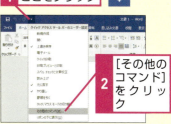

1 ここをクリック
2 [その他のコマンド]をクリック

[Wordのオプション]ダイアログボックスでボタンの追加または削除ができる

HINT!

リボンの下に表示して編集画面を広くする

クイックアクセスツールバーに、よく使うコマンドを登録したら、リボンの下に表示して、リボンをダブルクリックして折りたたんでおくと、編集画面が広くなって便利です。

 間違った場合は？

違うコマンドを選んでしまったときは、[クイックアクセスツールバーから削除]でツールのチェックマークを外すと、取り消せます。

付録 2 Officeのモバイルアプリをインストールするには

iOSやAndroidを搭載したスマートフォンやタブレットでは、マイクロソフトが提供している［Word］アプリを使うと、OneDriveに保存している文書を利用できます。ここではiPhoneを例に、［Word］アプリをインストールする方法を紹介します。

アプリのインストール

1 ［App Store］を起動する

ホーム画面を表示しておく

1 ［App Store］をタップ

2 アプリの検索画面を表示する

［App Store］が起動した

1 ［検索］をタップ

3 アプリを検索する

検索画面が表示された

1 ［検索］をタップ

HINT!
Androidスマートフォンやタブレットで利用するには

Androidを搭載したスマートフォンやタブレットでは、288ページで解説している方法で［Word］アプリをインストールして利用します。

HINT!
アプリを簡単にインストールするには

ここではアプリを検索してインストールする手順を解説していますが、以下のQRコードを読み取ってインストールすることもできます。

●iPhone/iPad

●Android

4 アプリの検索を実行する

検索ボックスに文字を入力できるようになった

1 「word」と入力

2 [検索]をタップ

5 アプリが検索された

アプリの検索結果が表示された

1 [入手]をタップ

6 アプリをインストールする

ボタンの表示が[インストール]に変わった

1 [インストール]をタップ

[Apple IDでサインイン]の画面が表示された場合は、Apple IDのパスワードを入力して[サインイン]をタップする

アプリのインストールが開始された

7 アプリがインストールされた

アプリのインストールが完了し、ボタンの表示が[開く]に変わった

HINT!

iPadでも[Word]アプリを利用できる

[Word]アプリはiPadでも利用できます。iPadでのインストールも、iPhoneと同じようにApp Storeを使って[Word]アプリを入手します。

HINT!

インストールしておくと便利なアプリ

[Word]アプリのほかにも、スマートフォンやタブレットでオフィス文書を便利に操作できるアプリがあります。クラウドに保存したファイルを管理できる「Microsoft OneDrive」や、ドキュメントやホワイトボードの画像をスキャンする「Microsoft Office Lens - PDF Scanner」などをインストールしておくと便利でしょう。

次のページに続く

アプリの初期設定

❽ アプリを起動する

ホーム画面を表示しておく

1 [Word]をタップ

❾ サインインを実行する

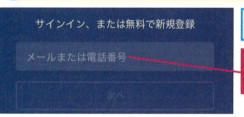

サインインの画面が表示された

1 [メールまたは電話番号]をタップ

❿ メールアドレスを入力する

1 Microsoftアカウントのメールアドレスを入力

2 [次へ]をタップ

⓫ パスワードを入力する

入力したMicrosoftアカウントが表示された

1 パスワードを入力

2 [サインイン]をタップ

HINT!
サインインして利用しよう

[Word]アプリは、Microsoftアカウントがなくても、インストールして利用できます。しかし、MicrosoftアカウントでサインインしていないOneDriveに保存されている文書は利用できません。OneDriveを利用するためには、パソコンで使っているMicrosoftアカウントでサインインしましょう。

HINT!
[Word]アプリの品質向上とは

[Word]アプリをはじめて起動すると「品質向上にご協力ください」と表示され、エラーレポートを送信する許可を求めてきます。確認画面で「はい」を選ぶと、エラーレポートがマイクロソフトに自動的に送信されるようになります。送信は匿名で行われるので、個人情報が漏れる心配はありません。[Word]アプリの品質を向上させたいと思うのであれば、「はい」を選びます。

⚠️ **間違った場合は？**

手順11で入力したMicrosoftアカウントが表示されず、サインインできないときは、手順10で入力するMicrosoftアカウントをもう一度確認してから入力し直しましょう。

⑫ ［品質向上にご協力ください］の画面が表示される

［品質向上にご協力ください］の画面が表示された

1 ［はい］をタップ

HINT!
タブレット版の画面はスマートフォン版と異なる

スマートフォンとタブレットでは、［Word］アプリの画面に少し違いがあります。例えば、メニューの並ぶ位置やタブの表示など、画面の広いタブレットの方が、よりパソコンに近い表示になります。

⑬ 通知の設定をする

通知の設定画面が表示された

1 ［後で］をタップ

HINT!
ファイルの共有をすぐに知りたいときは

手順13で［通知を有効にする］を選ぶと、Wordの文書が共有されたときに、スマートフォンの通知画面にメッセージが表示されます。文書の共有をすぐに知りたいときには、通知を有効にしておきましょう。

次のページに続く

⑭ サインインが完了した

［準備が完了しました］の画面が表示された

1 ［作成および編集］をタップ

⑮ アプリの初期設定が完了した

［Word］の初期設定が完了し、［新規］の画面が表示された

HINT!

Androidスマートフォンでアプリをインストールするには

Androidを搭載したスマートフォンやタブレットに［Word］アプリをインストールするには、GoogleのPlayストアを利用します。［Word］アプリを起動すると、サインインの画面が表示されるので、iPhoneの例を参考にMicrsoftアカウントでサインインしましょう。

1 ［Playストア］をタップ

2 検索ボックスをタップ　**3** 「word」と入力

4 ここをタップ

検索結果が表示された

5 ［Microsoft Word］をタップ

6 ［インストール］をタップ

付録3 Office 365リボン対応表

Office 365 SoloのWordを利用しているユーザーは、このリボン対応表で、Word 2019との違いを把握しておくと、本書の解説をスムーズに理解できます。

各リボンの違い

● [ホーム] タブ　　　　　　　　　　　　　　　　　　　　　　　　　　　　(Word 2019)

(Office 365)

◆ [自動保存]
使用ファイルが[OneDrive]上に保存されていると、ここが[オン]になる

◆ [ディクテーション]
音声認識によりテキスト入力などができる

◆ [コメント]
[校閲]タブの[新しいコメント]と同じように使用できる

● [挿入] タブ　　　　　　　　　　　　　　　　　　　　　　　　　　　　(Word 2019)

(Office 365)

● [デザイン] タブ　　　　　　　　　　　　　　　　　　　　　　　　　　(Word 2019)

(Office 365)

次のページに続く

● [レイアウト] タブ　　　　　　　　　　　　　　　　　　　　　　　（Word 2019）

（Office 365）

● [参考資料] タブ　　　　　　　　　　　　　　　　　　　　　　　（Word 2019）

（Office 365）

● [差し込み文書] タブ　　　　　　　　　　　　　　　　　　　　　（Word 2019）

（Office 365）

● [校閲] タブ　　　　　　　　　　　　　　　　　　　　　　　　　（Word 2019）

（Office 365）

● [表示] タブ

(Word 2019)

(Office 365)

Office 365はWordのアイコンが新しくなる

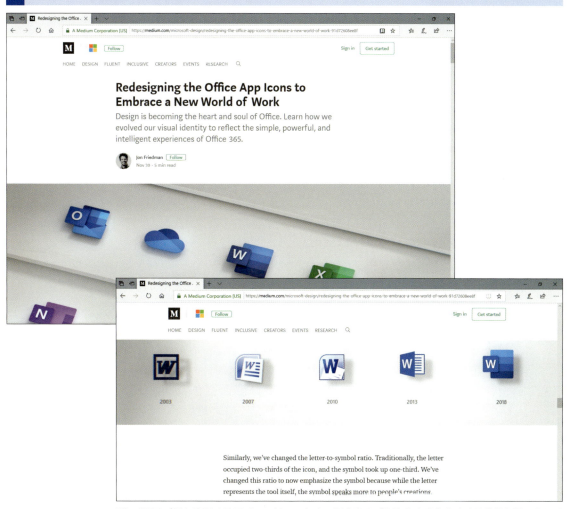

Wordのアプリを表現するアイコンは、これまで頭文字の「W」と文書を意味する横線を組み合わせたデザインで構成されてきました。現在のアイコンのデザインは、2013年から使われてきました。Word 2013/2016/2019で共通しています。そして、Office 365 のWordからは、アイコンが新しくなります。

付録4 プリンターを使えるようにするには

パソコンからプリンターに印刷できるようにするには、プリンタードライバーと呼ばれる制御ソフトをインストールする必要があります。インストール方法はプリンターによって異なるので、取扱説明書をよく確認してください。

1 必要なものを用意する

ここでは例として、キヤノン製プリンター「PIXUS MG3530」を接続する

ダウンロードしたドライバーを利用するときは、実行ファイルをダブルクリックして手順3を参考に[はい]をクリックする

◆プリンター

◆ドライバーCD-ROM

◆USBケーブル

プリンターの電源は切っておく

ここではプリンタードライバーを付属CD-ROMからインストールするので、プリンターの電源は切っておく

HINT!
「ドライバー」って何？

周辺機器をパソコンから使えるようにするための制御ソフトが「ドライバー」です。通常は周辺機器に付属しているCD-ROMなどからインストールを行いますが、パソコンに接続するだけで自動で認識される周辺機器もあります。周辺機器をパソコンに接続する前は、取扱説明書や電子マニュアルなどでドライバーに関する情報を確認しておきましょう。

2 プリンタードライバーのCD-ROMをセットする

光学ドライブのないパソコンでは、外付けの光学ドライブを接続する

1 パソコンのドライブを開く

2 プリンターに付属しているドライバー CD-ROMをセット

3 プリンタードライバーのCD-ROMを選択する

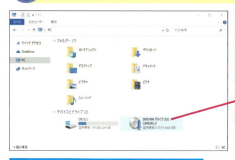

フォルダーウィンドウを表示しておく

プリンターのインストールプログラムを実行する

1 [(ドライブ名)]をダブルクリック

[ユーザーアカウント制御]ダイアログボックスが表示された場合は、[はい]をクリックする

4 プリンタードライバーのインストールを開始する

MG3530のインストール画面が表示された

1 [次へ]をクリック

HINT!
インターネットへの接続も確認しておこう

プリンタによっては、パソコンに接続すると自動的に最新のドライバーをインターネット経由でインストールする機種があります。そのため、プリンタをはじめてパソコンにつなぐときには、事前にインターネットへの接続を確認しておくといいでしょう。

5 プリンターとの接続方法を選択する

セットアップガイドがコピーされ、プリンターとの接続方法を選択する画面が表示された

ここではUSBケーブルでの接続方法を選択する

1 [USB接続]をクリック

HINT!
[無線LAN接続]と[USB接続]は何が違うの？

無線LAN接続の場合は、USB接続と違ってパソコンとプリンターを物理的に接続する必要がありません。プリンターと無線LANアクセスポイント、無線LANアクセスポイントとノートパソコンで電波が届く範囲なら、離れた場所から印刷ができます。

6 インストールするソフトウェアを選択する

[インストールソフトウェア一覧]の画面が表示された

ここではドライバーのみをインストールする

1 [すべてクリア]をクリック　2 [次へ]をクリック

次のページに続く

7 使用許諾契約に同意する

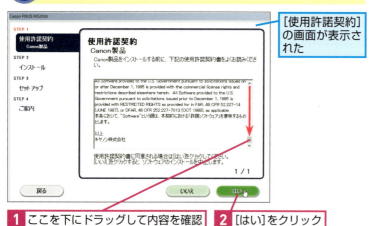

[使用許諾契約]の画面が表示された

1 ここを下にドラッグして内容を確認
2 [はい]をクリック

8 警告のダイアログボックスが表示された場合の対処方法を確認する

警告のメッセージがダイアログボックスで表示された場合の対処方法が表示された

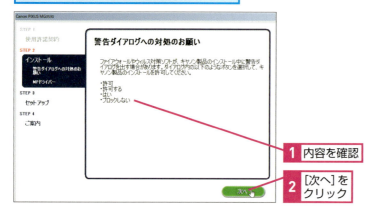

1 内容を確認
2 [次へ]をクリック

9 インストールが開始される

インストールの状況が表示される

ドライバーのインストールが開始された

1 インストールが完了するまで、しばらく待つ

HINT!

ドライバーをインターネットからダウンロードしてもいい

プリンタードライバーは、OSのバージョンアップや不具合の修正などによって定期的にアップデートされます。プリンターメーカーのWebページでは、機種と利用するOSごとにプリンタードライバーをダウンロードできるようになっています。キヤノンの場合、下記のWebページから最新のプリンタードライバーをダウンロードできます。

▼CANONソフトウェア
　ダウンロードのWebページ

https://cweb.canon.jp/e-support/software/

⑩ パソコンとプリンターを接続する

[プリンターの接続]の画面が表示された

パソコンとプリンターをUSBケーブルで接続する

1 箱状のコネクタをプリンターのUSBポートに接続
2 板状のコネクタをパソコンのUSBポートに接続
3 プリンターの電源を入れる

⑪ プリンターがパソコンに認識された

1 プリンターが使えるようになったことを確認

⚠️ 間違った場合は？

手順11でプリンターが検出されないときは、パソコンとプリンターが正しく接続されていない可能性があります。USBケーブルの接続を確認して、もう一度、プリンターの電源を入れ直しましょう。

次のページに続く

⑫ ヘッド位置調整機能の案内を確認する

[ヘッド調整位置のご案内]の画面が表示された

1 [次へ]をクリック

⑬ セットアップを終了する

[セットアップの終了]の画面が表示された

1 [次へ]をクリック

⑭ 調査プログラムのインストールに関する確認画面が表示された

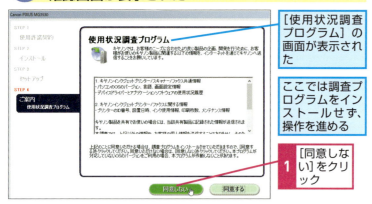

[使用状況調査プログラム]の画面が表示された

ここでは調査プログラムをインストールせず、操作を進める

1 [同意しない]をクリック

⑮ インストールを終了する

[インストールが完了しました]の画面が表示された

1 [終了]をクリック

CD-ROMをパソコンのドライブから取り出しておく

プリンターが使えるようになった

HINT!
[使用状況調査プログラム]って何？

手順14で表示される「使用状況調査プログラム」とは、プリンターに記録されている情報をキヤノンに自動送信するものです。プリンターの記録情報とは、主にプリンターの設置日時やインクの使用状況、プリンターを利用しているOSの情報などです。個人情報は一切送信されず、プリンターの利用者が特定されるようなことはありません。

付録5 ショートカットキー一覧

さまざまな操作を特定の組み合わせで実行できるキーのことをショートカットキーと言います。ショートカットキーを利用すれば、WordやWindowsの操作を効率化できます。

●Office共通のショートカットキー

ファイルの操作

操作	キー
[印刷]画面の表示	Ctrl + P
ウィンドウを閉じる	Ctrl + F4 / Ctrl + W
ウィンドウを開く	Ctrl + F12 / Ctrl + O
上書き保存	Shift + F12 / Ctrl + S
名前を付けて保存	F12
新規作成	Ctrl + N

編集画面の操作

操作	キー
1画面スクロール	PgDn(下) / PgUp(上) / Alt + PgDn(右) / Alt + PgUp(左)
下線の設定/解除	Ctrl + U / Ctrl + 4
行頭へ移動	Home
[検索]の表示	Shift + F5 / Ctrl + F
最後のセルへ移動	Ctrl + End
斜体の設定/解除	Ctrl + I / Ctrl + 3
[ジャンプ]ダイアログボックスの表示	Ctrl + G / F5
すべて選択	Ctrl + A
選択範囲を1画面拡張	Shift + PgDn(下) / Shift + PgUp(上)
選択範囲を切り取り	Ctrl + X
選択範囲をコピー	Ctrl + C
先頭へ移動	Ctrl + Home
[置換]タブの表示	Ctrl + H
直前操作の繰り返し	F4 / Ctrl + Y
直前操作の取り消し	Ctrl + Z
貼り付け	Ctrl + V
太字の設定/解除	Ctrl + B / Ctrl + 2

文字の入力

操作	キー
カーソルの左側にある文字を削除	Back space
入力の取り消し	Esc
文字を全角英数に変換	F9
文字を全角カタカナに変換	F7
文字を半角英数に変換	F10
文字を半角に変換	F8
文字をひらがなに変換	F6

●Wordのショートカットキー

画面表示の操作

操作	キー
アウトライン表示	Alt + Ctrl + O
印刷レイアウト表示	Alt + Ctrl + P
下書き表示	Alt + Ctrl + N

書式とスタイル

操作	キー
一括オートフォーマットの実行	Alt + Ctrl + K
一重下線	Ctrl + U
大文字/小文字の反転	Shift + F3
書式のコピー	Ctrl + Shift + C
書式の貼り付け	Ctrl + Shift + V
中央揃え	Ctrl + E
二重下線	Ctrl + Shift + D
左インデントの解除	Ctrl + Shift + M
左インデントの設定	Ctrl + M
左揃え	Ctrl + L
フォントサイズの1ポイント拡大	Ctrl +]
フォントサイズの1ポイント縮小	Ctrl + [
[フォント]ダイアログボックスの表示	Ctrl + D / Ctrl + Shift + P / Ctrl + Shift + F
右揃え	Ctrl + R
両端揃え	Ctrl + J

表の操作

操作	キー
行内の次のセルへ移動	Tab
行内の前のセルへ	Shift + Tab
行内の先頭のセルへ	Alt + Home
行内の最後のセルへ	Alt
列内の先頭のセルへ	Alt + PgUp
列内の最後のセルへ	Alt + PgDn
前の行へ	↑
次の行へ	↓
上へ移動	Alt + Shift + ↑
下へ移動	Alt + Shift + ↓

付録 6 ローマ字変換表

ローマ字入力で文字を入力するときに使うキーと、読みがなの対応規則を表にしました。ローマ字入力で文字を入力しているときに、キーの組み合わせが分からなくなったときは、この表を参照してください。

あ行

あ	い	う	え	お
a	i	u	e	o
	yi	wu		
		whu		

ぁ	ぃ	ぅ	ぇ	ぉ
la	li	lu	le	lo
xa	xi	xu	xe	xo
	lyi		lye	
	xyi		xye	

	いぇ			
	ye			

うぁ	うぃ		うぇ	うぉ
wha	whi		whe	who

か行

か	き	く	け	こ
ka	ki	ku	ke	ko
ca		cu		co
		qu		

きゃ	きぃ	きゅ	きぇ	きょ
kya	kyi	kyu	kye	kyo

くゃ		くゅ		くょ
qya		qyu		qyo

くぁ	くぃ	くぅ	くぇ	くぉ
qwa	qwi	qwu	qwe	qwo
qa	qi		qe	qo
	qyi		qye	

が	ぎ	ぐ	げ	ご
ga	gi	gu	ge	go

ぎゃ	ぎぃ	ぎゅ	ぎぇ	ぎょ
gya	gyi	gyu	gye	gyo

ぐぁ	ぐぃ	ぐぅ	ぐぇ	ぐぉ
gwa	gwi	gwu	gwe	gwo

さ行

さ	し	す	せ	そ
sa	si	su	se	so
	ci		ce	
	shi			

しゃ	しぃ	しゅ	しぇ	しょ
sya	syi	syu	sye	syo
sha		shu	she	sho

すぁ	すぃ	すぅ	すぇ	すぉ
swa	swi	swu	swe	swo

ざ	じ	ず	ぜ	ぞ
za	zi	zu	ze	zo
	ji			

じゃ	じぃ	じゅ	じぇ	じょ
zya	zyi	zyu	zye	zyo
ja		ju	je	jo
jya	jyi	jyu	jye	jyo

た行

た	ち	つ	て	と
ta	ti	tu	te	to
	chi	tsu		

		っ		
		ltu		
		xtu		

ちゃ	ちぃ	ちゅ	ちぇ	ちょ
tya	tyi	tyu	tye	tyo
cha		chu	che	cho
cya	cyi	cyu	cye	cyo

つぁ	つぃ		つぇ	つぉ
tsa	tsi		tse	tso

てゃ	てぃ	てゅ	てぇ	てょ
tha	thi	thu	the	tho

						とぁ	とぃ	とぅ	とぇ	とぉ
						twa	twi	twu	twe	two
だ	ぢ	づ	で	ど		ぢゃ	ぢぃ	ぢゅ	ぢぇ	ぢょ
da	di	du	de	do		dya	dyi	dyu	dye	dyo
						でゃ	でぃ	でゅ	でぇ	でょ
						dha	dhi	dhu	dhe	dho
						どぁ	どぃ	どぅ	どぇ	どぉ
						dwa	dwi	dwu	dwe	dwo

な行

な	に	ぬ	ね	の		にゃ	にぃ	にゅ	にぇ	にょ
na	ni	nu	ne	no		nya	nyi	nyu	nye	nyo

は行

は	ひ	ふ	へ	ほ		ひゃ	ひぃ	ひゅ	ひぇ	ひょ
ha	hi	hu	he	ho		hya	hyi	hyu	hye	hyo
		fu								
						ふゃ		ふゅ		ふょ
						fya		fyu		fyo
						ふぁ	ふぃ	ふぅ	ふぇ	ふぉ
						fwa	fwi	fwu	fwe	fwo
						fa	fi		fe	fo
							fyi		fye	
ば	び	ぶ	べ	ぼ		びゃ	びぃ	びゅ	びぇ	びょ
ba	bi	bu	be	bo		bya	byi	byu	bye	byo
						ヴぁ	ヴぃ	ヴ	ヴぇ	ヴぉ
						va	vi	vu	ve	vo
						ヴゃ	ヴぃ	ヴゅ	ヴぇ	ヴょ
						vya	vyi	vyu	vye	vyo
ぱ	ぴ	ぷ	ぺ	ぽ		ぴゃ	ぴぃ	ぴゅ	ぴぇ	ぴょ
pa	pi	pu	pe	po		pya	pyi	pyu	pye	pyo

ま行

ま	み	む	め	も		みゃ	みぃ	みゅ	みぇ	みょ
ma	mi	mu	me	mo		mya	myi	myu	mye	myo

や行

や		ゆ		よ		ゃ		ゅ		ょ
ya		yu		yo		lya		lyu		lyo
						xya		xyu		xyo

ら行

ら	り	る	れ	ろ		りゃ	りぃ	りゅ	りぇ	りょ
ra	ri	ru	re	ro		rya	ryi	ryu	rye	ryo

わ行

わ	うぃ		うぇ	を		ん	ん	ん		
wa	wi		we	wo		nn	n'	xn		

- っ：n 以外の子音の連続でも変換できる。　例：itta → いった
- ん：子音の前のみ n でも変換できる。　例：panda → ぱんだ
- ー：キーボードの キーで入力できる。
- ※「ヴ」のひらがなはありません。

用語集

Bing（ビング）
マイクロソフトが提供している検索サービス。［画像］や［動画］などのカテゴリーからも目的の情報を検索できる。Windows 10では［スタート］メニューの検索ボックスにBing.comの情報が表示される。
→検索

Microsoft Edge（マイクロソフト エッジ）
Microsoft Edgeは、Windows 10に搭載されている標準のWebブラウザー。以前のInternet Explorerに比べて、新しいWebサイトに最適化され、描画やスクリプトの処理が高速化されている。

Microsoft Office（マイクロソフト オフィス）
マイクロソフトが開発しているオフィス統合ソフトウェア。WordやExcel、PowerPointなどがセットになったパッケージ版が販売されている。

Microsoftアカウント（マイクロソフトアカウント）
OneDriveやOutlook.comなど、マイクロソフトがインターネットで提供しているサービスを使うためのユーザーID。以前はWindows Live IDと呼ばれていた。
→OneDrive

Num Lock（ナムロック）
ノートパソコンなどの文字キーの一部を数字キーに切り替えるためのキー。ノートパソコンで[Num Lock]キーを押すと、専用のキーで数字を入力できる。キーボードのテンキーを押しても数字が入力できないときは、[Num Lock]キーを押して、[Num Lock]のランプを点灯させる。
→テンキー

Office.com（オフィスドットコム）
マイクロソフトが運営するWebページ。Officeの製品情報やサポート情報を確認できる。

▼Office.comのWebページ
https://www.office.com

OneDrive（ワンドライブ）
マイクロソフトが無料で提供しているオンラインストレージサービスのこと。Wordの文書や画像データなどをインターネット経由で保存して、ほかのユーザーと共有できる。Microsoftアカウントを新規登録すると、標準で5GBの保存容量が用意される。
→Microsoftアカウント、共有、文書、保存

PDF形式（ピーディーエフケイシキ）
アドビシステムズが開発した文書ファイルの1つ。Word 2013以降では文書をPDF形式のファイルとして保存できるほか、PDF形式のファイルをWordの文書に変換できる。ただし、複雑なレイアウトの場合、正しく読み込めない場合やレイアウトが崩れる場合がある。
→ファイル、文書

Word Online（ワード オンライン）
Microsoft EdgeなどのWebブラウザーでWordの文書を編集できるツール。Microsoftアカウントを取得して、OneDriveのホームページにアクセスすると利用できる。
→Microsoftアカウント、OneDrive、文書

アイコン
「絵文字」の意味。ファイルやフォルダー、ショートカットなどを絵文字で表したもの。アイコンをダブルクリックすると、ファイルやフォルダーが開く。
Word 2019では、人物やパソコンなどの絵文字もアイコンとして挿入できる。
→ファイル、フォルダー

Word 2019では500以上のアイコンを文書に挿入できる

暗号化
文書をパスワードで保護するときに使われる技術。暗号化を実行したデータは暗号化を解除するキーがないと開けない。Wordでは文書の保存時にパスワードを入力して暗号化を実行する。
→文書、保存

印刷
Wordなどで作成した文書をプリンターなどに出力する機能のこと。
→プリンター、文書

印刷プレビュー
印刷結果のイメージが画面に表示された状態。Wordで印刷プレビューを表示するには、［ファイル］タブをクリックしてから［印刷］をクリックする。
→印刷

インストール
ソフトウェアをパソコンで使えるように組み込むこと。Wordがはじめからインストールされているパソコンが数多く販売されている。

インデント
字下げして文字の配置を変更する機能。インデントが設定されていると、ルーラーにインデントマーカーが表示される。インデントマーカーには、段落全体の字下げを設定する［左インデント］、段落の終わりの位置を上げて幅を狭くする［右インデント］、段落の1行目の字下げを設定する［1行目のインデント］、箇条書きの項目などのように段落の2行目を1行目よりも字下げする［ぶら下げインデント］がある。
→行、段落、ルーラー

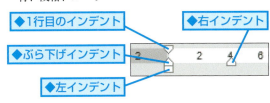

ウィザード
選択肢を手順に従って選ぶだけで、複雑な設定やインストール作業などを簡単に実行できる画面のこと。
→インストール

上書き保存
保存済みのファイルを、現在編集しているファイルで置き換える保存方法のこと。上書き保存を実行すると、古い文書ファイルの内容は消えてしまう。［名前を付けて保存］の機能を使えば、元のファイルを残しておける。
→名前を付けて保存、ファイル、文書、保存

閲覧モード
画面いっぱいに文書を表示できる表示モード。パソコンの画面解像度やウィンドウサイズに合わせて表示倍率が変わる。タッチ操作ができるパソコンなら、指先の操作でページの移動や表示の拡大ができる。
→表示モード

オートコレクト
Wordに登録されている文字が入力されたとき、自動で文字を追加したり、文字や書式を自動で置き換えたりする機能の総称。オートコレクトの機能が有効のときに「前略」と入力すると「草々」という結語が自動で入力されて、文字の配置が変わる。
→結語、書式

［オートコレクトのオプション］ボタン
オートコレクトの一部の機能が実行されたときに表示されるボタンのこと。［オートコレクトのオプション］ボタンをクリックすると、オートコレクトによって設定された操作の取り消しやオートコレクト機能を無効に設定できる。
→オートコレクト

オブジェクト
文書中に挿入できる文字以外の要素。図形やワードアート、グラフ、写真などはすべてオブジェクト。Wordでオブジェクトをクリックすると、ハンドルが表示される。
→オブジェクト、図形、ハンドル、文書、ワードアート

オンライン画像
Wordでインターネット上にあるイラストや画像などを文書に挿入できるボタン。Bingで検索されたWebページなどにあるデータを挿入できる。
→Bing、検索、文書

カーソル
画面上で文字や画像などの入力位置を示すマークのこと。入力した文字は、カーソルの前に表示される。

改行
Enterキーを押して行を改めること。Wordでは、改行された位置に改行の段落記号（↵）が表示される。
→段落

確定
キーボードから文字を入力した文字を変換するとき、Enterキーを押して、変換内容を決定する操作。

下線
文字の下に線を表示する機能。［下線］ボタンを1回クリックすると、文字に下線が表示される。下線を設定した文字を選択して、もう一度［下線］ボタンをクリックすると、文字に表示されていた下線が消える。

かな入力
文字キーの右側に刻印されているひらがなのキーを押して、文字を入力する方法。

記号
ひらがなや漢字、数字とは別に、数式や箇条書きなどで利用する文字。Wordで利用できる代表的な記号には、「●」「☆」「※」「§」などがある。

行
文字が横1列に表示される基準。表では、横に並んだセルの集まりを意味する。
→セル、列

行間
行と行の間。Wordでは、1行目の文字の上端から2行目の文字の上端までの範囲を指す。行間を狭くすると1ページの中で入力できる文字の量が増える。行間を広げると1ページの中で入力できる文字の量が減る。行間を適切に設定すると、文章が読みやすくなる。
→行

行頭文字
箇条書きなどの文章を入力したときに、項目の左端に表示する記号などの文字のこと。Wordでは、「●」や「◆」などの記号だけではなく、「1.」「2.」「3.」や「①」「②」「③」などの段落番号なども行頭文字に利用できる。
→段落番号

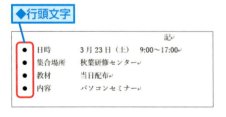

共有
ファイルやフォルダーを複数のユーザーで閲覧・編集できるようにする機能。OneDriveを利用すれば、インターネット経由でWordの文書を共有できる。
→OneDrive、ファイル、フォルダー、文書

切り取り
文字や図形、画像などをクリップボードに記憶して、画面上から消去する機能。切り取った文字や図形などは、［貼り付け］の機能を使って、カーソルのある位置に表示できる。
→カーソル、クリップボード、図形、貼り付け

クイックアクセスツールバー
Wordの左上にある小さなアイコンが表示されている領域。目的のタブが表示されていない状態でもクイックアクセスツールバーのボタンをクリックして、すぐに目的の機能を実行できる。また、リボンに表示されていない機能のアイコンを追加できる。
→アイコン、リボン

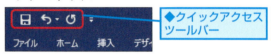

クラウド
インターネットを使って提供されるサービスの総称や形態。マイクロソフトでは、OneDriveやWord Online、Outlook.comなどのサービスを提供している。
→OneDrive、Word Online

クリップボード
Officeでコピーや切り取りを実行したデータが一時的に記憶されている場所。［クリップボード］作業ウィンドウを表示すれば、クリップボードに記憶されたデータを確認しながら貼り付けができる。
→切り取り、コピー、作業ウィンドウ、貼り付け

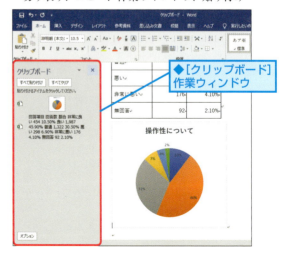

罫線
文書に引く線のこと。Wordでは、ドラッグで描ける罫線や［表］ボタンで挿入できる表の罫線、文字や段落を囲む罫線、ページの外周に引くページ罫線がある。
→段落、ドラッグ、文書、ページ罫線

結語
あいさつなどの文章で結びの言葉として使われる用語のこと。「拝啓」に対する「敬具」や、「前略」と「草々」のように、結語は頭語と対で使われる。

検索
キーワードや条件を指定して、キーワードや条件と同じデータや関連するデータを探すこと。Wordでは、ダイアログボックスや作業ウィンドウなどを利用して検索ができる。
→作業ウィンドウ、ダイアログボックス

校正
文章などに間違いがないかを見直すための作業。Wordでは、見直しの作業を軽減できる、スペルチェックや文章校正などの機能が用意されている。

コピー
文字や図形などを複製する機能。編集画面に表示されている文字や図形をコピーすると、その内容がクリップボードに記憶される。その後、任意の位置にカーソルを移動して貼り付けを実行すると、カーソルのある位置に同じ内容を表示できる。
→カーソル、クリップボード、図形、貼り付け

最近使ったアイテム
［開く］の画面に表示される一覧のこと。過去に保存した文書ファイルが表示される。
→アイコン、ファイル、文書

文書が移動、もしくは削除されていなければアイコンをクリックして文書を開ける

再変換
一度確定した文字を確定前の状態に戻し、変換し直す機能。再変換するには文字をドラッグして選択するか、文字の前後にカーソルを移動して、[変換]キーを押す。
→カーソル、確定

作業ウィンドウ
編集画面の右や左側に表示されるウィンドウのこと。特定の機能を実行したときに自動で表示される場合がある。
→書式、図形

◆［図形の書式設定］作業ウィンドウ

終了
Wordの編集作業を終えて、画面を閉じる作業のこと。文書を1つだけ開いているときにWordの画面右上にある［閉じる］ボタン（ ✕ ）をクリックすると、Wordが終了する。
→文書

ショートカットキー
特定の機能や操作を実行できるキーのこと。例えば、[Ctrl]キーを押しながら[C]キーを押すと、コピーを実行できる。ショートカットキーを使えば、メニュー項目やボタンなどをクリックする手間が省ける。
→コピー

ショートカットメニュー
マウスを右クリックしたときに表示されるメニューのこと。［コピー］や［貼り付け］など、よく使う機能が用意されているので、リボンまでマウスを移動する手間が省ける。
→コピー、貼り付け、リボン

右クリックしたときに表示される

書式
Wordでは、フォントの種類やフォントサイズ、色、下線などの飾り、配置などのこと。大きく分けると文字と段落に設定できる2つの書式がある。
→下線、段落、フォント、フォントサイズ

書式のコピー
文字に設定されている書式をほかの文字にコピーする機能。書式のコピーを活用すれば、フォントの種類やフォントサイズを簡単にほかの文字に適用できる。文字のほかに、図形でも書式のコピーを利用できる。
→コピー、書式、図形、フォント、フォントサイズ

スクリーンショット
Windowsの画面を画像データ化したもの。Print Screenキーを押すと、画面イメージがクリップボードにコピーされる。Wordでは、[挿入]タブの[スクリーンショット]を選ぶと、任意の領域を選んで画像イメージを文書に挿入できる。
→クリップボード、コピー、文書

スクロール
表示画面を上下左右に動かすこと。全体を表示し切れない大きな文書は、画面をスクロールすることで見えていない部分を表示できる。
→文書

図形
Wordにあらかじめ用意されている図のこと。[挿入]タブの[図形]ボタンをクリックすると表示される一覧で図形を選び、文書上をクリックするかドラッグして挿入する。テキストボックスやワードアートも図形の一種。
→テキストボックス、ドラッグ、文書、ワードアート

スタート画面
Wordの起動後に表示される画面。新しい文書を作成するときやテンプレートをダウンロードして開くときに利用する。[最近使ったファイル]の一覧から文書を開くこともできる。
→テンプレート

スタイル
よく使う書式をひとまとめにしたもの。スタイルを使うと、複数の書式や装飾を一度の操作で設定できる。また、オリジナルの書式を保存して、後から再利用することもできる。
→書式、保存

スペース
spaceキーを押すと入力される空白のこと。空白には全角と半角があり、入力モードが[ひらがな]なら全角、[半角英数]なら半角の空白が挿入される。
→全角、入力モード、半角

セル
表の中の1コマ。Wordでは、罫線で区切られた表の中にあるマス目の1つ1つのこと。
→罫線

全角
文字の種類で、日本語の文書で基準となる1文字分の幅の文字のこと。Wordで「1文字分」というときは、全角1文字を指す。半角の文字は、全角の半分の幅となる。
→半角、文書

操作アシスト
操作アシストは、Wordの操作を検索する機能。操作アシストに調べたい機能や用語を入力すると、関連するWordの操作や機能が表示される。

促音
「っ」で表す、詰まる音のこと。

ダイアログボックス
複数の設定項目をまとめて実行するためのウィンドウのこと。画面を通して利用者とWordが対話(dialog)する利用方法から、ダイアログボックスと呼ばれる。

タイル
Windows 10の[スタート]メニューやWindows 8.1のスタート画面に表示される四角いボタンの総称。タッチパネルを利用したときに、指でタップしやすい形となっている。

濁音
「が」「ざ」など、濁点(゛)を付けて表す濁った音のこと。

タスクバー
デスクトップの下部に表示されている領域のこと。タスクバーには、起動中のソフトウェアがボタンで表示される。タスクバーに表示されたボタンを使って、編集中の文書を選んだり、ほかのソフトウェアに切り替えたりすることができる。
→文書

タッチモード
Wordをタッチ操作で利用するときに、リボンに表示されるボタンを大きくして、指先で操作しやすくする操作モード。一方、通常の表示モードのことを「マウスモード」という。
→リボン

縦書き
文字を原稿用紙のように編集画面の右上から左下に記述することを縦書きと呼ぶ。縦書きを利用するには、文書全体を縦書きに設定するか、縦書きテキストボックスを使う。
→縦書きテキストボックス、テキストボックス、文書

縦書きテキストボックス
編集画面の任意の位置に縦書きの文字を表示するためのテキストボックス。
→縦書き、テキストボックス

タブ
[Tab]キーを押して入力する、特殊な空白のこと。[Tab]キーを押すと、初期設定では全角4文字分の空白が挿入される。[タブとリーダー]ダイアログボックスを利用すれば、タブを利用した空白に「……」などのリーダー線を表示できる。
→全角、ダイアログボックス、リーダー線

段組み
新聞のように、段落を複数の段に区切る組み方。
→段落

段落
文章の単位の1つで、Wordでは、行頭から改行の段落記号（↵）が入力されている部分を指す。
→改行

段落番号
箇条書きの項目に連番を自動的に挿入する機能。段落番号を設定すると、「1.」「2.」「3.」などの連番が表示される。番号の表示が不要になったときには、[Back space]キーで削除できる。

「1.」「2.」「3.」や「①」「②」「③」などの番号を付けられる
1. 企画背景
2. 企画趣旨
3. 市場調査報告
4. 販売施策

置換
文書の中にある特定の文字を検索し、指定した文字に置き換えること。
→検索、文書

長音
「ー」で表す、長く伸ばして発音する音。

テーマ
Officeに用意されている文字や図形、効果などの書式を一度に変更できる機能のこと。別のテーマにすると、配色やフォントなどもまとめて変更される。文字に設定している色が［標準の色］や［その他の色］の場合、テーマの変更に応じて色が変わらない。
→書式、図形、フォント

テキストボックス
文書の自由な位置に配置できる、文字を入力するための図形。横書きと縦書き用のテキストボックスがある。
→図形、縦書き、文書

テンキー
キーボードの右側にある数字などを入力するためのキー。ノートパソコンにはテンキーがない場合が多い。

テンプレート
文書のひな形のこと。あらかじめ書式や例文などが設定されており、必要な部分を書き換えるだけで文書が完成する。Wordの起動直後に表示されるスタート画面か、［ファイル］タブの［新規］をクリックすると表示される［新規］の画面でテンプレートを開ける。
→検索、書式、文書

インターネットに接続していれば、キーワードを入力してテンプレートを検索できる

特殊文字
Wordの文書に入力できる特殊な記号や絵文字、ギリシャ文字、ラテン文字などの総称。「☎」や「♨」などの文字を文書に入力できるが、ほかのパソコンでは正しく表示されない場合がある。
→文書

ドラッグ
左ボタンを押したままマウスを上下左右に移動する操作。数文字を選択したり、図形などのサイズを変更したりする操作で利用する。
→図形

トリミング
写真などの不要な部分を切り抜いて、一部分だけを表示させる機能のこと。Wordでは、画像の不要な部分を非表示にできるが、画像そのものは切り取られない。［トリミング］ボタンをクリックして、ハンドルをドラッグすれば、後から切り取り範囲を変更できる。
→切り取り、ドラッグ、ハンドル

名前を付けて保存
文書に名前を付けて、ファイルとして保存する機能。新しい名前を付けて保存すると、古いファイルはそのまま残り、新しい文書ファイルが作られる。
→ファイル、文書、保存

日本語入力システム
ひらがなやカタカナ、漢字などの日本語を入力するためのソフトウェア。従来のOfficeとは異なり、新しいOfficeには日本語入力システムが付属していないので、Windowsに付属するMicrosoft IMEを利用する。

入力モード
日本語入力システムを利用するときの入力文字種の設定。入力モードによって文字キーを押したときに入力される文字の種類が決まる。Wordで選べる入力モードには、［ひらがな］［全角カタカナ］［全角英数］［半角カタカナ］［半角英数］がある。 キーを押すと、［ひらがな］と［半角英数］の入力モードを切り替えられる。
→全角、日本語入力システム、半角

はがき宛名面印刷ウィザード
はがきのあて名印刷に必要な編集レイアウトやあて名データの入力を補佐してくれる機能。必要な作業手順を選択すれば、はがきのあて名面を簡単に作成できる。
→ウィザード

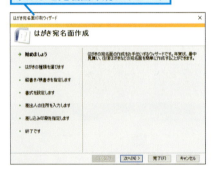
◆はがき宛名面印刷ウィザード

撥音
「ん」で表す、はねる音のこと。

貼り付け
文字や図形、画像などをコピーして別な場所に表示する機能。クリップボードに一時的に記憶されたデータを貼り付けできる。
→クリップボード、コピー、図形

［貼り付けのオプション］ボタン
コピーした文字やオブジェクトを貼り付けた直後に表示されるボタン。文字を貼り付けた後に［貼り付けのオプション］ボタンをクリックして一覧から項目を選べば、貼り付けた後に文字の書式を変更できる。
→オブジェクト、コピー、書式、貼り付け

◆［貼り付けのオプション］

半角
英数字、カタカナ、記号などからなる、漢字（全角文字）の半分の幅の文字のこと。
→記号、全角

半濁音
「ぱ」「ぴ」など、「゜」が付く音のこと。

ハンドル
オブジェクトを選択すると表示される、調整用のつまみのこと。ハンドルにマウスポインターを合わせるとマウスポインターの形が変わる。ハンドルをマウスでドラッグすると、大きさの変更や回転、変形などができる。
→オブジェクト、ドラッグ、マウスポインター

◆ハンドル

表示モード
編集画面の表示方法の設定。Wordでは目的に応じて、［閲覧モード］［印刷レイアウト］［Webレイアウト］［アウトライン］［下書き］の表示モードを切り替えて文字の入力や文書の編集ができる。ズームスライダーの左にあるボタンか、［表示］タブの［文書の表示］にあるボタンで表示を切り替えられる。
→閲覧モード、文書

◆表示モード切り替え用のボタン

［表］ボタン
編集画面に罫線で囲まれた表を挿入する機能。［表］ボタンを利用すると、行数と列数を指定して表を挿入できる。
→行、罫線、列

ファイル
ハードディスクなどに保存できるまとまった1つのデータの集まり。Wordで作成して保存した文書の1つ1つが、ファイルとして保存される。
→文書、保存

ファンクションキー
キーボードの上段に並んでいる F1 ～ F12 までの刻印があるキー。利用するソフトウェアによって、キーの役割や機能が変化する。

フィールド
文書内に「コード」と呼ばれる数式を埋めこむことで、日付やファイル名を自動的に表示したり、合計などの計算結果を表示したりする機能。ヘッダーやフッターに挿入したページ番号なども、フィールドで作成されている。
→ファイル、フッター、文書、ページ番号、ヘッダー

フィールドコード
文書内で情報を自動表示するために、フィールドに記述されている数式（コード）。初期設定では、フィールドにはフィールドコードの実行結果が表示されるが、フィールドを右クリックして［フィールドコードの表示/非表示］を選択すれば、フィールドコードの内容を表示できる。
→フィールド、文書

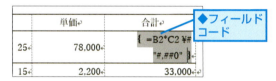
◆フィールドコード

フォルダー
ファイルをまとめて入れておく場所。文書を保存する［ドキュメント］や写真を保存する［ピクチャ］もフォルダーの1つ。
→ファイル、文書、保存

◆フォルダー

フォント
パソコンやソフトウェアで表示や印刷に使える書体のこと。Wordでは、Windowsに付属しているフォントとOfficeに付属しているフォントを利用できる。同じ文字でもフォントを変えることで文字の印象を変更できる。Word 2019で新しい文書を作成したときは、［游明朝］というフォントが文字に設定される。
→印刷、文書

フォントサイズ
編集画面に表示される文字の大きさ。Wordでは、フォントサイズを「ポイント」という単位で管理している。初期設定ではフォントサイズは10.5ポイントに設定されている。フォントサイズは、［ホーム］タブやミニツールバーなどから設定を変更できる。
→フォント、ポイント

フッター

用紙の下余白に、本文以外の内容を表示する領域のこと。ページ数や作成者名、日付などを挿入できる。フッターに入力した内容はすべてのページに表示される。
→ページ数、余白

太字

文字を太く表示する機能のこと。[ホーム]タブの[太字]ボタンや Ctrl + B キーで設定できる。

プリンター

文書を紙に出力するための周辺機器。あらかじめUSBケーブルや無線LANなど、パソコンとプリンターの接続方法を設定する必要がある。Wordでは[印刷]の画面で印刷結果を確認し、部数などを設定してから印刷を実行する。
→印刷、文書

プレビュー

操作結果を事前に閲覧できる機能。Wordには、印刷プレビューや、リアルタイムプレビューがある。
→印刷プレビュー、リアルタイムプレビュー

文書

Wordやメモ帳、ワードパッドなどのソフトウェアで作成したデータのこと。同じソフトウェアでも文書内で扱えるデータが異なる。
→文書

ページ罫線

ページの外周部分に引くことができる罫線。主にページの外周を装飾するために使用する。[線種とページ罫線と網かけの設定]ダイアログボックスで、線種や色、太さ、絵柄などを指定できる。
→罫線、ダイアログボックス

ページ数

Wordでは、文書の総ページ数のこと。ヘッダーやフッターを利用して文書にページ数を挿入できる。
→フッター、文書、ヘッダー

ページ番号

Wordでは、文書の中の何ページ目かのこと。ヘッダーやフッターを利用して文書にページ番号を挿入できる。
→フッター、文書、ヘッダー

ヘッダー

用紙の上余白に本文以外の内容を表示する領域。ヘッダーに入力した内容は、すべてのページに適用される。
→余白

変更履歴

文書に対して行った文字や画像の挿入、削除、書式変更などの内容を記録する機能。変更内容を1つずつ承諾または却下できるため、主に文書の編集や校正作業に使用する。
→校正、書式、文書

編集記号

改行の段落記号（↵）やスペース、タブ、改ページなど、印刷はされないが、その部分に何らかの設定がされていることを編集画面に表示する記号。
→印刷、改行、記号、スペース、タブ、段落

ポイント

Wordでフォントサイズを指定する数値の単位。
→フォント、フォントサイズ

保存

編集しているデータをファイルとして記録する操作のこと。文書に名前を付けて保存しておけば、後からファイルを開いて編集や印刷ができる。
→印刷、ファイル、文書

マウスポインター

マウスの位置を示すアイコンのこと。機能や編集画面の場所などによって、さまざまな形に変化する。形の変化に注目すれば、マウスポインターがある位置でどんな機能が使えるのかを判断できる。
→アイコン

 場所や状態によってマウスポインターの形が変わる

文字列の折り返し

クリップアートや写真などのオブジェクトと文字の配置を変更する機能。Wordで写真を挿入すると[行内]という方法で写真が配置される。文字列の折り返しの設定を変更すれば、オブジェクトと文字の配置を変更できる。
→オブジェクト、クリップアート

元に戻す
すでに実行した機能を取り消して、処理を行う前の状態に戻す操作のこと。クイックアクセスツールバーにある［元に戻す］ボタンの をクリックすれば、元に戻せる操作の一覧が表示される。
→クイックアクセスツールバー

ここをクリックすると、過去に実行した操作の一覧を確認して操作を1つずつ元に戻せる

拗音
「ゃ」「ゅ」「ょ」で表す、文字の後に続く半母音。

余白
文書の上下左右にある空白の領域。余白を狭くすれば、1ページの文書内に入力できる文字数が多くなる。ヘッダーやフッターを利用すれば、余白に文字や画像を挿入できる。
→フッター、文書、ヘッダー

リーダー線
タブを挿入した空白部分に表示できる「……」などの線のこと。［タブとリーダー］ダイアログボックスで線種を設定できる。
→ダイアログボックス、タブ

リアルタイムプレビュー
フォントの種類やフォントサイズ、図形の色、効果などの設定項目にマウスポインターを合わせるだけで、画面に操作結果が表示される機能。リアルタイムプレビューは便利だが、すべての機能で利用できるわけではない。
→図形、フォント、フォントサイズ、プレビュー、マウスポインター

リサイズ
文書に挿入した画像や図形などのサイズを再調整する作業のこと。リサイズを行うときには、画像や図形などに表示されているハンドルをマウスでドラッグする。
→クリップアート、図形、ドラッグ、ハンドル、文書

リボン
Wordの機能が割り当てられたボタンが並んでいる領域。リボンは、タブをクリックして切り替えられる。画面の横幅によってボタンの形や表示方法が変わる。

両端揃え
文字を1行の幅で均等にそろえて表示する配置方法。［左揃え］では、すべての文字が左側に配置されるが、［両端揃え］では、文字数によって文字と文字の間に空白ができることがある。
→行

履歴
これまでに開いた文書を表示する機能のこと。［開く］の画面の［最近使ったアイテム］に表示される。
→最近使ったアイテム、文書

ルーラー
編集画面の上や左に表示される、定規のような目盛りのこと。ルーラーを見れば文字数やインデント、タブの位置などを確認できる。上のルーラーを［水平ルーラー］、左のルーラーを［垂直ルーラー］という。
→インデント、タブ

列
表などで、縦に並んだセルの集まり。
→セル

ローマ字入力
ローマ字で日本語を入力する方法。KキーとAキーで「か」、Aキーで「あ」など、ローマ字の「読み」に該当する文字キーを押して、文字を入力する。

ワードアート
影や縁取りなどの立体的な装飾があらかじめ設定された文字のこと。テキストボックスと同じように、文書の好きな位置に配置できるのが特徴。テキストボックスや図形のようにさまざまな書式や効果を設定でき、文字の内容や文字の書式は何度でも変更できる。
→書式、図形、テキストボックス、文書

索引

記号・数字
3Dモデル ——— 101
3Dモデルツール ——— 101
3Dモデルのリセット ——— 101

アルファベット
Adobe Acrobat Reader DC ——— 251
Android ——— 264, 284
App Store ——— 284
Bing ——— 244, 300
BIZ UDフォント ——— 91
Excel ——— 151, 181
Google Chrome ——— 244
IME ——— 39
IMEパッド ——— 72
Internet Explorer ——— 244
iPad ——— 264, 285
iPhone ——— 264, 284
Microsoft Edge ——— 244, 251, 262, 300
Microsoft IME ——— 43, 50
Microsoft Office ——— 300
Microsoft Translatorサービス ——— 212
Microsoftアカウント ——— 31, 35, 257, 300
Num Lock ——— 300
Office ——— 10
Office 2019 ——— 10
Office 365 Solo ——— 10, 289
Office.com ——— 214, 300
OneDrive ——— 35, 256, 300
　アップロード ——— 259
　クラウド ——— 74
　サインイン ——— 262
　フォルダーウィンドウ ——— 260
　保存 ——— 74, 258
　容量 ——— 259
PDF ——— 250
PDF形式 ——— 300
Skype ——— 278
SmartArt ——— 29
Word
　App Store ——— 284
　Wordのオプション ——— 65
　画面構成 ——— 34
　起動 ——— 30
　クリップボード ——— 240
　再開 ——— 103
　サインイン ——— 31
　終了 ——— 33
　初期設定 ——— 31
　スタート画面 ——— 31
　スマートフォン ——— 264, 284
　タスクバーにピン留めする ——— 32
　タッチパネル ——— 33
　表示モード ——— 81
　モバイルアプリ ——— 266
Word 97-2003文書 ——— 248
Word Online ——— 263, 300
　ダウンロード ——— 273
　名前を付けて保存 ——— 276
　ブラウザーで編集 ——— 274
Wordのオプション ——— 65
Word文書 ——— 248

ア
アート効果 ——— 173
アイコン ——— 8, 96, 300
　回転 ——— 98
　カテゴリー ——— 97
　塗りつぶし ——— 98
アウトライン ——— 29
アウトラインレベル ——— 216
アップロード ——— 259
アルファベット ——— 68
暗号化 ——— 300
印刷 ——— 104, 176, 301
印刷の向き ——— 204
印刷範囲 ——— 105
印刷プレビュー ——— 301
印刷プレビューと印刷 ——— 283
インストール ——— 10, 214, 284, 292, 301
インテリジェントサービス ——— 212
インデント ——— 94, 301
ウィザード ——— 157, 301
ウイルス ——— 26
上書き保存 ——— 74, 102, 301
エクスプローラー ——— 82
エクスポート ——— 250
閲覧モード ——— 301
オートコレクト ——— 62, 64, 301
　設定 ——— 65
　文の先頭文字を大文字にする ——— 68
[オートコレクトのオプション]ボタン ——— 301
大文字 ——— 68, 78
オブジェクト ——— 301
オブジェクトの配置 ——— 99
オンライン画像 ——— 170, 301

カ
カーソル ——— 301
　移動 ——— 58

入力モード	44
改行	58, 301
解像度	34
ガイド	163
改ページ	59
拡大	35
拡張子	249
確定	47, 51, 301
漢字	53
箇条書き	92
下線	88, 301
カタカナ	54
かな入力	42, 302
漢字	52
記号	50
切り替え	42
句読点	61
数字	50
長音	54
ひらがな	50
拗音	56
漢字	52
確定	53
検索	72
再変換	63
変換候補	53
関数	150
キーボード	40
記号	46, 70, 302
記号と特殊文字	73
ハイフン	54
マイナス記号	54
記号と特殊文字	73
起動	30
行	127, 133, 302
行間	220, 302
行頭文字	302
行と段落の間隔	220, 236
共有	34, 268, 302
解除	270
フォルダー	271
共有リンクを取得	268
切り取り	120, 302
クイックアクセスツールバー	34, 302
上書き保存	103
コマンド	283
元に戻す	81
クイックスタイル	160
句読点	61
クラウド	74, 212, 256, 302
グラフ	240
グラフエリア	240
グリッド線	142
クリップアート	9
クリップボード	118, 238, 246, 302
削除	239
すべてクリア	240
計算式	148
関数	150
四則演算	150
罫線	126, 303
色	145
鎖線	129
罫線なし	146
罫線を引く	128
種類	144
段落罫線	189
点線	129
波線	129
太さ	144
ページ罫線	202
ペンの色	145
罫線を引く	128, 130
結語	62, 64, 303
原稿用紙	29
言語バー	42
単語の登録	65
入力モード	43
変換モード	43
ローマ字入力/かな入力	44
検索	82, 303
テンプレート	215
検索と置換	114, 124
検索オプション	116
書式	116
校正	29, 303
このPC	74
コピー	118, 303
グラフ	240
ショートカットキー	119
誤変換	50
コメント	224, 275

サ

最近使ったアイテム	303
再変換	63, 303
サインイン	31, 35, 262
作業ウィンドウ	238, 240, 270, 303
削除	45
行	130, 139
罫線	140
セル	130
段区切り	206
段落記号	58
表全体	130
文字	49

列	130, 139
サムネイル	169
子音	47
字下げ	94
写真	156, 168
アート効果	173
移動	171
図形に合わせてトリミング	172
トリミング	172, 174
背景の削除	175
配置	170
斜体	88
終了	33, 303
縮小	35
ショートカットキー	297, 303
コピー	119
貼り付け	119
ショートカットメニュー	111, 140, 303
初期設定	31
書式	111, 303
書式のコピー/貼り付け	190
スタイルの作成	192
すべての書式をクリア	112
書式のコピー/貼り付け	190, 210
書式を結合	119
書体	91
書式のコピー	190
数字	46
ズームスライダー	34
スクリーンショット	244, 304
スクロール	304
スクロールバー	34
図形	304
オブジェクトの配置	99
回転	98
重なり	100
上下中央揃え	99
背面へ移動	100
ハンドル	97
フリーハンド	99
スタート画面	31, 304
最近使ったアイテム	83
テンプレート	214
他の文書を開く	83
[スタート]メニュー	30
スタイル	216, 304
図ツール	170
トリミング	172
背景の削除	175
ステータスバー	34
スペース	304
スペースキー	40
すべて置換	115
すべての書式をクリア	112
セル	127, 304
計算式	148
結合	143
座標	148
セルの結合	154
選択	133
中央揃え	133
入力	132
塗りつぶし	147
全角	66, 304
操作アシスト	34, 205, 304
挿入	
3Dモデル	101
アイコン	9, 96
オンライン画像	170
画像	168
記号と特殊文字	73
行	138
空白	71
コメント	224
写真	168
スクリーンショット	246
図形	96
縦書きテキストボックスの描画	164
タブ	92
段落番号	108
テキストボックス	164
表	134
ファイル名	200
フッター	199
ページ罫線	203
ページ番号	222
ヘッダー	198
ワードアートの挿入	160
促音	56, 304
ソフトウェア	29

タ

ダイアログボックス	74, 304
タイトルバー	34
タイル	304
ダウンロード	10, 26, 215
テンプレート	31
プリンタードライバー	292
濁音	51, 304
タスクバー	31, 39, 82, 305
タッチパネル	33
タッチモード	305
縦書き	161, 204, 305
縦書きテキストボックス	305
タブ	92, 194, 305
間隔	93

小数点揃え	196
縦線	196
中央揃え	196
左揃え	196
右揃え	196

タブとリーダー — 196, 210
タブレット — 33
段区切り — 188
段組み — 186, 188, 208
段組みの詳細設定 — 195
段組み — 305
単語の登録 — 65
段落 — 210, 220, 305
 タブとリーダー — 196
 段落記号 — 94
段落記号 — 58, 94
段落罫線 — 189
段落番号 — 108, 305
置換 — 114, 305
 すべて置換 — 115
中央揃え — 85, 108
 セル — 133
長音 — 54, 305
テーマ — 89, 219, 305
テーマの色 — 89, 217
テキストのみ保持 — 119
テキストボックス — 164, 305
 中央揃え — 166
 枠線なし — 167
テンキー — 40, 305
テンプレート — 29, 31, 214, 236, 306
頭語 — 62, 64
ドキュメントの暗号化 — 230
[ドキュメント] フォルダー — 75
特殊文字 — 306
ドライバー — 292
ドラッグ — 306
トリミング — 172, 174, 247, 306

ナ

名前を付けて保存 — 74, 306
 OneDrive — 258
 ファイルの種類 — 248
二重取り消し線 — 90
日本語入力システム — 39, 306
入力
 アルファベット — 68
 英字 — 46
 英文字 — 68
 大文字 — 68, 78
 改行 — 58
 確定 — 47, 51
 カタカナ — 54
 漢字 — 52
 記号 — 46, 50, 70
 空白 — 71
 句読点 — 61
 元号 — 67
 数字 — 46, 50, 66
 セル — 132
 濁音 — 51
 長音 — 54
 日本語 — 42
 撥音 — 60
 半角英数 — 68
 半角数字 — 66
 半濁音 — 51
 日付 — 66
 ひらがな — 44, 48
 拗音 — 56
 ローマ字入力 — 44
入力方式
 かな入力 — 42, 48
 ローマ字入力 — 42, 44
入力モード — 42, 306
 切り替え方法 — 43
 半角英数 — 43, 44, 66
 ひらがな — 43, 44, 48
塗りつぶし — 98

ハ

背景の削除 — 175
配色 — 216
ハイパーリンク — 69
ハイパーリンクの削除 — 69
ハイフン — 54
背面へ移動 — 100
はがき — 156, 158
はがき宛名面印刷ウィザード — 157, 176, 178, 306
白紙の文書 — 32
パスワード — 230
 PDF — 250
 削除 — 232
パスワードを使用して暗号化 — 230
撥音 — 60, 306
貼り付け — 118, 306
貼り付けのオプション
 再表示 — 121
 書式を結合 — 121
 図 — 243
 元の書式を保持しデータをリンク — 243
[貼り付けのオプション] ボタン — 119, 121, 306
半角 — 66, 306
半角英数 — 66
半濁音 — 51, 307

ハンドル	97, 98, 307
テキストボックス	165
左インデント	94
左揃え	84
表	
上に行を挿入	138
行	127
行数	134
行の高さ	136
グリッド線	142
コピー	238
削除	130
セル	127
挿入	134
高さを揃える	131
幅を揃える	130
表のスタイル	146
表のプロパティ	140
文字列の幅に合わせる	134
列	127
列数	134
列の幅	136
描画ツール	162
表示形式	149
表示モード	81, 307
標準の色	89
表ツール	130
デザイン	146
レイアウト	140
表の削除	130
表のスタイル	146
表の挿入	134
表のプロパティ	140
［表］ボタン	307
ファイル	82, 111, 307
ファイル形式	75
ファイルの種類	75, 248
ファイル名	75
ファンクションキー	55, 307
フィールド	307
フィールドコード	149, 150, 307
フォルダー	26, 111, 271, 307
フォルダーウィンドウ	82, 260
フォント	56, 90, 219, 307
英文	90
ワードアート	161
和文	90
フォントサイズ	86, 307
フォントサイズの拡大	87
フォントサイズの縮小	87
フォントの色	89
フチなし印刷	159
フッター	198, 223, 308
太字	88, 308
プリインストール	10
プリンター	28, 104, 292, 308
プレビュー	308
プレビューウィンドウ	169
文書	308
印刷	104
上書き保存	102
共有	268
検索	82
校正	224
再利用	110
作成	32
書式	111
ダウンロード	273
縦書き	204
名前の変更	111
パスワード	230
表	126
開く	82
ブラウザーで編集	274
文書の保護	230
編集の制限	233
保存	38, 74
読み取り専用	230
文書の保護	230
文節	53
ページ罫線	202, 308
ページ数	308
ページ設定	158, 184
ページ番号	222, 308
ヘッダー	198, 308
ヘッダー/フッターツール	200
ヘッダーとフッターを閉じる	201
ヘッダーの編集	198
変換候補	
一覧	63
意味	62
記号	70
変換モード	43
変更内容の表示	226, 228
変更履歴	308
変更履歴の記録	226
編集画面	34
編集記号	188, 308
母音	47
ポイント	87, 308
傍点	90
保護ビュー	26
保存	74, 258, 308
翻訳	8, 212
翻訳先の言語	213
翻訳ツール	8, 212

| 翻訳の範囲選択 | 213 |
| 翻訳元の言語 | 213 |

マ

マイナス記号	54
マウスポインター	308
右クリック	
ショートカットメニュー	111
書式のコピー/貼り付け	190
ミニツールバー	86
右揃え	84, 95, 108
ミニツールバー	86, 190
文字	
移動	120
色	89
拡大	87
下線	88
切り取り	120
検索	117
検索と置換	114
コピー	118, 124
削除	45, 49
斜体	88
縮小	87
書式	112
書体	91
縦書き	161
置換	114
中央揃え	85
テーマの色	89
入力	44
配置	84
貼り付け	118, 121, 124
左揃え	84
標準の色	89
フォントサイズの拡大	87
フォントサイズの縮小	87
フォントの色	89
太字	88
ポイント	87
右揃え	84
文字の網かけ	88
文字列の方向	161, 204
両端揃え	84
文字キー	40
文字列の折り返し	99, 170, 308
文字列の方向	204
元に戻す	81, 309
元の書式を保持	119

ヤ

游ゴシック	56
游ゴシックLight	91
ユーザーアカウント制御	292
ユーザー設定の余白	158
ユーザー名	34
游明朝	56, 91
拗音	56, 309
用紙サイズ	158
予測入力	47, 52
余白	158, 309
読み取り専用	230

ラ

リーダー線	196, 309
リアルタイムプレビュー	87, 309
リサイズ	309
リボン	34, 309
Office 365 Solo	289
Word 2019	289
タブ	35
リボンを折りたたむ	35
リボンを折りたたむ	35
リミックス3D	101
両端揃え	84, 309
履歴	309
ルーラー	94, 128, 309
文字数	195
列	127, 309
選択	133
ローマ字入力	42, 43, 46, 298, 309
英字	46
漢字	52
記号	46
句読点	61
子音	47
数字	46
促音	56
長音	54
撥音	60
ひらがな	46, 48
母音	47
拗音	56
ローマ字変換表	46, 298

ワ

ワードアート	29, 184, 309
移動	163
クイックスタイル	160
フォント	161
フォントサイズ	162
文字の効果	162

できるサポートのご案内

できるシリーズの書籍の記載内容に関する質問を下記の方法で受け付けております。

電話　**FAX**　**インターネット**　**封書によるお問い合わせ**

質問の際は以下の情報をお知らせください

① 書籍名・ページ
② 書籍の裏表紙にある**書籍サポート番号**
③ お名前　④ 電話番号
⑤ 質問内容（なるべく詳細に）
⑥ ご使用のパソコンメーカー、機種名、使用OS
⑦ ご住所　⑧ FAX番号　⑨ メールアドレス

※電話の場合、上記の①〜⑤をお聞きします。
　FAXやインターネット、封書での問い合わせに
　ついては、各サポートの欄をご覧ください。

※裏表紙にサポート番号が記載されていない書籍は、サポート対象外です。なにとぞご了承ください。

回答ができないケースについて（下記のような質問にはお答えしかねますので、あらかじめご了承ください。）

- 書籍の記載内容の範囲を超える質問
  書籍に記載していない操作や機能、ご自分で作成されたデータの扱いなどについてはお答えできない場合があります。
- できるサポート対象外書籍に対する質問
- ハードウェアやソフトウェアの不具合に対する質問
  書籍に記載している動作環境と異なる場合、適切なサポートができない場合があります。
- インターネットやメールの接続設定に関する質問
  プロバイダーや通信事業者、サービスを提供している団体に問い合わせください。

サービスの範囲と内容の変更について

- 該当書籍の奥付に記載されている初版発行日から3年が経過した場合、もしくは該当書籍で紹介している製品やサービスについて提供会社によるサポートが終了した場合は、ご質問にお答えしかねる場合があります。
- なお、都合により「できるサポート」のサービス内容の変更や「できるサポート」のサービスを終了させていただく場合があります。あらかじめご了承ください。

電話サポート　0570-000-078（月〜金 10:00〜18:00、土・日・祝休み）

- **対象書籍をお手元に用意**いただき、**書籍名**と**書籍サポート番号**、**ページ数**、**レッスン番号**をオペレーターにお知らせください。確認のため、お客さまのお名前と電話番号も確認させていただく場合があります
- サポートセンターの対応品質向上のため、通話を録音させていただくことをご承知ください
- 多くの方からの質問を受け付けられるよう、1回の質問受付時間はおよそ15分までとさせていただきます
- 質問内容によっては、その場ですぐに回答できない場合があることをご了承ください
  ※本サービスは無料ですが、**通話料はお客さま負担**となります。あらかじめご了承ください
  ※午前中や休日明けは、お問い合わせが混み合う場合があります

FAXサポート　0570-000-079（24時間受付・回答は2営業日以内）

- 必ず上記①〜⑧までの情報をご記入ください。メールアドレスをお持ちの場合は、メールアドレスも記入してください（A4の用紙サイズを推奨いたします。記入漏れがある場合、お答えしかねる場合がありますので、ご注意ください）
- 質問の内容によっては、折り返しオペレーターからご連絡をする場合もございます。あらかじめご了承ください
- FAX用質問用紙を用意しております。下記のWebページからダウンロードしてお使いください
  https://book.impress.co.jp/support/dekiru

インターネットサポート　https://book.impress.co.jp/support/dekiru/（24時間受付・回答は2営業日以内）

- 上記のWebページにある「できるサポートお問い合わせフォーム」に項目をご記入ください
- お問い合わせの返信メールが届かない場合、迷惑メールフォルダーに仕分けされていないかをご確認ください

封書によるお問い合わせ（郵便事情によって、回答に数日かかる場合があります）

〒101-0051
東京都千代田区神田神保町一丁目105番地
株式会社インプレス　できるサポート質問受付係

- 必ず上記①〜⑦までの情報をご記入ください。FAXやメールアドレスをお持ちの場合は、ご記入をお願いいたします
  （記入漏れがある場合、お答えしかねる場合がありますので、ご注意ください）
- 質問の内容によっては、折り返しオペレーターからご連絡をする場合もございます。あらかじめご了承ください

本書を読み終えた方へ
できるシリーズのご案内

シリーズ7000万部突破
売上No.1 ベストセラー

※1：当社調べ　※2：大手書店チェーン調べ

Office 関連書籍

できるExcel 2019
Office 2019/Office 365両対応

小舘由典＆
できるシリーズ編集部
定価：本体1,180円＋税

Excelの基本を丁寧に解説。よく使う数式や関数はもちろん、グラフやテーブルなども解説。知っておきたい一通りの使い方が効率よく分かります。

できるPowerPoint 2019
Office 2019/Office 365両対応

井上香緒里＆
できるシリーズ編集部
定価：本体1,180円＋税

見やすい資料の作り方と伝わるプレゼンの手法が身に付く、PowerPoint入門書の決定版！ PowerPoint 2019の最新機能も詳説。

できるWord&Excel 2019
Office 2019/Office 365両対応

田中亘・小舘由典＆
できるシリーズ編集部
定価：本体1,980円＋税

「文書作成」と「表計算」の基本を1冊に集約！ Excelで作った表をWordで作った文書に貼り付けるなど、2つのアプリを連携して使う方法も解説。

Windows 関連書籍

できるWindows 10 改訂4版
特別版小冊子付き

法林岳之・一ヶ谷兼乃・
清水理史＆
できるシリーズ編集部
定価：本体1,000円＋税

生まれ変わったWindows 10の新機能と便利な操作をくまなく紹介。詳しい用語集とQ&A、無料電話サポート付きで困ったときでも安心！

できるWindows 10
パーフェクトブック 困った！＆便利ワザ大全 改訂4版

広野忠敏＆
できるシリーズ編集部
定価：本体1,480円＋税

Windows 10の基本操作から最新機能、便利ワザまで詳細に解説。ワザ＆キーワード合計971の圧倒的な情報量で、知りたいことがすべて分かる！

できるポケット スッキリ解決 仕事に差がつくパソコン最速テクニック

清水理史＆
できるシリーズ編集部
定価：本体1,000円＋税

仕事や生活で役立つ便利＆時短ワザを紹介！ メニューを快適に使う方法や作業効率を上げる方法のほか、注目の新機能の使い方がわかる。

できるゼロからはじめる パソコン超入門
ウィンドウズ 10対応

法林岳之＆
できるシリーズ編集部
定価：本体1,000円＋税

大きな画面と文字でウィンドウズ 10の操作を丁寧に解説。メールのやりとりや印刷、写真の取り込み方法をすぐにマスターできる！

読者アンケートにご協力ください！

https://book.impress.co.jp/books/1118101127

このたびは「できるシリーズ」をご購入いただき、ありがとうございます。
本書はWebサイトにおいて皆さまのご意見・ご感想を承っております。
気になったことやお気に召さなかった点、役に立った点など、
皆さまからのご意見・ご感想をお聞かせいただき、
今後の商品企画・制作に生かしていきたいと考えています。
お手数ですが以下の方法で読者アンケートにご回答ください。
ご協力いただいた方には抽選で毎月プレゼントをお送りします！

※プレゼントの内容については、「CLUB Impress」のWebサイト
　（https://book.impress.co.jp/）をご確認ください。

ご意見・ご感想をお聞かせください！

1 URLを入力して Enter キーを押す

2 [アンケートに答える]をクリック

※Webサイトのデザインやレイアウトは変更になる場合があります。

◆会員登録がお済みの方
会員IDと会員パスワードを入力して、[ログインする]をクリックする

◆会員登録をされていない方
[こちら]をクリックして会員規約に同意してからメールアドレスや希望のパスワードを入力し、登録確認メールのURLをクリックする

本書のご感想をぜひお寄せください https://book.impress.co.jp/books/1118101127

「アンケートに答える」をクリックしてアンケートにご協力ください。アンケート回答者の中から、抽選で**商品券（1万円分）**や**図書カード（1,000円分）**などを毎月プレゼント。当選は賞品の発送をもって代えさせていただきます。はじめての方は、「CLUB Impress」へご登録（無料）いただく必要があります。

読者登録サービス
登録カンタン費用も無料！
アンケートやレビューでプレゼントが当たる！

⚠️ 本書の内容に関するお問い合わせは、無料電話サポートサービス「できるサポート」をご利用ください。詳しくは316ページをご覧ください。

■著者
田中 亘(たなか わたる)
「できるWord 6.0」(1994年発刊)を執筆して以来、できるシリーズのWord書籍を執筆してきた。ソフトウェア以外にも、PC関連の周辺機器やスマートフォンにも精通し、解説や評論を行っている。

STAFF

本文オリジナルデザイン	川戸明子
シリーズロゴデザイン	山岡デザイン事務所<yamaoka@mail.yama.co.jp>
カバーデザイン	株式会社ドリームデザイン
カバーモデル写真	PIXTA
本文写真	若林直樹（STUDIO海童）
本文イメージイラスト	廣島　潤
本文イラスト	松原ふみこ・福地祐子
DTP制作	町田有美・田中麻衣子
編集協力	今井　孝
デザイン制作室	今津幸弘<imazu@impress.co.jp>
	鈴木　薫<suzu-kao@impress.co.jp>
制作担当デスク	柏倉真理子<kasiwa-m@impress.co.jp>
編集制作	株式会社トップスタジオ（岩佐優子）
デスク	小野孝行<ono-t@impress.co.jp>
編集長	藤原泰之<fujiwara@impress.co.jp>
オリジナルコンセプト	山卜憲治

本書は、できるサポート対応書籍です。本書の内容に関するご質問は、316ページに記載しております「できるサポートのご案内」をよくお読みのうえ、お問い合わせください。
なお、本書発行後に仕様が変更されたハードウェア、ソフトウェア、サービスの内容などに関するご質問にはお答えできない場合があります。該当書籍の奥付に記載されている初版発行日から3年が経過した場合、もしくは該当書籍で紹介している製品やサービスについて提供会社によるサポートが終了した場合は、ご質問にお答えしかねる場合があります。また、以下のご質問にはお答えできませんのでご了承ください。
・書籍に掲載している手順以外のご質問
・ハードウェア、ソフトウェア、サービス自体の不具合に関するご質問
・本書で紹介していないツールの使い方や操作に関するご質問
本書の利用によって生じる直接的または間接的被害について、著者ならびに弊社では一切の責任を負いかねます。あらかじめご了承ください。

■落丁・乱丁本などの問い合わせ先
　TEL　03-6837-5016　FAX　03-6837-5023
　service@impress.co.jp
　受付時間　10:00～12:00 ／ 13:00～17:30
　　　　　　（土日・祝祭日を除く）
　●古書店で購入されたものについてはお取り替えできません。

■書店／販売店の窓口
　株式会社インプレス 受注センター
　　TEL　048-449-8040　FAX　048-449-8041
　株式会社インプレス 出版営業部
　　TEL　03-6837-4635

できるWord 2019
Office 2019/Office 365両対応

2019年1月21日　初版発行

著　者　田中 亘＆できるシリーズ編集部
発行人　小川 亨
編集人　高橋隆志
発行所　株式会社インプレス
　　　　〒101-0051　東京都千代田区神田神保町一丁目105番地
　　　　ホームページ　https://book.impress.co.jp/

本書は著作権法上の保護を受けています。本書の一部あるいは全部について（ソフトウェア及びプログラムを含む）、株式会社インプレスから文書による許諾を得ずに、いかなる方法においても無断で複写、複製することは禁じられています。

Copyright © 2019 YUNTO Corporation and Impress Corporation. All rights reserved.

印刷所　図書印刷株式会社
ISBN978-4-295-00554-4　C3055
Printed in Japan